黔西珠藏向斜储层特征及高效开发模式

李腾 著

中国石化出版社

图书在版编目(CIP)数据

黔西珠藏向斜储层特征及高效开发模式 / 李腾著 . —北京：中国石化出版社，2021. 5
ISBN 978-7-5114-6289-3

Ⅰ. ①黔… Ⅱ. ①李… Ⅲ. ①煤层-地下气化煤气-储集层-地下开采-研究-贵州 Ⅳ. ①P618. 11

中国版本图书馆 CIP 数据核字（2021）第 084168 号

中国石化出版社出版发行
地址:北京市东城区安定门外大街 58 号
邮编:100011 电话:(010)57512500
发行部电话:(010)57512575
http://www. sinopec-press. com
E-mail:press@ sinopec. com
北京富泰印刷有限责任公司印刷
全国各地新华书店经销
*
710×1000 毫米 16 开本 11. 5 印张 182 千字
2021 年 7 月第 1 版 2021 年 7 月第 1 次印刷
定价:68. 00 元

前　言

煤炭是我国能源的主体，国家《能源中长期发展规划纲要(2004~2020年)》确定了我国将“坚持以煤炭为主体、电力为中心、油气和新能源全面发展的能源战略”。然而，煤炭燃烧造成的环境污染及温室效应问题也愈发明显，以煤层气、页岩气、致密砂岩气为主体的非常规清洁天然气资源逐渐得到重视。世界主要产煤国都十分重视开发煤层气，美国、英国、德国、俄罗斯、中国等国家煤层气的开发利用起步较早。

我国贵州省织金—纳雍煤田是南方煤层气勘探开发的后备地区。织纳煤田上二叠统龙潭组煤层群广泛发育，煤层气藏呈现出与单一煤层条件下不同的成藏特征，并形成了“多层叠置独立含煤层气系统”的学术观点。在“多层叠置独立含煤层气系统”内，各含气系统之间相互独立、内部相互统一。多煤层发育区实施分层压裂、合层开采是降低煤层气勘探开发成本、提高产气量的重要举措。其是否适合合层开采主要取决于不同煤层的临/储压力差、煤层埋深差、供液能力、压力梯度及煤储层渗透率等。然而，由于各含气系统内煤储层物性非均质性强，在实际生产中，合层排采煤层气井产能低于单层排采的情况屡见不鲜。在合层排采过程中，不同含气系统之间由于临界解吸压力不同，造成不同系统内部储层排水产气时间不同。临界解吸压力高的系统先解吸产气，临界解吸压力低的系统解吸产气较晚，势必导致不同含气系统内部存在干扰现象。因此，多煤层区域内煤层气开发技术也将不同于单煤层条件下煤层气的开发。此外，黔西多煤层区构造复杂，构造控气类型多，针对多煤层区不同构造条件煤层气的开发需要更加适合的开采方式。

本书系统介绍了黔西织纳煤田珠藏向斜多煤层区主要煤层的煤岩物性特征，并对在煤矿开采影响下，煤岩受地质流体及应力作用下的物性变化特征进行了详细的研究；利用层次分析法，对黔西珠藏向斜多煤层区构造特征进行了定量评价；在此基础之上，开展不同构造复杂程度下多煤层区煤层气井产能数值模拟工作，提出了适合不同构造复杂程度下煤层气高效开发的井型、井网设计，能够为多煤层区煤层气的高效开采提供有效指导。

本书编写过程中得到了中国矿业大学吴财芳教授的大力支持与帮助，再此深表谢意！同时，也对书中所引用文献的作者深表谢意！本书的出版获“西安石油大学优秀学术著作出版基金”资助。希望本书的出版能够为非常规油气开发领域的科研人员提供技术支撑和借鉴依据，为我国非常规油气的高效开发提供有益参考。

目　　录

1　黔西珠藏向斜多煤层区地质及物性特征

黔西珠藏向斜位于贵州省织纳煤田比德—三塘盆地东北部(图 1-1)，主要包

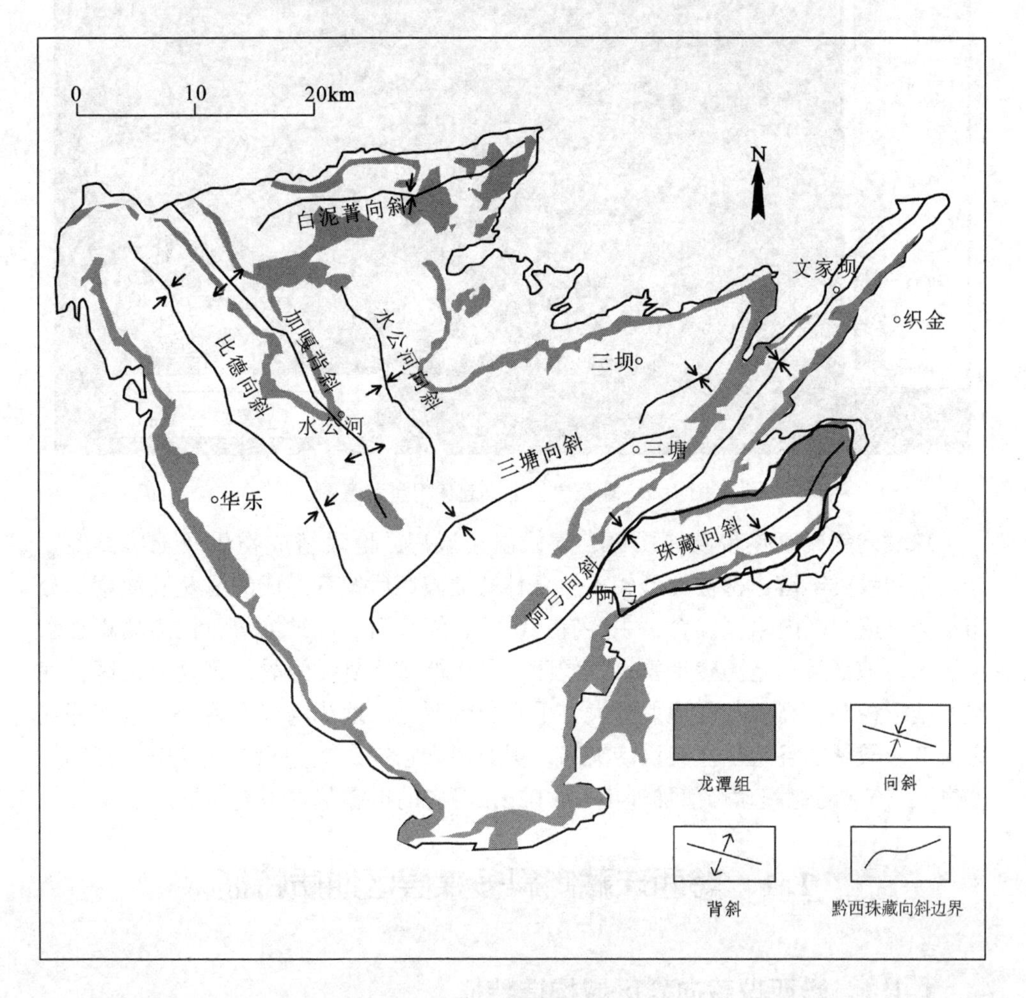

图 1-1　珠藏向斜区域地理位置图

括肥田一号、肥田二号、肥田三号及红梅四个井田。珠藏向斜地处云贵高原，受构造运动的影响，区内山脉纵横交错，属高原山地地貌(图 1-2)。区内地形整体表现为西北高、东南低，相对高差约 757.87m。受地质构造、地层岩性、气候、水系等因素影响，发育非常典型的岩溶地貌，地形支离破碎，常形成高山深谷、悬崖陡壁间夹洼地和河涧河流等复杂地形。

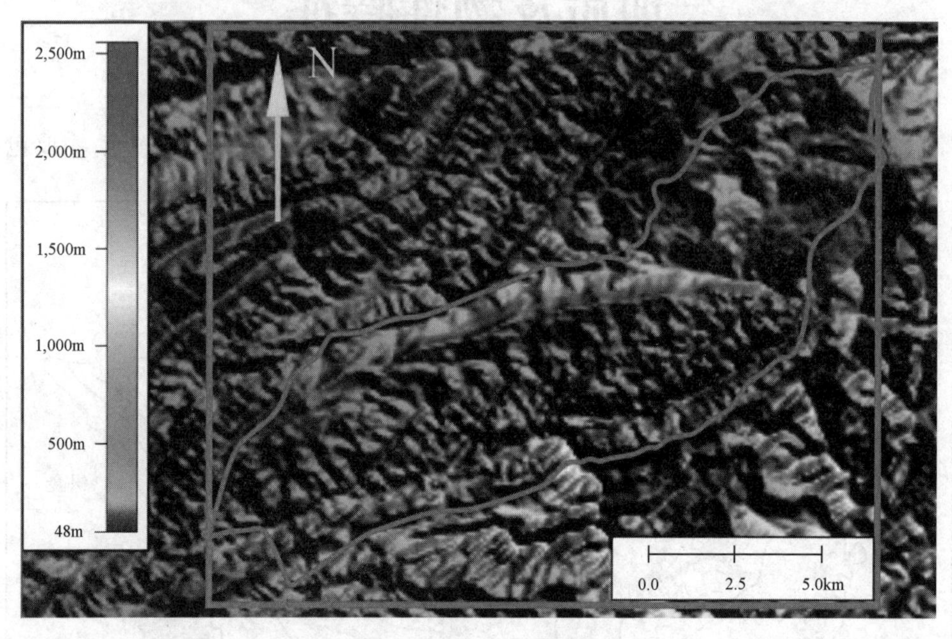

图 1-2　珠藏向斜地表起伏卫星示意图

珠藏向斜属亚热带高原山区，气候温暖湿润，地表组成物质及土壤类型复杂，植物种类丰富，植被类型较多，森林植被破坏后发育形成的灌丛及灌草丛分布最为普遍。区内水系发育，主要有三岔河、织金河、底纳河等，河道崎岖，水流湍急。该区属山地温暖带季风气候区，冬无严寒，夏无酷暑。因地处山区，气候受地形控制，高山与谷地差异大，垂直分带明显。地势高处有雪松、凝冻等灾害天气，较低的谷地往往有洪涝灾害。据《中国地震动参数区划图》(GB 18306—2001)，该区的地震动峰值加速度≤0.05g，对应的地震基本烈度≤Ⅵ。

1.1　黔西珠藏向斜多煤层区地质特征

1.1.1　黔西珠藏向斜区域构造特征

黔西地区所在的一级构造单元是扬子陆块，二级构造单元为黔北隆起，三级构造单元为遵义断拱。黔中及其邻区自中元古代以来经历了六个构造发展阶段，每一阶段均发生了一次或多次构造运动。该区整个古生代期间地壳运动频繁，多次出现区域性隆起和凹陷，但各地层之间构造形态基本吻合，均未形成不整合接触。使该区各地层及构造基本定型的主要地壳构造运动发生于燕山期，而后的喜马拉雅期等构造运动对本区影响较小(表 1-1)。

黔西地区含煤盆地构造演化可分为三个阶段：

海西晚期坳陷聚煤盆地形成阶段，该区所在范围内成为沉降幅度大、近物源的含煤沉积中心，是我国南方重要的海陆过渡相聚煤区，为后期煤层气成藏奠定了丰厚的物质基础。

表 1-1 黔中隆起及周缘地区构造运动简表

构造阶段	地层		构造运动		运动名称	构造运动表现和影响范围	年龄/Ma
第四纪—新近纪	第四系	Q	全区		喜山运动Ⅱ	全区更新统、全新统均角度不整合于老地层之上	1.8
	新近系	N			西山运动Ⅰ	新近系角度不整合于老地层之上，古近系褶皱强烈，断裂活动明显	23.0
喜山—燕山阶段	古近系	E			燕山运动Ⅱ	形成叠加褶皱，早期断层再次活动	65.5
	白垩系	K_2	全区		燕山运动Ⅰ	遍及全区，是一次强烈的褶皱断裂运动	99.6
		K_1	黔中及邻区			在黔中发生短暂抬升	145.5
	侏罗系	J	黔中、黔北		印支运动	黔中、黔北、黔西有平缓的褶皱；黔南、黔西南晚三叠世由海相向陆相过渡，海水从此退出贵州	228.0
印支—海西阶段	三叠系	T_3 T_2 T_1 P_3	黔南全区	黔西局部	东吴运动	遍及全区、整体隆起，局部地区剥蚀强烈；西北有断裂活动，并有强烈的玄武岩喷发和辉绿岩入侵	260.4
	二叠系	P_2	黔南	黔中黔西北	黔桂运动	除黔西、黔南部分地区为连续沉积外，广大地区上升剥蚀，有微弱褶皱	270.6
	石炭系	P_1 C_2 C_1	黔西	黔西北黔中	紫云运动	黔西、黔南地区为连续沉积，黔中、黔西北、黔南北部有平缓褶皱	359.2
	泥盆系	D_2 D_1	全区		广西运动	遍及全区，黔东南有相当强烈的褶皱断裂运动，黔东有超基性岩侵入，黔南、中、西和西北有褶皱和强烈的断裂	416.0

续表

构造阶段	地层		构造运动		运动名称	构造运动表现和影响范围	年龄/Ma
加里东—南华阶段	志留系	S_2 S_1	黔北	黔中 黔南	都匀运动	黔北、黔东北为连续沉积，黔中、南、西北有轻微褶皱，断裂活动明显	443.7
	奥陶系	O	全区	威宁西部	云贵运动	除威宁西部有轻微褶皱外，几乎全区为连续沉积	488.3
	寒武系	∈	滇黔边境	全区	郁南运动	除黔东南一隅外，全区上升剥蚀，并有轻微褶皱，断裂活动明显	542.0
	震旦系	Z	全区		澄江运动	普遍间断	
		Z_1	滇黔边境				
	南华系	Z_1	滇黔边境 黔中		三江运动	仅在三江、黎平一带见及，为短暂间断	680.0
					雪峰运动	黔东武陵山区有较强烈的褶皱运动，黔桂边境为连续沉积	

印支期地台坳陷稳定发展阶段，印支期继承了晚二叠世岩相古地理格局，上扬子地台稳定持续沉降，特提斯洋海水入侵，在黔西地区形成厚度巨大、相变复杂的最后一期海相地层，累计厚度3000m以上，为煤的深成变质作用提供条件。

燕山晚期—喜山期褶皱断裂与隆升阶段，形成一些构造向斜，向斜边缘的褶皱隆起区地层遭受剥蚀，向斜内较好保存了上二叠统煤系地层。

1.1.2 黔西珠藏向斜地质构造

珠藏向斜构造较为复杂，各井田内构造发育状况不同，但主要构造线方向以NE—NNE为优势方向(图1-3)，现将各井田内构造分述如下(表1-2)。

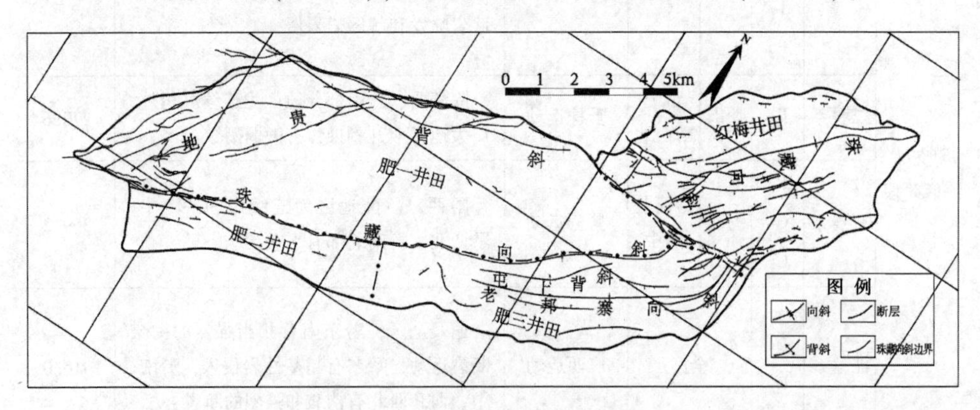

图1-3 珠藏向斜构造纲要图

表 1-2 珠藏向斜不同井田内断层性质统计

井田	断层编号	性质	走向	长度/km	倾向	倾角/(°)	落差/m	切割地层
肥一井田	F1	正断层	NW	4.5	NE	75	25~150	$P_3\beta$
	F2	正断层	NE	4.7	SE	70~75	45~50	$P_3\beta$
	F3	正断层	NE	6.6	NW	75	20~60	P_3l
	F4	正断层	NE	/	SW	70	75	T_1f^1
	F5	正断层	NE	2.8	SW	65~75	40~60	T_1f^2
	F6	逆断层	NE	2.7	SW	80	30~35	T_1f^4
	F7	正断层	NE	0.7	SE	85	20~25	T_1f^2
	F8	逆断层	NE	1.2	NW	75	40~50	T_1f^2
	F10	正断层	NE	1.55	NW	60	35~45	T_1f^2
	F12	逆断层	NE	5	NW	25~45	35~70	T_1f^2
肥二井田	F1	逆断层	NE	0.33	SE	84	25	T_1f^1~T_1f^{2-1}
	F22	正断层	NE	4.05	SE	75~80	20	T_1f^1~T_1f^5
	F28	正断层	NE	1.6	NW	75	50	标 5, T_1f^1
	F29	正断层	NEE	2.7	SE	40~60	20~30	T_1f^3~T_1f^{5-1}
	F32	逆断层	/	/	/	/	30	13 号煤
	F36	正断层	/	/	/	/	10~50	下煤组
	F37	逆断层	NW	0.47	N	75	20	T_1f^4~T_1f^{5-1}
肥三井田	F2	平移断层	EW	5	N	76	7~120	P_2l
	F48	转换断层	EW	2	S	60	10~50	T_1f
	F68	逆断层	NE	7.5	NW	49~81	6.5~68	P_3l
	F52	正断层	SN	5.1	W	78	5~40	P_3l
	F53	正断层	SN	3.79	W	60~75	10~40	P_3c+d
	F73	逆断层	SW	1.6	SE	42	20~39	P_3l
	F74	正断层	SW	1.2	SE	70	10~30	T_1f, P_3l
	F66	逆断层	NE	2.5	NW	75	10~45	P_3l

续表

井田	断层编号	性质	走向	长度/km	倾向	倾角/(°)	落差/m	切割地层
肥三井田	F88	正断层	NE	0.65	SE	70	22	T_1f^1
	F127	正断层	NE	0.95	SE	55	5.6~25	T_1f^2
	F144	正断层	SE	0.7	NW	66	15~21	6号煤
	F85	正断层	NE	1.3	NW	54	10~21	6、9号煤
	F113	逆断层	NE	0.55	NW	47	20	11、12号煤
	F141	逆断层	NE	1.7	NW	65	20~29	15、16号煤
	F148	正断层	NE	0.45	NW	65	22	21号煤
红梅井田	F1	逆断层	EW	3	S	75	40	P_3c+d，6号煤
	F2	逆断层	EW	6	N	70	15~100	P_3l，$P_3\beta$
	F3	逆断层	EN	5	SE	20~70	30	P_3l，P_3c+d
	F43	逆断层	EN	1.6	SE	60	35	7号煤，顶
	F11	正断层	NNE	1.1	SE	60	20	P_3c+d
	F29	正断层	NE	1.32	SE	70	22	P_3l

肥田一号井田内主要构造行迹为宽缓的地贵背斜和珠藏向斜，背斜及向斜轴部沿脊线方向均有不同程度的波状起伏，主要断裂分布于井田北部及西北侧边缘，地贵背斜北西翼受断裂破坏严重，井田内部断裂则少而小。地贵背斜轴线出露于井田北侧，轴向为NE—SW向，背斜沿走向有明显的波状起伏现象，背斜顶部比较平缓，两翼地层明显不对称，北西翼地层倾角一般较陡，为20°左右。地贵背斜南翼即珠藏向斜北翼，该翼地层倾角平缓，一般为8°~15°。珠藏向斜轴向NE—SW，向斜轴有明显的起伏现象。井田内共发现断层96条，其中落差大于30m的8条，主要分布于井田边界。井田内部仅F12号断层落差大于30m，F116断层落差大于10m，其他断层落差均小于10m。

肥田二号井田内褶皱轴向、断层走向多为NE、NEE方向，主要受NW、SE向的两侧压应力形成。珠藏向斜在区内呈“S”弧形展布，是区内主干构造。

肥田三号井田内发育的褶曲主要有老邦寨向斜和屯上背斜。老邦寨向斜位于井田中部，屯上背斜位于井田西段深部近边缘处。井田内共发现断层95条，其中断层落差≥30m的有8条，落差≥20m的有9条，落差≥10m的有37条，落差<10m的有41条。井田内断层大部分为走向正、逆断层，横向断层较少，多分

布在井田北端；逆断层普遍延伸较远，破坏作用较大；大部分断层的落差深部较浅部大，且隐伏断层较多，地表出露较少。

红梅井田内珠藏向斜北东端翘起，轴向大体是 NE 向，有一定的扭动。两翼不对称，东南翼较缓，且发育有次级褶曲，北西翼呈较陡的单斜。井田内共发现断层 131 条，其中断层落差≥30m 的有 9 条，落差≥20m 的有 5 条，落差≥10m 的有 22 条，落差≥10m 的有 95 条(包括落差<5m 的 47 条)。井田内断层多为走向和横向断层，正断层占绝大多数，但落差不大，延伸距离也短；逆断层普遍延伸距离较大，破坏性也较大。

1.1.3　黔西珠藏向斜沉积特征

晚二叠世是黔西地区地史发展中的一个主要成煤时期，黔西地区上二叠统分布广泛，沉积类型多样(表 1-3)。

表 1-3　珠藏向斜上二叠统沉积体系及沉积相划分

沉积体系	沉积相	沉积类型
三角洲—潮坪体系	过渡带三角洲平原	潮汐影响的分流河道、分流间湾、泥潭沼泽
	潮控下三角洲平原	分流潮汐水道、分流间湾、潮汐砂坝、泥炭沼泽
	边缘潮汐平原	远砂坝、潮坪、泥炭沼泽、碎屑泥质潮下
潟湖—潮坪体系	潟湖潮坪	潟湖、潮坪、泥潭沼泽
碳酸盐台地	局限台地潮坪、近岸局限台地潮下	

黔西珠藏向斜的主要部分(岩脚向斜和黔西向斜南部)位于黔中隆起区。黔中隆起在寒武纪末期开始形成，奥陶纪为一水下隆起，奥陶纪末期都匀运动后露出水面成为古陆，控制志留纪、泥盆纪及以后地层沉积，石炭纪以后再次成为水下隆起。黔中隆起目前反映出缺失奥陶、志留、泥盆系地层，至石炭系开始接受沉积。珠藏向斜主要聚煤期(龙潭组沉积期)自西向东沉积大相类型由陆相经海陆过渡相(三角洲和碎屑岩潮坪相)渐变为海相(潮下—局限台地相)，岩相类型由陆源碎屑岩(龙潭组)渐变为海相碳酸盐岩(吴家坪组)。珠藏向斜范围内的沉积相类型主要为三角洲相、潮坪相及潮下—局限台地相(图 1-4)。沉积环境对煤层发育起着明显的控制作用，三角洲相的平原亚相聚煤作用良好，有利于泥炭沼泽发育的环境广泛分布，聚煤条件好，煤岩厚度大，镜质组含量高；河流相的泥炭沼泽属高位沼泽，处于无覆水或覆浅水交替状态，还原作用较弱，因而丝炭化较为强烈，煤层厚度薄(13~27cm)，镜质组含量较低

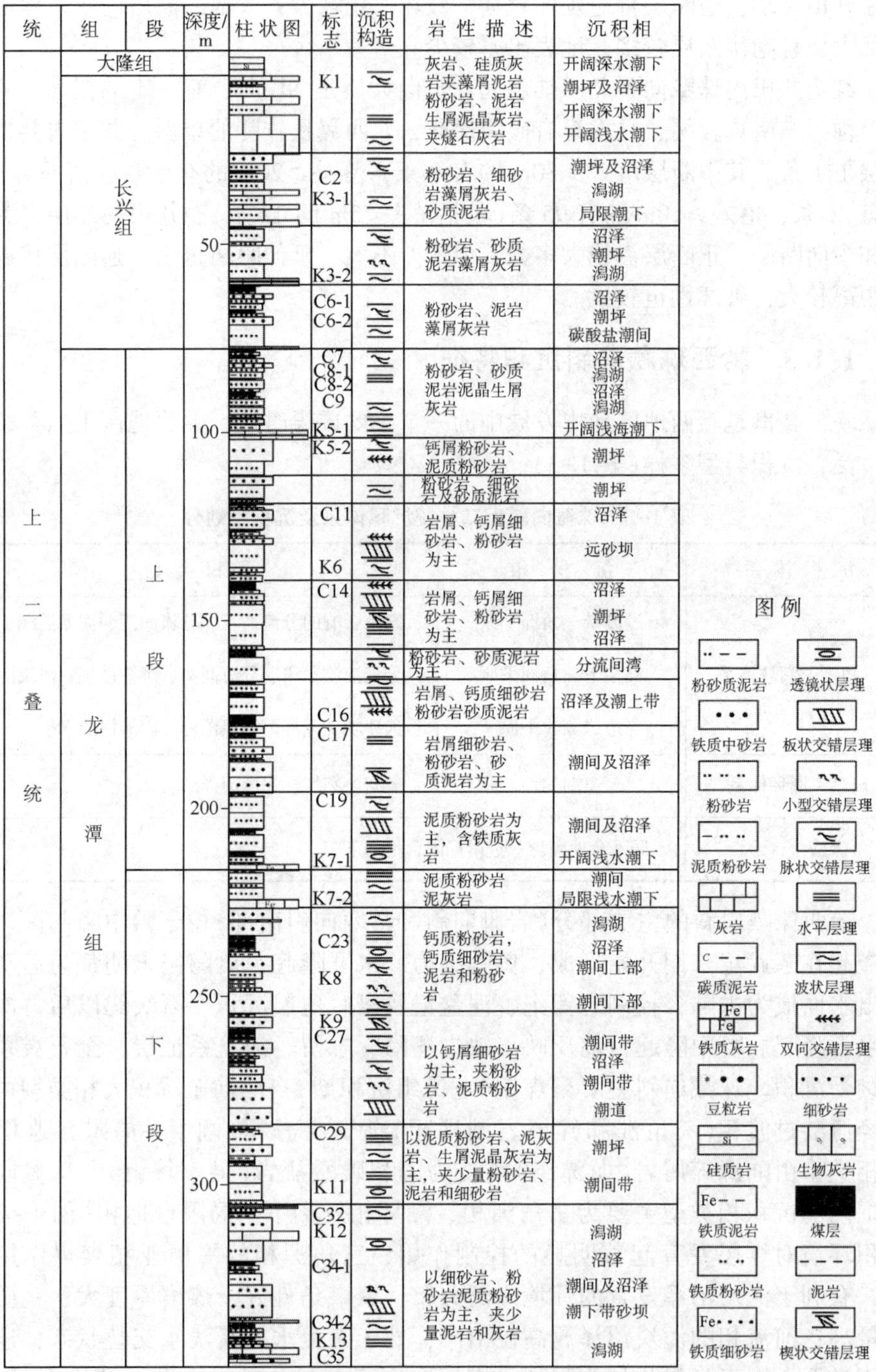

统	组	段	深度/m	柱状图	标志	沉积构造	岩性描述	沉积相
上二叠统	大隆组				K1		灰岩、硅质灰岩夹藻屑泥岩	开阔深水潮下
	长兴组						粉砂岩、泥岩 生屑泥晶灰岩、夹燧石灰岩	潮坪及沼泽 开阔深水潮下 开阔浅水潮下
					C2 K3-1		粉砂岩、细砂岩藻屑灰岩、砂质泥岩	潮坪及沼泽 潟湖 局限潮下
			50		K3-2		粉砂岩、砂质泥岩藻屑灰岩	沼泽 潮坪 潟湖
					C6-1 C6-2		粉砂岩、泥岩藻屑灰岩	沼泽 潮坪 碳酸盐潮间
	龙潭组	上段			C7 C8-1 C8-2 C9 K5-1		粉砂岩、砂质泥岩泥晶生屑灰岩	沼泽 潟湖 沼泽 潟湖 开阔浅海潮下
			100		K5-2		钙屑粉砂岩、泥质粉砂岩	潮坪
							粉砂岩、细砂岩及砂质泥岩	潮坪
					C11 K6		岩屑、钙屑细砂岩、粉砂岩为主	沼泽 远砂坝
			150		C14		岩屑、钙屑细砂岩、粉砂岩为主	沼泽 潮坪 沼泽
							粉砂岩、砂质泥岩为主	分流间湾
					C16		岩屑、钙质细砂岩粉砂岩砂质泥岩	沼泽及潮上带
					C17		岩屑细砂岩、粉砂岩、砂质泥岩为主	潮间及沼泽
			200		C19 K7-1		泥质粉砂岩为主，含铁质灰岩	潮间及沼泽 开阔浅水潮下
		下段			K7-2		泥质粉砂岩泥灰岩	潮间 局限浅水潮下
			250		C23 K8		钙质粉砂岩，钙质细砂岩、泥岩和粉砂岩	潟湖 沼泽 潮间上部 潮间下部
					K9 C27		以钙屑细砂岩为主，夹粉砂岩、泥质粉砂岩	潮间带 沼泽 潮间带 潮道
			300		C29 K11		以泥质粉砂岩、泥灰岩、生屑泥晶灰岩为主，夹少量粉砂岩、泥岩和细砂岩	潮坪 潮间带
					C32 K12 C34-1 C34-2 K13 C35		以细砂岩、粉砂岩泥质粉砂岩为主，夹少量泥岩和灰岩	潟湖 沼泽 潮间及沼泽 潮下带砂坝 潟湖

图例

粉砂质泥岩　透镜状层理　铁质中砂岩　板状交错层理　粉砂岩　小型交错层理　泥质粉砂岩　脉状交错层理　灰岩　水平层理　碳质泥岩　波状层理　铁质灰岩　双向交错层理　豆粒岩　细砂岩　硅质岩　生物灰岩　铁质泥岩　煤层　铁质粉砂岩　泥岩　铁质细砂岩　楔状交错层理

图 1-4　珠藏向斜上二叠统沉积相柱状图

(40%~80%)；陆源碎屑潮坪相中的聚煤条件较为有利，尤其是三角洲—潮坪过渡区，有利的聚煤环境分布广泛，煤层厚度中等，层数多，分布稳定；潮下—局限台地相的聚煤环境相对局限，煤层主要发育在低海平面期的局部泥炭沼泽环境，且泥炭沼泽很容易受海侵破坏，从而造成煤层层数少，厚度薄(多为薄煤层或煤线)，煤层稳定性差，以安顺向斜东南侧(平坝—安顺一线的东南)为代表；在潮坪相—局限台地相过渡带，可能由于水深相对较大，海平面下降期泥炭沼泽不易发育，从而煤层相对不发育，以安顺向斜西北侧的补郎次向斜和蔡官次向斜为代表。

1.1.4 黔西珠藏向斜区域地层及含煤地层特征

珠藏向斜内出露地层有上震旦统灯影组、寒武系、下奥陶统湄潭组、上泥盆统代化组、石炭系、二叠系、三叠系、古近系及第四系；缺失志留系、侏罗系及白垩系地层。其中二叠系及三叠系地层出露较全，分布范围最广，其他地层仅有零星分布，且出露不全(图1-5)。

珠藏向斜内出露最新地层为第四系，最老地层为峨眉山玄武岩，地层由新到老分述如下：

第四系(Q)：主要有坡积、残积及崩塌堆积。

下三叠统飞仙关组(T_1f)组，按岩性分6段：

第六段，灰绿色、紫红色泥岩，泥质粉砂岩为主，上部夹数层薄层石灰岩，平均厚度89.0m。

第五段，上部灰白色石灰岩夹薄层灰绿色、灰紫色泥岩，泥灰岩；下部为暗紫色、黄绿色、灰色泥岩为主夹薄层泥灰岩，平均厚度70m。

第四段，灰色厚层石灰岩，上部及中部具鲕状结构，间夹白云质石灰岩，平均厚度79m。

第三段，上部灰色、紫红色薄层泥灰岩与石灰岩互层，一般具缝合线构造，平均厚度71m。

第二段，上部灰色，紫红色薄层状石灰岩为主，夹薄层灰色泥灰岩，泥质灰岩；下部为灰色薄层状灰岩夹紫色及黄绿色泥质粉砂岩，顶部为一层厚约8m的紫色钙质泥岩与第三段分界，本段厚度平均130m。

第一段，灰色、灰绿色、灰紫色薄至中厚层状钙质粉砂岩，夹薄层泥质灰岩及泥灰岩，平均厚度110m。

上二叠统长兴组(P_3c)：下部灰色、深灰色燧石灰岩及结核状燧石灰岩，夹灰色粉砂岩及黑色泥岩，底部以一套厚度约10m的厚层状深灰色燧石灰岩与下伏龙潭组分界；上部深灰色、黑灰色硅质灰岩，硅质泥岩夹薄层钙质粉砂岩，顶部

地层系统					厚度/m	柱状图 1:9000	岩性描述
界	系	统	组(群)	代号			
新生界	第四系			Q	0~10		坡积、残积、洪积及河漫滩堆积
	古近系			E	0~50		砾岩、角砾岩
中生界	三叠系	中统	关岭组	T_2g	721~763		上段白云岩，中段深灰色石灰岩夹泥质白云岩及泥灰岩，下端泥质灰岩夹石膏层
		下统	永宁镇组	T_1y	347~848		上段泥岩夹泥灰岩及白云岩，下段为中厚层状纯灰岩及白云质灰岩
			飞仙关组	T_1f	439~799		灰绿色、紫红色泥岩，钙质泥岩，泥质粉砂岩夹薄至中厚层状石灰岩
	二叠系	上统	大隆组	P_3d	2.8~21		硅质灰岩夹泥灰岩，顶部常有薄层灰绿色蒙脱石黏土岩
			长兴组	P_3c	11~30		结核状硅质灰岩，夹钙质粉砂岩及泥灰岩
			龙潭组	P_3l	183~410		以碎屑岩为主的海陆交互相鲨机，夹薄层生物灰岩及煤层
			峨眉山组	$P_3\beta$	0~342		暗绿色块状及细至微晶玄武岩，玄武岩质火山角砾岩夹石灰岩、碎屑岩及煤层
		中统	茅口组	P_2m	336		浅灰及灰白色石灰岩，中上部常为含燧石结核、生物灰岩及深灰色燧石层
			栖霞组	P_2q	11.3~24.7		深灰色及灰黑色燧石结核灰岩夹少量浅灰色中厚层白云质灰岩
			梁山组	P_2l	23.5~83.7		灰白色细粒石英砂岩为主，局部夹薄层灰岩、炭质泥岩及薄煤层
	石炭系	上统	马平组	C_2m	99		浅灰色厚层块状石灰岩、生物灰岩，上部常为石灰质白云岩
			黄龙群	C_2h	61		浅灰色块状石灰岩，上部含白云岩条带及团块
		下统	摆佐组	C_1b	77		上部灰白色块状粗粒次生白云岩，下部为石灰岩及生物石灰岩
			大塘组	C_1d	42		上部次生白云岩，中部为灰色生物石灰岩，下部为中晶次生白云岩
	泥盆系	上统	代化组	D_3d	15		浅灰色厚层状生物碎屑岩
	奥陶系	下统	湄潭组	O_1m	41		灰绿色薄层状泥灰岩，粉砂岩及泥灰岩透镜体
	寒武系	中上统	娄关山组	$\in_{2\text{-}3}l$	506		浅灰色白云岩、燧石白云岩
		中统	高台组	$\in_2g$	218~306		浅灰至深褐色微细粒白云岩，底部及中部各有层厚2m及1m鲕状白云岩
		下统	清虚洞组	$\in_1q$	206		下部为灰绿色含云母砂纸泥岩及泥质砂岩，上部白云岩为主
			金顶山组	$\in_1j$	250		黄绿色含云母石英砂岩，粉砂岩夹浅色薄层白云岩及泥质灰岩
			明心寺组	$\in_1m$	262		灰绿色砂纸泥岩、石英质细砂岩。
			牛蹄塘组	$\in_1q$	50		上部为灰、暗绿色钙质泥岩，其下为薄层炭质泥岩，底部为透镜状磷块岩
元古界	震旦系	上统	灯影组	Z_2d	30~100		上部浅灰色薄至中厚层状硅质白云岩，含石英团块及燧石透镜体，局部产浸染状铅锌矿

残积土　砾岩　白云岩　泥岩　泥质粉砂岩　碎屑岩　玄武岩　石灰岩　燧石灰岩　石英砂岩　砂质泥岩

图 1-5　珠藏向斜区域地层柱状图

常有 1~3 层灰绿色薄层状蒙脱石黏土岩，并以此与上覆飞仙关组分界，本组厚度平均 35m。

上二叠统龙潭组(P_3l)：主要由灰色、深灰色砂岩、粉砂岩及泥岩组成，间夹数层生物灰岩，含煤 30~35 层；薄层灰岩中含腕足类、双壳类、蜓、苔藓虫等动物化石及大羽羊齿、栉羊齿等植物化石，底部产一层碳酸盐化玄武岩(俗称铁铝岩)或凝灰岩与下伏峨眉山玄武岩分界，本组厚 334. 6m。

上二叠统峨嵋山玄武岩组($P_3\beta$)，暗绿色及深灰色玄武岩，块状及气孔状构造，厚度大于 100m。

珠藏向斜内含煤地层主要为二叠系上统龙潭组(表 1-4)，属海陆交互相含煤沉积；次为大隆组和长兴组，以海相地层为主。上覆为三叠系下统飞仙关组海相地层，基底为峨眉山组。

表 1-4 珠藏向斜龙潭组含煤地层厚度

井田	含煤地层厚度/m					
	大隆组	长兴组	龙潭组			
			上段	中段	下段	组厚
肥田一号	7	28. 1	91. 87	131	118. 03	320~360/340. 90
肥田二号	11. 62	25. 02	96. 18	135. 07	114. 96	346. 21
肥田三号	6. 50~15. 33/9. 82	20. 34	88. 18	130. 13	106. 28	324. 59
红梅	5	25	72~90/80	107~137/122	102~140/123	310~339/325

1. 大隆、长兴组

上部以灰绿色蒙脱石黏土岩与三叠系下统飞仙关组为界，下部以厚层状燧石灰岩与龙潭组相隔，岩性以海相薄层状硅质石灰岩及中厚层状燧石灰岩为主，间夹粉砂岩及钙质泥岩。燧石常呈结核状、团块状及透镜状，沿层面分布。石灰岩中盛产蜓科及头足类动物化石；含薄煤 1~3 层，黑色、灰黑色，半亮型煤，结构较简单；含夹矸 1~3 层。

2. 龙潭组

龙潭组平均厚 328. 5m，含煤 30~35 层，平均总煤厚 22. 4m，含煤系数 6. 82%，可采及局部可采煤层 10 层，平均煤厚 13. 48m，占该组总厚度 4. 1%。

龙潭组主要由各种不同粒级的碎屑岩、泥灰岩、生物碎屑灰岩、菱铁质岩及煤组成。龙潭组各类岩石的基本色调为灰、深灰及黑灰色。古生物群几乎各门类都有，种属纷繁，数量丰富，但主要产于薄层灰岩及其上、下的泥岩和砂质泥岩中。少量的植物化石产于煤层顶板与粉砂岩和砂质泥岩中。

龙潭组根据含煤性、岩性及岩相组合特征，可细分为上、中、下三段：

(1) 龙潭组上段。

龙潭组上段为一套岩、煤层组合，含煤 7~9 层，总厚 6. 75m，可采与局部可采煤层 3 层。该段海相地层比较发育，以砂岩、粉砂岩及泥岩为主，含薄层生物碎屑灰岩 6~8 层以及少许陆相细砂岩。

该段所见结核主要由碳酸盐岩和二氧化硅组成，煤的宏观类型以光亮型煤和半亮型煤为主；生物化石以盛产于薄层灰岩及其上、下的泥岩和砂质泥岩中的海相动物化石为主，其中腕足类尤为丰富。该段少见完整的植物化石，仅在近煤层处的碎屑岩中有时含极细的植物化石碎屑。

(2)龙潭组中段。

龙潭组中段为一套煤、岩层组合，含煤16~18层，总厚9.84m，含可采煤层4层，总厚4.66m。由于成煤环境处于地质震荡多变时期，故煤层多而薄，且结构复杂、多煤线。煤的宏观煤岩类型以半亮型为主。

该段以陆相与过渡相地层为主，一般不含灰岩。岩性为含绿泥石碎屑的细砂岩、灰色粉砂岩、砂质泥岩及泥岩和黏土岩。古生物群仅零星分布。

(3)龙潭组下段。

龙潭组下段为一套煤、岩层组合，含煤10~12层，总厚5.81m，含可采与局部可采煤层3层，总厚3.59m。煤的宏观煤岩类型以半亮型、半暗型为主。

该段岩性以灰、灰黑色的粉砂岩、石灰岩及钙质细砂岩为主，含少量泥岩、泥灰岩及生物硅质岩，底部尚有灰白色的铝土岩及暗色铁质岩假整合于玄武岩之上。“铁铝岩”层位与玄武岩接触部分局部为杂色角砾岩状凝灰质黏土岩。角砾成分为深灰色或灰绿色玄武岩，有时呈锈斑状结构。

该段海相石灰岩地层较多，一般为5~7层。与上段相比，没有上段海相石灰岩那么纯，含泥质较多。因此，古生物化石相对单调一些。

1.1.5 黔西珠藏向斜水文地质特征

珠藏向斜地下水整体由西北向东南流动，各岩组富水性以二叠系中统茅口组、栖霞组、石炭系等地层厚度较大，是向斜主要含水层(图1-6)。三叠系下统永宁镇组(T_1yn^1-T_1yn^2)、飞仙关组(T_1f^{3-6}、T_1f^{2-4})、二叠系上统大隆、长兴组(P_3c+d)等地层含水中等。三叠系下统飞仙关组(T_1f^1)、二叠系上统龙潭组(P_3l)、二叠系中统梁山组(P_2l)、寒武系牛蹄塘组($Є_1n$)及明心寺组($Є_1m$)、震旦系上统灯影组(Z_3d)、第四系(Q)等地层含水性弱。二叠系上统峨眉山组地层富水性极弱，各含(隔)水层相间成层，地下水越层补给可能性小(表1-5)。

珠藏向斜断裂构造以NE、NNE向为主导优势方向，断层导水性在不同部位差异性显著，断裂通过龙潭组地段时，导水性较弱，而断层带却有较强的富水性。煤组风化裂隙带以下地层一般裂隙小且被方解石脉充填，含水性弱。据钻孔抽水结果证明，单位涌水量为0.00145~0.1012L/(s·m)，一般为0.005~0.015 L/(s·m)，含水层含水性整体较弱。

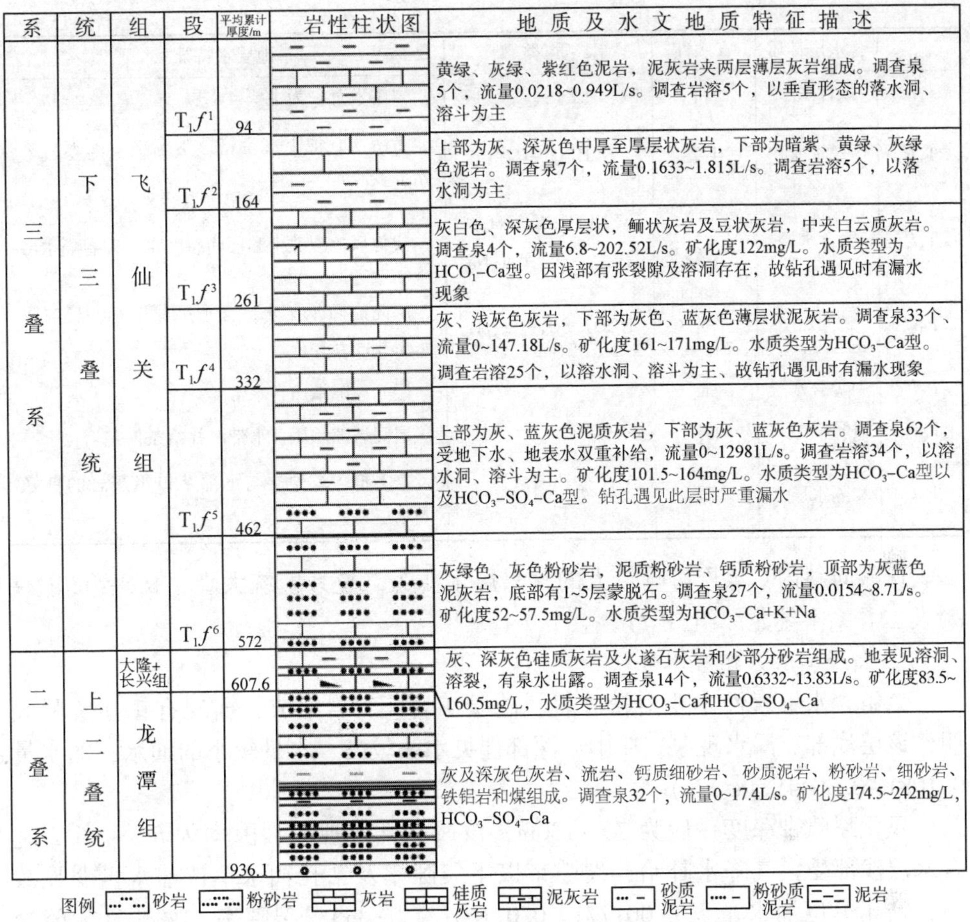

系	统	组	段	平均累计厚度/m	岩性柱状图	地质及水文地质特征描述
三叠系	下三叠统	飞仙关组	T_1f^1	94		黄绿、灰绿、紫红色泥岩，泥灰岩夹两层薄层灰岩组成。调查泉5个，流量0.0218~0.949L/s。调查岩溶5个，以垂直形态的落水洞、溶斗为主
			T_1f^2	164		上部为灰、深灰色中厚至厚层状灰岩，下部为暗紫、黄绿、灰绿色泥岩。调查泉7个，流量0.1633~1.815L/s。调查岩溶5个，以落水洞为主
			T_1f^3	261		灰白色、深灰色厚层状，鲕状灰岩及豆状灰岩，中夹白云质灰岩。调查泉4个，流量6.8~202.52L/s。矿化度122mg/L。水质类型为HCO_1-Ca型。因浅部有张裂隙及溶洞存在，故钻孔遇见时有漏水现象
			T_1f^4	332		灰、浅灰色灰岩，下部为灰色、蓝灰色薄层状泥灰岩。调查泉33个、流量0~147.18L/s。矿化度161~171mg/L。水质类型为HCO_3-Ca型。调查岩溶25个，以溶水洞、溶斗为主、故钻孔遇见时有漏水现象
			T_1f^5	462		上部为灰、蓝灰色泥质灰岩，下部为灰、蓝灰色灰岩。调查泉62个，受地下水、地表水双重补给，流量0~12981L/s。调查岩溶34个，以溶水洞、溶斗为主。矿化度101.5~164mg/L。水质类型为HCO_3-Ca型以及HCO_3-SO_4-Ca型。钻孔遇见此层时严重漏水
			T_1f^6	572		灰绿色、灰色粉砂岩，泥质粉砂岩、钙质粉砂岩，顶部为灰蓝色泥灰岩，底部有1~5层蒙脱石。调查泉27个，流量0.0154~8.7L/s。矿化度52~57.5mg/L。水质类型为HCO_3-Ca+K+Na
二叠系	上二叠统	大隆+长兴组		607.6		灰、深灰色硅质灰岩及火遂石灰岩和少部分砂岩组成。地表见溶洞、溶裂，有泉水出露。调查泉14个，流量0.6332~13.83L/s。矿化度83.5~160.5mg/L，水质类型为HCO_3-Ca和HCO-SO_4-Ca
		龙潭组		936.1		灰及深灰色灰岩、流岩、钙质细砂岩、砂质泥岩、粉砂岩、细砂岩、铁铝岩和煤组成。调查泉32个，流量0~17.4L/s。矿化度174.5~242mg/L，HCO_3-SO_4-Ca

图例 砂岩 粉砂岩 灰岩 硅质灰岩 泥灰岩 砂质泥岩 粉砂质泥岩 泥岩

图 1-6 珠藏向斜水文地质图

表 1-5 珠藏向斜主要含水层特征

地层	含水层性质	富水性	水质类型	地层水特征
Q	弱含水层	弱		受大气降水和地下水补给影响
T_1y^2	相对隔水层	中等	HCO_3-Ca-Mg	地下水集中排泄，受大气降水影响
T_1y^1	强含水层	强		排泄条件好，常补给河道
T_1f^6	隔水层	弱		浅部风化裂隙水，受大气降水控制
T_1f^5	弱含水层	弱		浅部风化裂隙水，受大气降水控制，水力联系弱
T_1f^4	强含水层	强	HCO_3-Ca HCO_3-Ca-Mg	水力联系强，水量充沛，水量动态变化剧烈

续表

地层	含水层性质	富水性	水质类型	地层水特征
T_1f^3	强含水层	强		岩溶发育，为主要含水层
T_1f^2	中等含水层	中等	HCO_3-Ca	岩溶水，地下水丰富，水文动态随大气降水而变
T_1f^1	弱含水层	弱	HCO_3-Ca-Na HCO_3-SO_4-Ca-Na	浅部风化裂隙水和层间裂隙水，理想隔水层
P_3l^3	弱含水层	弱	HCO_3-SO_4-Ca-Mg	层间裂隙承压水，含水层厚度小，且与隔水层相间互存
P_3l^2	中等含水层	强		层间裂隙承压含水带
P_3l^1	弱含水层	弱		层间裂隙承压含水带，补给条件差
$P_3\beta$	隔水层	弱		是上覆含煤地层与下部茅口组灰岩的良好隔水层

珠藏向斜内对煤层影响较大的含水层主要为二叠系上统大隆、长兴组（P_3c+d）及二叠系上统龙潭组（P_3l）。

1. 大隆、长兴组含水性

该组含水层岩性主要由粉砂岩、硅质灰岩、灰岩组成，据现有钻孔资料表明，该层浅部有漏水现象，在中、深部偶见水头较高、水量较小的涌水，涌水量0. 1081～0. 3044L/(s·m)。

风化裂隙带深度一般为75～130m，该段少部分地段裂隙率为5%～46. 2%。含水层浅部受大气降水补给，裂隙带以下裂隙率及钻孔抽水单位涌水量明显减少，钻孔单位涌水量仅0. 001771～0. 01169L/(s·m)，裂隙率<1%，且为闭合型，地下水运动缓慢或处于停滞状态，含水性弱。地表水质类型为HCO_3-Ca、HCO_3-SO_4-Ca，矿化度83. 5～160. 5mg/L；钻孔水质为HCO_3-K+Na，矿化度298. 5～477. 5mg/L。

2. 龙潭组含水性

该组地层由泥岩、细砂岩、砂质泥岩、粉砂岩等细粒碎屑岩和煤层、泥灰岩、生物碎屑灰岩及菱铁质岩等类型岩石相间成层，岩石裂隙稀而小，降水下渗量小，构造简单，地层透水性弱。地下水补给区与排泄区一致，径流途径短。地表水体规模小，补给及充水条件简单，排泄条件相对较好，地层储水量小，含水性弱。

该组地层的层间水虽个别钻孔显示有较高的水头，但涌水量不大，说明含水层多为承压水且以静储量补给为主。

龙潭组地层中，深部岩石大部分不存在裂隙，局部层段有裂隙，裂隙宽度一般为0.2~1mm，裂隙率为0.5%左右。钻孔单位涌水量为0.0008632~0.09424L/(s·m)，钻孔水质为HCO_3-K+Na、HCO_3-CO_3-K+Na，矿化度186.82~1159.5 mg/L，pH值为7.5~9.1。

煤系上覆强含水层(T_1f^2)岩性以粉砂岩为主，顶部有泥灰岩，钻孔单位涌水量仅0.0004576~0.01169L/(s·m)，表明上覆地层隔水性能较好。

煤系下伏地层为二叠系上统峨眉山组玄武岩层，层间为含(透)水性甚微的泥岩、粉砂岩、铁铝岩等岩石组成。玄武岩节理不甚发育，节理宽0.1~2mm，节理率仅0.14%~0.87%，且多数被方解石脉充填，属闭合型节理，故此岩层含水性极弱，隔水性能好。

依据地下含水岩层的渗透系数和《矿区水文地质工程地质勘探规范》中钻孔涌水量划分的地下岩层富水性(表1-6、表1-7)，珠藏向斜地下含水岩层主要为微透水、弱富水岩层(图1-7)。

表1-6　不同岩层透水性划分标准

岩层类型	渗透系数(K)/(m/d)
强透水岩层	$K>10$
透水岩层	$1<K<10$
微透水岩层	$0.01<K<1$
极弱透水岩层	$0.001<K<0.01$
不透水岩层	$K<0.001$

表1-7　不同富水区类型标准划分

富水区类型	钻孔涌水量(q)/[L/(s·m)]
极强富水区	$q>5$
强富水区	$1<q<5$
中等富水区	$0.1<q<1$
弱富水区	$q<0.1$

1.1.6　黔西珠藏向斜现代地温场

珠藏向斜在地质历史时期发生了多期岩浆活动，而中元古代晚期和晚古生代岩浆活动尤为剧烈，东吴运动和燕山运动造成的岩浆活动对整个织纳煤田的含煤地层产生了最为显著的影响。中晚二叠世的东吴运动，大量喷发的峨眉山玄武岩组成了织纳煤田上二叠统含煤地层的基底。峨眉山玄武岩厚度由东向西呈舌形分布(图1-8)。燕山期的岩浆热活动，使织纳煤田煤岩在初始的深成热变质基础之上又叠加了岩浆热变质作用，形成了高煤阶烟煤和无烟煤。

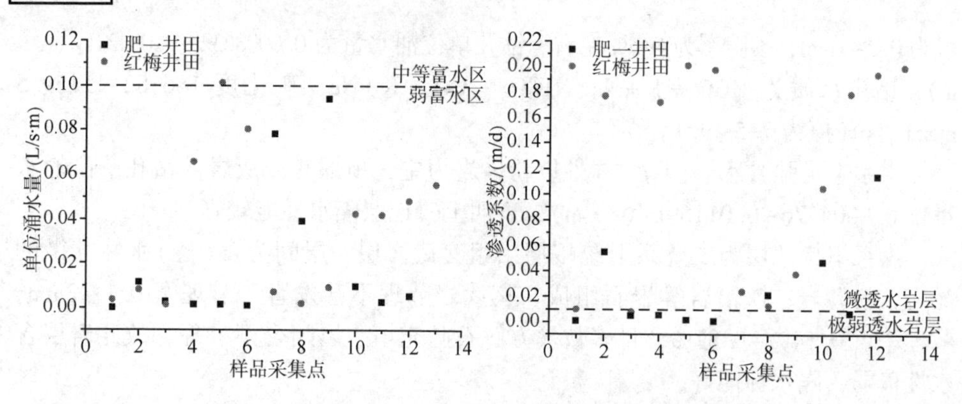

图 1-7 珠藏向斜含水层单位涌水量和渗透系数散点图

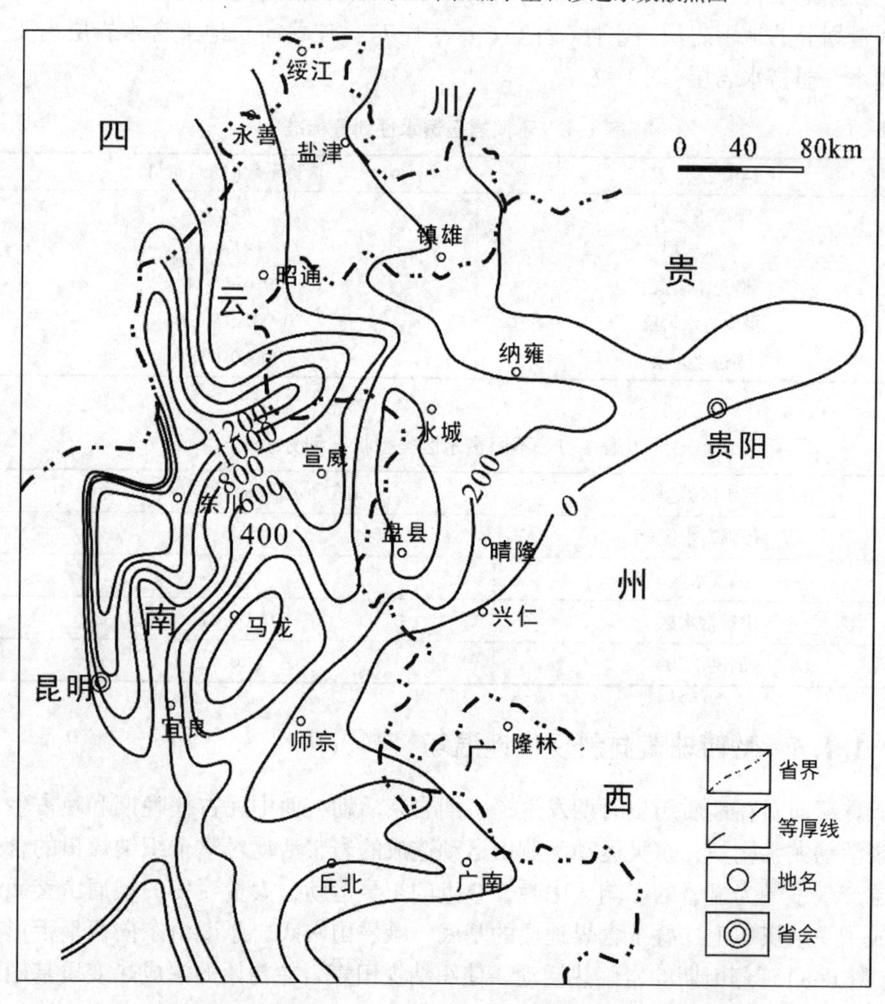

图 1-8 滇黔桂地区二叠系峨眉山玄武岩分布厚度等值线图

尽管地质历史时期岩浆活动较频繁，但珠藏向斜现代地温场并未表现出明显异常。统计珠藏向斜八个钻孔测温数据显示，随着地层深度的增加，各钻孔井温呈现出线性增加的趋势，不同深度井温无明显波动(图 1-9)。肥一井田各钻孔地温梯度为 1.88~4.09℃/100m，06-6 孔出现了热异常；肥三井田各钻孔地温梯度为 1.31~2.78℃/100m。各钻孔地温梯度差异性较为明显，但整体表现为正常地温梯度。

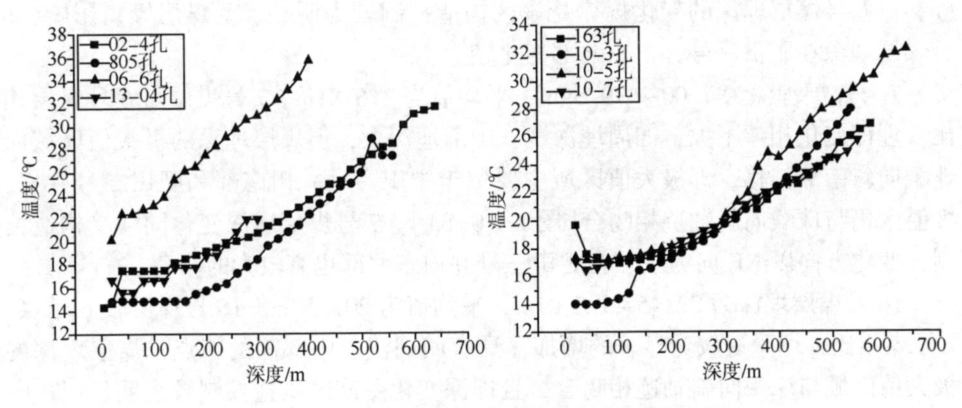

图 1-9 珠藏向斜不同钻孔测温曲线图

1.2 黔西珠藏向斜多煤层区煤岩物性特征

珠藏向斜内包含肥田一号井田、肥田二号井田、肥田三号井田以及红梅井田，各井田勘察程度较高。肥田一号井田探明可采及局部可采煤层 10 层，分别为 6 号、6^{-1}号、7 号、16 号、17 号、20 号、21 号、23 号、27 号及 34 号煤，其中 6 号和 16 号煤为全井田主要可采煤层，7 号、23 号、27 号煤为局部不可采煤层，其他各煤层为局部可采或仅零星分布；肥田二号井田赋存可采煤层或局部可采煤层 8 层，分别为 6 号、7 号、14 上号、16 号、20 号、23 号、30 号及 34 号煤，其中 6 号和 23 号煤为全井田主要可采煤层，7 号、14 号上、20 号、30 号及 34 号煤为局部可采煤层；肥田三号井田内可采煤层 7 层，分别为 6 号、7 号、16 号、17 号、21 号、23 号及 27 号煤，其中 16 号煤和 23 号煤为全井田主要可采煤层，6 号、7 号、17 号、21 号、27 号煤为可采煤层；红梅井田内 16 号、23 号、30 号煤在全井田可采，6 煤、7 煤、17 煤、21 煤、27 煤及 32 煤为局部可采煤层。6 号和 16 号煤是向斜内的主要可采煤层，二者储量之和占井田总储量的 42.5%；7 号、23 号、27 号和 30 号煤仅在局部不可采，其储量之和占井田总储量的 20.0%。因此，本次研究重点考虑 6 号、7 号、16 号、23 号和 27 号煤，其余煤层兼顾研究。

1.2.1 黔西珠藏向斜煤层空间展布特征

(1)主要煤层埋深特征。

6号煤层埋深普遍较浅，为35.10~503.72m，平均值为222.82m。6号煤层具有四周浅、中部深的特点，煤层埋深的极大值区域位于肥田一号井田的东南部，与珠藏向斜轴迹相吻合，另外一个极大值区位于肥田二号井田[图1-10(a)]。6号煤层埋深的变化规律受该区构造控制较为明显。受煤层倾角影响，6号煤层埋深在肥田三号井田东北部变化较大。

7号煤层埋深为7.00~479.59m，平均值为216.81m。7号煤层与6号煤层相比，埋深变化相差不大，四周埋深浅、中部埋深大，但煤层埋深的极大值区域向珠藏向斜南部偏移，即极大值区域主要位于肥田一号井田南部和肥田二号井田，极值区仍与珠藏向斜轴迹相吻合[图1-10(b)]。7号煤层埋深变化同样受构造控制，变化方向以NE向为主，在肥田三号井田东北部也有较大的倾角。

16号煤层埋深为22.45~595.01m，平均值为293.58m。16号煤层较6号煤、7号煤相比，埋深有较为显著的增加，具有四周浅、中部深的特点，煤层埋深的极大值区域与珠藏向斜轴迹相吻合，且埋深变化受该区构造控制较为明显[图1-10(c)]，16号煤层在肥田三号井田东部边缘倾角较大。

23号煤层埋深进一步增大，为46.01~640.93m，平均值为329.26m。23号煤层埋深同样具有四周浅、中部深的特点，煤层埋深的极大值区域位于珠藏向斜轴迹部位[图1-10(d)]。

27号煤层埋深为92.65~656.64m，平均值为336.57m。27号煤层埋深变化与上述主要煤层相似[图1-10(e)]。

珠藏向斜主要煤层埋深变化具有相似的变化规律，且埋深变化受构造控制明显(图1-11)，各主要煤层埋深极大值区均位于珠藏向斜轴迹部位，且在肥田三号井田东部边缘处，均有较大的倾角，在一定程度上不利于煤炭及煤层气资源的开采与开发。

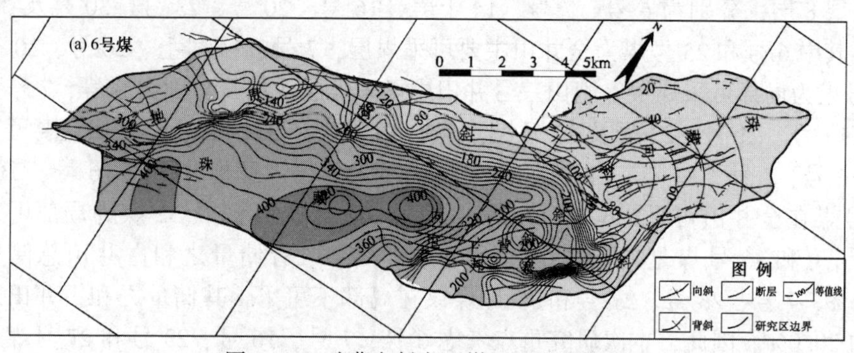

图1-10 珠藏向斜主要煤层埋深变化图

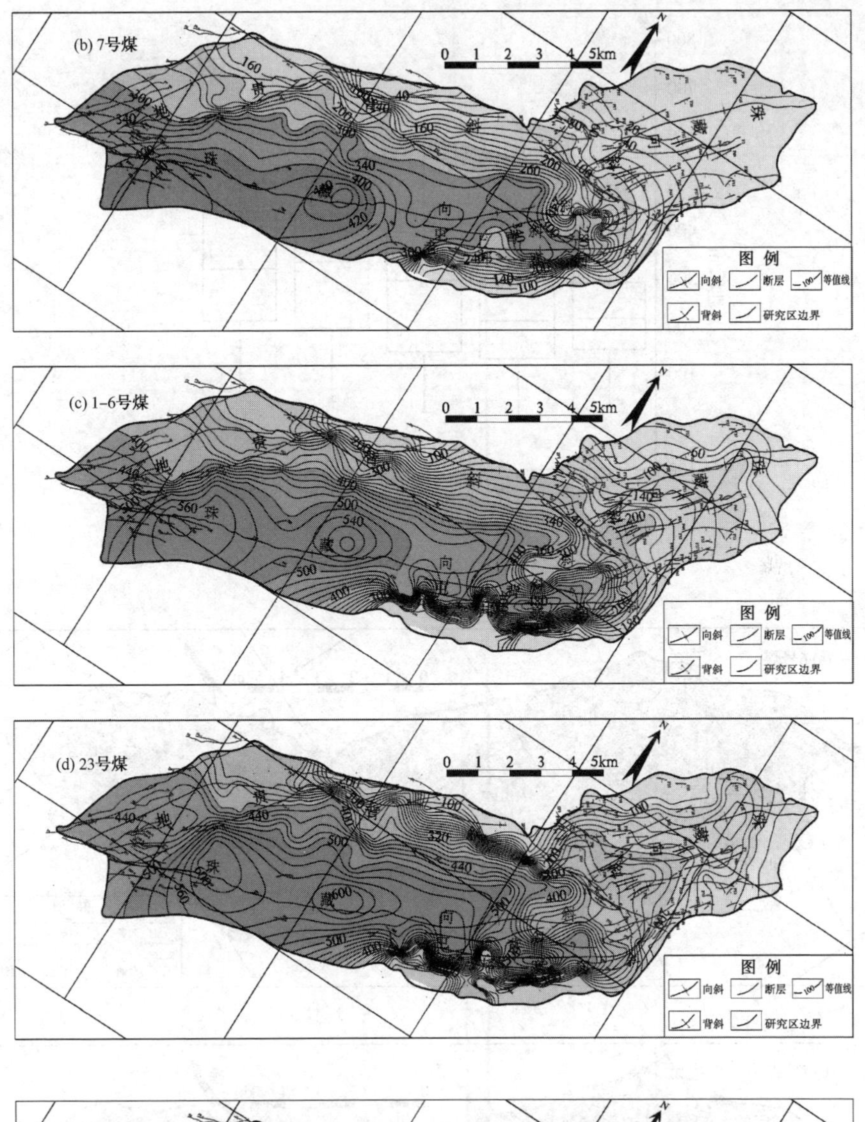

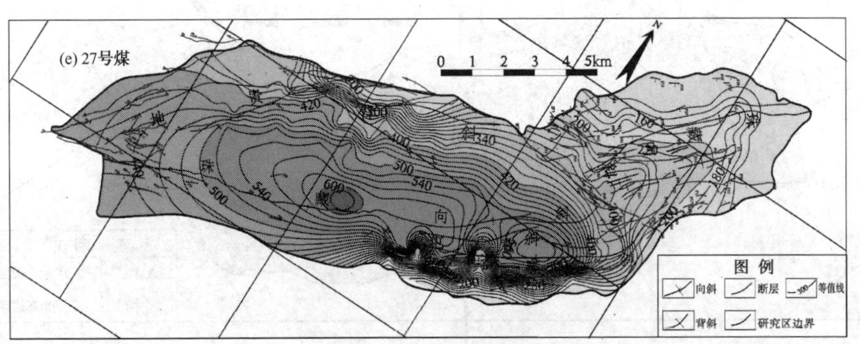

图 1-10 珠藏向斜主要煤层埋深变化图(续)

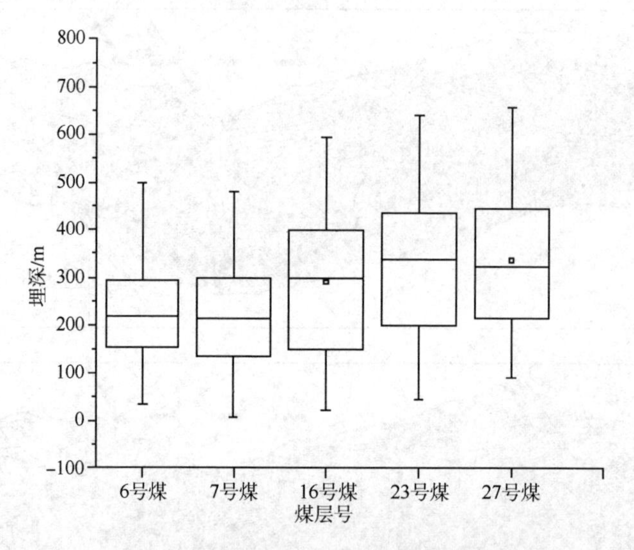

图 1-11　珠藏向斜主要煤层埋深箱型图

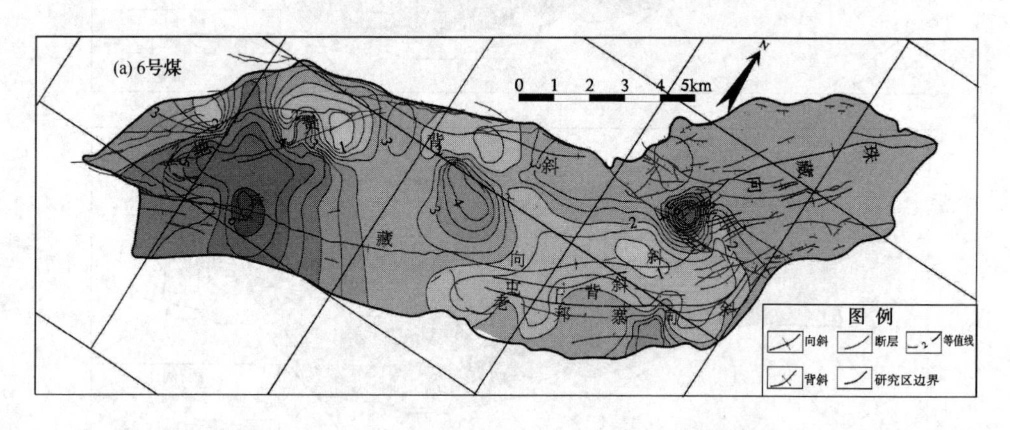

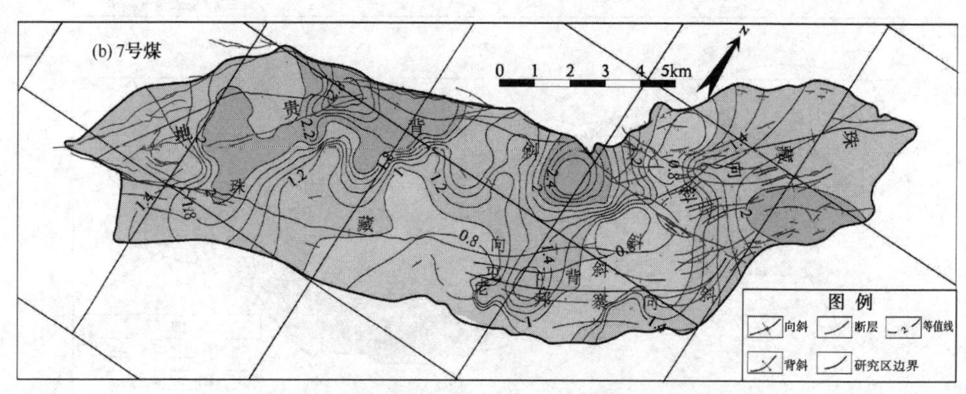

图 1-12　珠藏向斜主要煤层厚度变化图

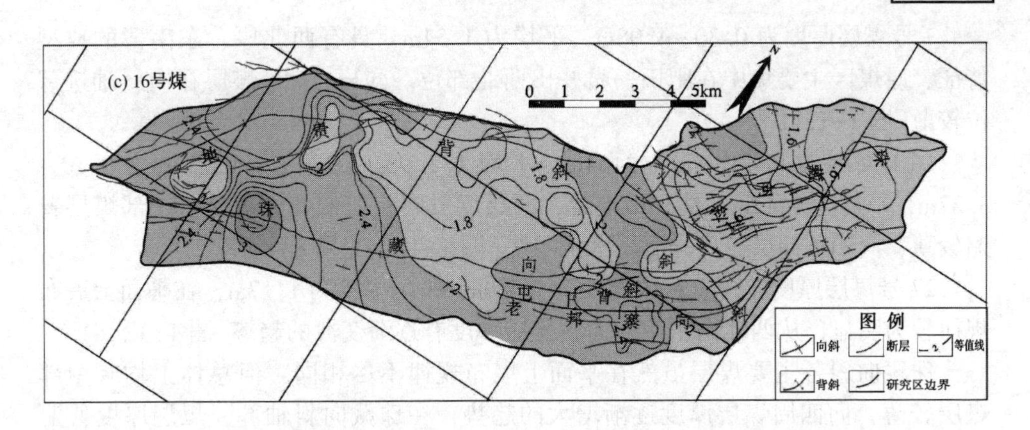

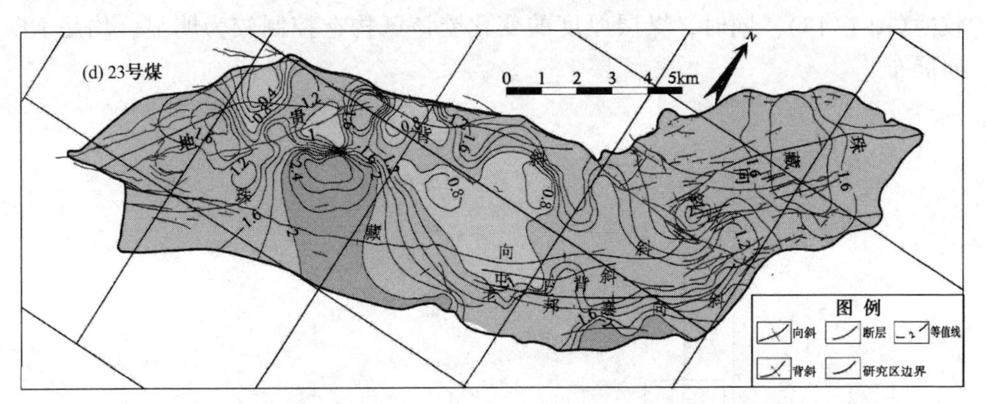

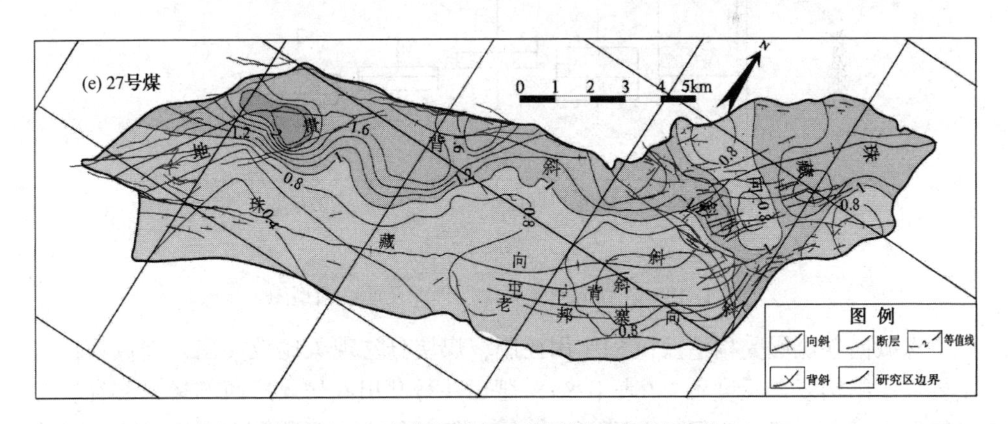

图 1-12 珠藏向斜主要煤层厚度变化图(续)

(2)主要煤层厚度特征。

6 号煤层厚度变化范围较大，从 0.45~8.50m 均有分布，平均值 2.77m，具有南北高、中部低的特征。在埋深较大的区域，即珠藏向斜轴部，煤层厚度普遍较小，向斜两侧，煤层厚度略有增加[图 1-12(a)]。

7 号煤层厚度为 0. 30~4. 08m，平均为 1. 54m，具有西北厚、东南薄的典型特征，厚煤区主要集中在肥田一号井田西北部位。同样，7 号煤层在向斜轴迹部位较薄[图 1-12(b)]。

16 号煤层厚度为 0. 35~3. 64m，平均为 1. 98m；23 号煤层厚度为 0. 10~3. 27m，平均为 1. 42m。从平面上看，两层煤具有相似的变化规律，中部煤层普遍较薄，向四周储层厚度均有增大的趋势[图 1-12(c)、(d)]。

27 号煤层厚度较薄，最大厚度为 2. 79m，平均厚度为 1. 17m，在平面上展布规律较为明显，从西北向东南方向，煤层厚度有逐渐变薄的趋势[图 1-12(e)]。

珠藏向斜各主要煤层虽然在平面上展布规律不尽相同，但总体上均有中部煤层较薄，向四周煤层厚度逐渐增大的趋势，在珠藏向斜轴部，煤层厚度普遍较薄(图 1-13)。同时，煤层厚度的变化受该区构造控制较为明显，均呈 NE 向展布。

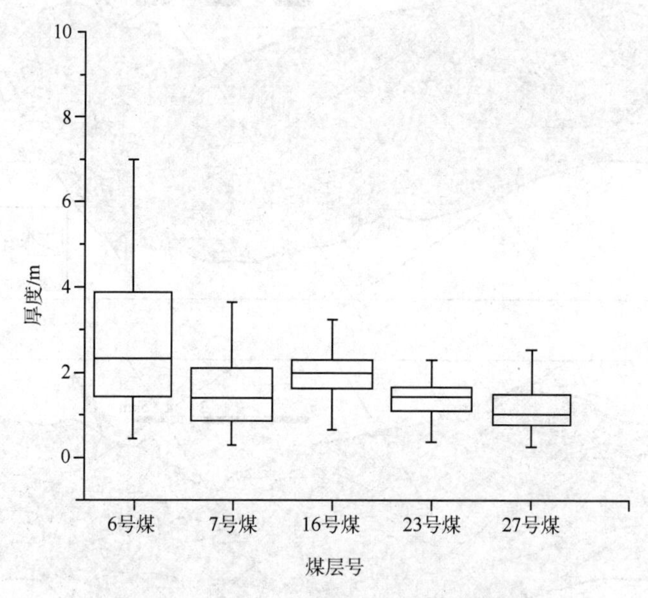

图 1-13　珠藏向斜主要煤层埋深及厚度箱型图

珠藏向斜煤层受构造及沉积作用控制，煤层分岔现象比较突出，造成该区各主要煤层结构复杂程度不一(表 1-8)。肥田一号井田 6 号煤层西部较东部存在更多煤层夹矸，一般含 2 层，多者可达 6 层，但总体上 6 号煤层较为稳定；7 号煤层结构复杂，局部地区不可采；16 号煤层在井田内分布较为稳定，一般含 1 层夹矸，厚度 0. 2m，煤层结构简单；23 号煤层一般含 2 层夹矸，夹矸厚度达到 0. 3m，局部地区存在分岔现象，煤层结构较复杂；27 号煤层一般含夹矸 3 层，厚度为 0. 25m，在全区内分布比较稳定。

表 1-8 珠藏向斜各井田主要煤层煤层结构复杂程度统计表

井田	含煤地层	主要煤层	煤层结构复杂程度	煤类	井田	含煤地层	主要煤层	煤层结构复杂程度	煤类
肥田一号	龙潭组	6	较简单	WY	红梅	龙潭组	6	较简单	WY
		7	复杂	WY			7	复杂	WY
		16	较简单	WY			16	复杂	WY
		23	较复杂	WY			23	较复杂	WY
		27	较简单	WY			27	较简单	WY
肥田二号	龙潭组	6	较简单	WY	肥田三号	龙潭组	6	较简单	WY
		7	较复杂	WY			7	简单	WY
		16	简单	WY			16	简单	WY
		23	较复杂	WY			23	简单	WY
							27	复杂	WY

肥田二号井田 6 号煤层一般含夹矸 0~2 层，煤层结构较简单；7 号煤层一般含夹矸 0~2 层，最多可达到 5 层，部分地区不可采，煤层结构较复杂；16 号煤层一般含夹矸 1 层，在井田内分布稳定，煤层结构简单；23 号煤一般含夹矸 1~2 层，多者可达 4 层，井田内存在不可采区，煤层结构较复杂。

肥田三号井田 6 号煤一般不含夹矸，但个别地区含 3 层夹矸，煤层结构较简单；7 号煤在厚度较大的地方，夹矸普遍发育，一般含 1~2 层，结构简单；16 号煤一般含 1 层夹矸，整体发育稳定，结构简单；23 号煤层一般不含夹矸，煤层结构简单；27 号煤层一般含 2~3 层夹矸，多为炭质泥岩，较薄，煤层结构复杂。

红梅井田 6 号煤层一般含夹矸 1~2 层，厚度 0.2m 左右，结构较简单；7 号煤层一般含夹矸 2 层，最多可达到 5 层，夹矸最厚可达 0.8m，个别地区煤层不可采，煤层结构复杂；16 号煤层一般含夹矸 1~2 层，厚度一般为 0.2~0.4m，把煤层分为上下两个部分，在井田内分布较为稳定，煤层结构复杂；23 号煤层一般含夹矸 1~2 层，厚度为 0.1~0.2m，个别地区不可采，煤层结构较复杂；27 号煤层一般含夹矸 1 层，最厚可达 0.66m，一般厚 0.2m，煤层结构较简单。

1.2.2 黔西珠藏向斜煤岩煤质特征

(1)煤岩变质程度。

珠藏向斜各煤层变质程度较高，$R_{o,max}$ 为 2.63%~3.59%(表 1-9)，达到无烟煤级别。该区煤岩变质程度主要受深成热变质作用控制，随煤层埋深增加，变质程度逐渐增加(图 1-14)。

表 1-9　珠藏向斜煤岩显微组分统计

煤层编号	镜质组/%	惰质组/%	无机组分/%					$R_{o,max}$/%
			黏土类	硫化铁类	碳酸盐类	氧化硅类	其他	
6	68.56~87.23 77.56	7.83~23.66 14.92	4.2~17.35 7.28	0.1~2.25 1.32	0.1~0.69 0.35	0.1~3.6 0.95	0.11	2.71~3.23 2.97
7	67.63~88.94 79.52	1.22~24.56 9.05	2.95~12.6 6.53	0.09~6.51 2.75	0.07~1 0.37	0.63~6.61 2.23	0.1	2.72~3.18 2.97
16	73.08~99.84 88.46	0.1~15.09 6.96	2.5~10.36 5.81	0.11~5.18 1.39	0.09~1.36 0.57	0.1~2.13 0.76		2.63~3.59 3.13
23	70.65~91.1 82.38	8.9~29.35 17.62	1.8~7.66 4.17	1.51~4.9 3.19	0.1~0.9 0.54	0.22~0.91 0.64	0.11	3.11~3.43 3.23
27	73.69~89.43 81.33	0.11~12.1 8.35	2.3~11.84 6.42	0.72~4 2.23	0.21~2.62 1.39	0.36~2.79 1.12		3.13

注：其他矿物主要指赤铁矿。

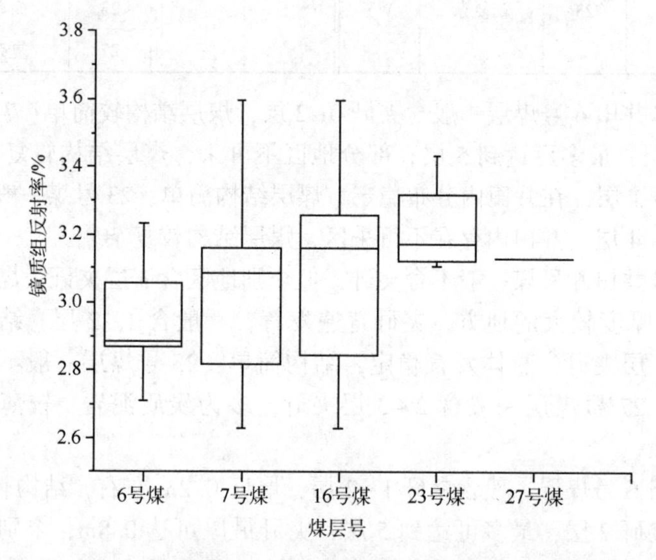

图 1-14　珠藏向斜主要煤层镜质组反射率箱型图

(2)煤岩显微组分。

珠藏向斜内煤岩镜质组含量为 67.63%~99.84%，是有机显微组分中的主要成分，惰质组含量则为 0.1%~29.35%，几乎不含有壳质组(表 1-9)。6 号煤层镜质组含量为 68.56%~83.61%，平均值为 75.77%；7 号煤层镜质组含量为 67.63%~88.94%，平均值为 80.47%；16 号煤层镜质组含量为 76.05%~89.1%，平均值为 83.84%；23 号煤层镜质组含量为 72.8%~93.8%，平均值为 83.97%；27 号煤层镜质组含量为 73.69%~89.43%，平均值为 80.02%。可见，各煤层中镜质组含量普遍高于 80%。惰质组含量仅 6 号煤层较高，其平均值达到了 13.27%，而其他煤层惰质组平均含量均小于 8%。镜质组含量随储层埋深先增加后减小[图 1-15(a)]，而惰质组含量则与其呈相反的变化趋势[图 1-15(b)]，暗示成煤环境的有序变化。无机显微组分则以黏土矿物为主，也含有一定量的硫化铁类矿物、碳酸盐类矿物和氧化硅类矿物及一定量的赤铁矿(表 1-9，图 1-16)。无机矿物中，黏土矿物含量随着煤层埋深的增加先降低后增加[图 1-16(a)]，而碳酸盐类矿物则随着煤层埋深的增加而增加[图 1-16(b)]，这与不同煤层所处的地下水系统密切相关。

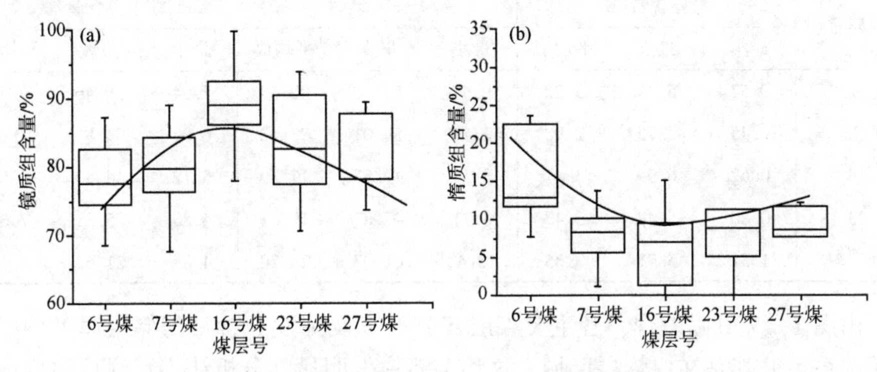

图 1-15　珠藏向斜主要煤层镜质组与惰质组含量箱型图

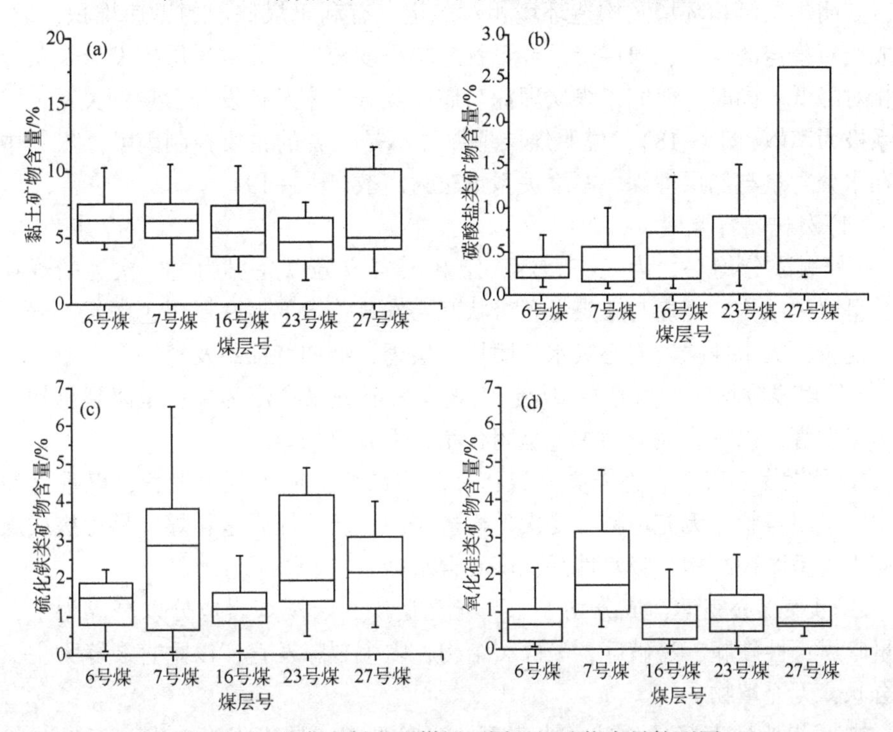

图 1-16　珠藏向斜主要煤层不同无机矿物含量箱型图

(3)煤岩工业分析特征。

珠藏向斜各主要煤样工业分析特征相近(表1-10)，水分含量平均值为2.98%~3.47%，灰分产率平均值为17.89%~24.20%，挥发分含量平均值为7.58%~10.25%。

表1-10　珠藏向斜各井田主要煤层工业分析统计表

煤层号	水分含量/%			灰分产率/%			挥发分含量/%		
	最小	最大	平均值	最小	最大	平均值	最小	最大	平均值
6	0.53	5.25	3.22	9.47	55.70	22.58	5.94	39.46	9.49
7	0.45	7.75	2.98	2.16	54.01	22.42	6.02	24.87	10.25
16	0.62	6.99	3.47	8.24	49.57	17.89	5.12	14.83	7.58
23	0.80	5.48	3.47	3.71	47.87	19.61	4.80	25.31	7.64
27	1.51	5.71	3.35	10.42	61.07	24.20	4.88	21.62	7.72

由图1-17可以发现，各主要煤层灰分产率及挥发分含量与储层厚度均呈负相关关系，尤其是在厚煤层区域，这种关系愈发明显。分析认为，煤层厚度的增加，表明煤层沉积环境及构造环境相对稳定，有利于煤储层的迅速堆积、成岩，形成相对稳定的煤层，煤层受外界干扰影响程度较低，导致煤层挥发分及灰分产率相对降低。同时，研究了煤层埋深与储层灰分产率及挥发分含量的关系，二者关系极为离散(图1-18)，说明煤层埋深并不是二者的主要控制因素。煤样中的内在水分含量与储层埋深、厚度关系也较为离散(图1-19)。

(4)宏观煤岩类型。

6号煤成分均一，为光亮型煤，宏观煤岩成分以亮煤为主，次为暗煤；性脆，呈碎裂结构，亮煤与暗煤呈条带状互层发育；中部夹一层黑色泥炭，岩心破碎、混杂，吸水性强，岩心吸水呈团块，层理、结构特征不发育。

7号煤成分均一，为光亮型煤，宏观煤岩成分以亮煤为主；呈碎裂结构，内生裂隙发育，以垂直裂缝为主，呈闭合状，无充填物。

16号煤煤心破碎，为光亮型煤；呈碎裂结构，内生裂隙发育，以垂直裂缝为主，呈闭合状，无充填物。受次生构造作用，部分煤岩呈粉煤，易捻搓成煤粉或煤尘，呈糜棱结构，吸水性强，煤心含水高。

23号煤煤心完整，成分均一，为光亮型煤，宏观煤岩成分以亮煤为主，夹少量暗煤；性硬脆，易破碎，呈碎裂结构，内生裂隙发育，以垂直裂缝为主，呈闭合状，无充填物。

27号煤为致密坚硬块状，半亮型—半暗型煤，层理发育，发育有参差状和阶梯状断口，内生裂隙较为发育。

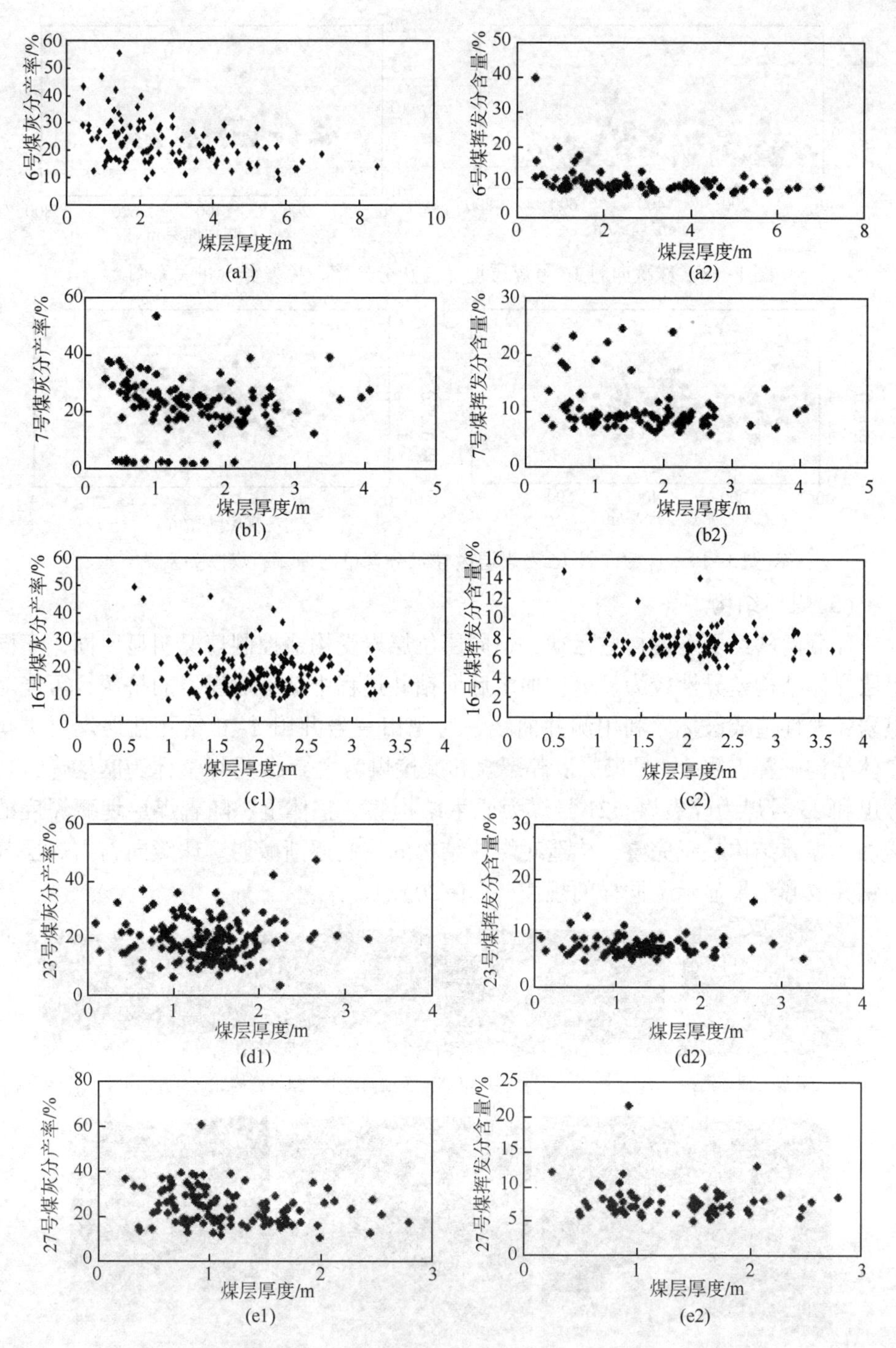

图 1-17 珠藏向斜主要煤层厚度与灰分产率、挥发分含量关系图

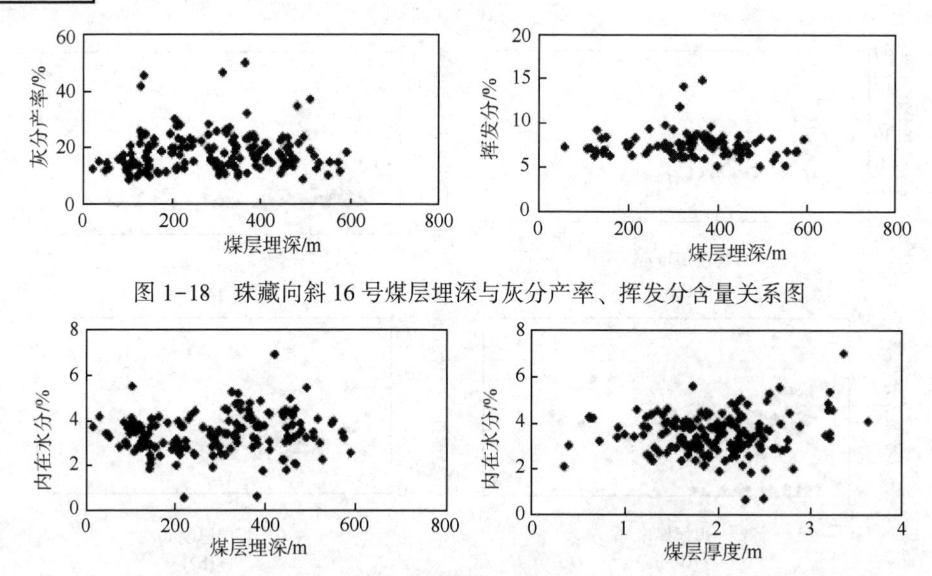

图 1-18　珠藏向斜 16 号煤层埋深与灰分产率、挥发分含量关系图

图 1-19　珠藏向斜 16 号煤层内在水分含量与埋深、煤厚关系图

(5)煤体结构。

珠藏向斜经历多期构造运动，不同层位煤岩受构造控制情况明显不同，不同煤层煤体结构差异性较为显著，加之后期钻井过程中钻头对煤岩的挤压，可能对煤岩完整性造成破坏。利用测井曲线，对肥田三号井田 2~3 钻孔钻遇煤层进行煤体结构解释表明，6 号煤层以碎裂煤和糜棱煤为主，16 号煤整体为糜棱煤，17 号煤和 23 号煤为碎裂煤，21 号煤为原生结构煤。整体上，随着煤层埋藏深度的增加，煤体结构趋于完整，构造对煤体结构的控制逐渐减弱。珠藏向斜内煤层气井钻井取心结果显示了同样的规律(图 1-20)。

图 1-20　珠藏向斜煤层气井钻井煤样取心煤体结构图

1.2.3 黔西珠藏向斜煤储层压力特征

在煤层气开发界中，煤储层压力通常用注水压降方法，依据行业标准《煤层气注入/压降试井技术规范(QB/MCQ 1003—1999)》进行测试。珠藏向斜煤层气井注入/压降测试结果显示，16 号煤储层压力为 2.95MPa，压力梯度 7.74×10^{-3} MPa/m，属低压储层；23 号煤储层压力为 3.04MPa，压力梯度 7.02×10^{-3} MPa/m，亦属低压储层。深部的 23 号煤储层压力梯度甚至低于浅部 16 号煤储层，表明了珠藏向斜地层压力的复杂性。

煤储层压力是煤层水压和气压的总和，两者关系取决于煤层流体压力系统的开放性。煤层流体压力系统一般分为开放体系、半开放体系和封闭体系三种，在开放体系中，储层压力等于静水柱压力。为了弥补由于测试井数量不足而对珠藏向斜煤岩储层压力研究的不足，在分析贵州省织纳煤田储层压力特征时，通常使用等效储层压力(视储层压力)这一概念，等效储层压力通常利用压力水头与静水压力梯度的积来表示。通常情况下，压力水头越高，煤储层等效储层压力也越高。

统计珠藏向斜 4 个井田，200 余口水文井勘探数据，对该区储层压力进行了计算。研究发现，等效储层压力为 0.02~5.77MPa，平均值为 1.86MPa。为了研究储层压力状况，通常用储层压力系数来进行表述。对该储层压力系数进行了计算，发现储层压力系数为 0.05~1.35，平均值为 0.72，说明珠藏向斜绝大多数地区储层处于欠压状态。

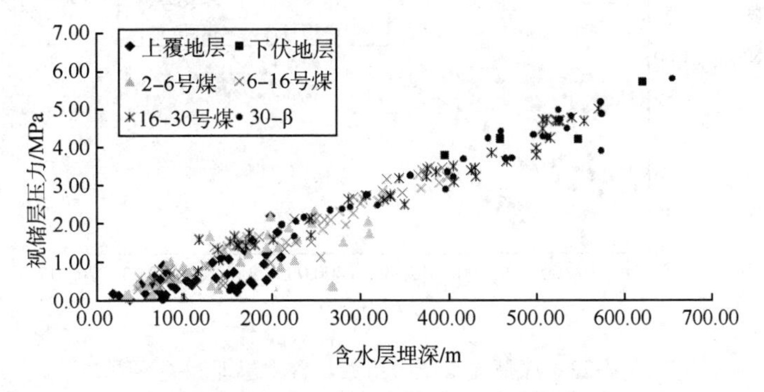

图 1-21 珠藏向斜视储层压力与含水层埋深关系图

由图 1-21 可以发现，珠藏向斜视储层压力随着含水层的埋深呈现出稳步增加的趋势，上覆地层、各含气系统及下伏地层是储层压力随着层位的降低逐渐增高，符合对煤层气勘探开发的常规认识。在单井条件下视储层压力及压力系数随层位的变化也有良好的体现(图 1-22)。

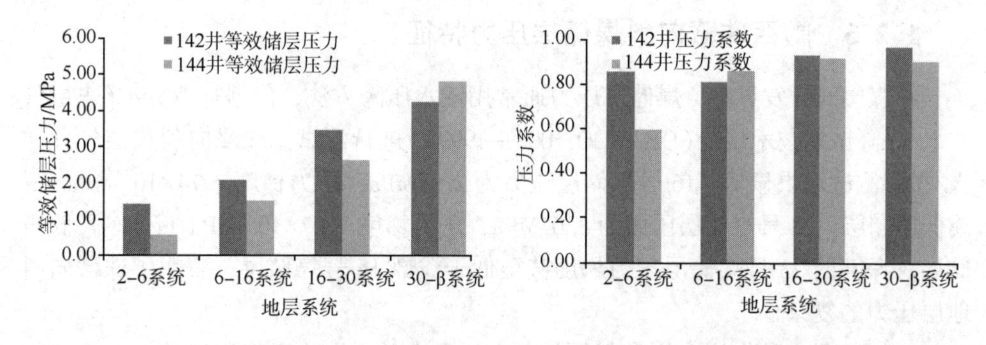

图 1-22　珠藏向斜单井视储层压力、压力系数与系统层位关系图

珠藏向斜储层压力系数在上覆地层、2~6 号煤煤层气独立含气系统中变化较大，而随着煤层层位的降低，其他含气系统及下伏地层含气系统压力系数分异性则逐渐降低(图 1-23)。为了更好地反映这种差异性，分别计算了该区视储层压力及压力系数分异系数。随着层位的降低，二者的分异系数呈降低趋势(图 1-24)。分析原因认为，在珠藏向斜浅部地层中，通常发育有多套含水层，不同区域同一煤层埋深变化较大，其含水层变化也较大，导致在浅部煤层中，视储层压力波动较为明显。随着储层埋深的加大，含水层趋于稳定，各系统视储层压力系数也逐渐趋于稳定。

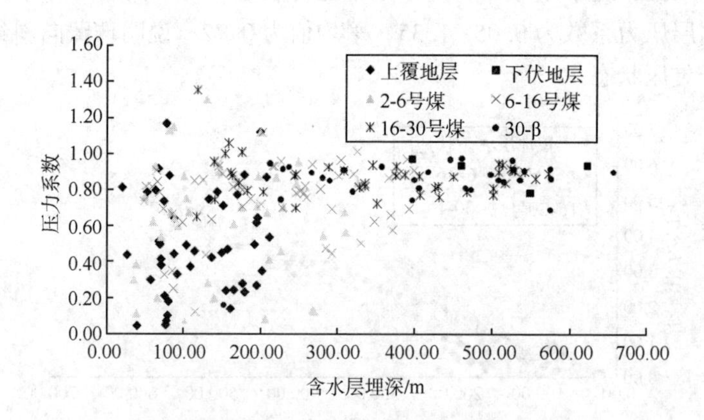

图 1-23　珠藏向斜压力系数与含水层埋深关系图

1.2.4　黔西珠藏向斜煤储层含气性特征

珠藏向斜各煤层含气性数据较少，仅在肥一井田和肥三井田存在部分煤层含气性数据(表 1-11)，肥田二号井田虽然也有部分煤层含气性数据，但是肥田二号井田在收集气体时，使用瓦斯采集器不过关，数据可靠性欠佳。

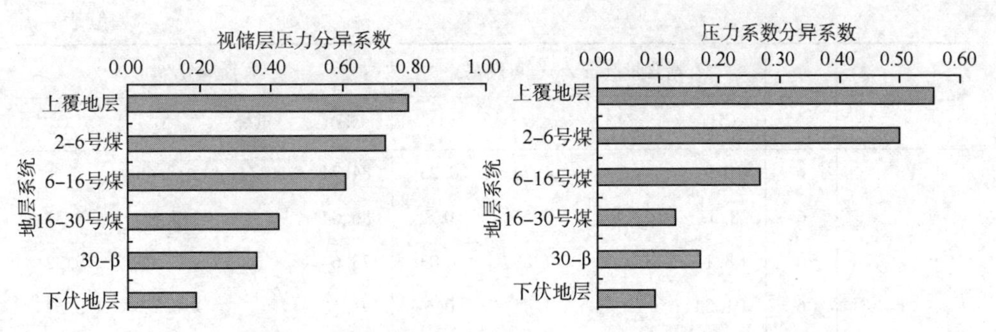

图 1-24　珠藏向斜视储层压力分异系数、压力系数分异系数垂向关系图

珠藏向斜内 6 号煤层 CH_4 含量为 1.33~21.34m³/t，平均值为 9.66m³/t；N_2 含量为 0.55~1.88m³/t，平均值为 1.41m³/t；CO_2 含量为 0.02~1.34m³/t，平均值为 0.66m³/t。6 号煤层 CH_4 浓度平均值达到 80.31%，N_2 浓度平均值为 10.61%，CO_2 浓度平均值为 6.21%。7 号煤层 CH_4 含量为 7.11~29.21m³/t，平均值为 18.16m³/t；N_2 含量为 0.22~46.10m³/t，平均值为 23.16m³/t；CO_2 含量为 0.00~0.75m³/t，平均值为 0.38m³/t。7 号煤层 CH_4 浓度平均值达到 72.66%，N_2 浓度平均值为 26.73%，CO_2 浓度平均值为 0.62%。16 号煤层 CH_4 含量为 6.58~21.34m³/t，平均值为 9.66m³/t；N_2 含量为 0.31~1.88m³/t，平均值为 1.41m³/t；CO_2 含量为 0.26~1.34m³/t，平均值为 0.60m³/t。16 号煤层 CH_4 浓度平均值达到 80.31%，N_2 浓度平均值为 10.61%，CO_2 浓度平均值为 6.21%。总体而言，该区各主要煤层甲烷含量较高，且浓度也较高，但个别地区仍出现 N_2 异常。

表 1-11　珠藏向斜各井田主要煤层含气性及气体组分统计表

井田	煤层	瓦斯含量/(m³/t)(可燃基)				瓦斯成分/%			
		CH_4	重烃	N_2	CO_2	CH_4	重烃	N_2	CO_2
肥三井田	6	9.33	/	/	0.02	99.1	/	/	/
	6	6.28	/	/	0.72	81.74	/	/	8.61
	6	4.47	/	/	1.34	39.14	/	/	11.69
	6	6.04	/	/	/	79.01	/	/	/
	6	1.33	0.14	/	0.19	37.64	3.81	/	5.37
	6	13.79	0.34	/	0.57	89.04	2.17	/	3.6
	6	8.46	/	/	0.47	83.43	/	/	4.62
	6	12.95	/	/	/	99.45	/	/	/
	6	14.21	/	/	/	99.87	/	/	/

续表

井田	煤层	瓦斯含量/(m^3/t)(可燃基)				瓦斯成分/%			
		CH_4	重烃	N_2	CO_2	CH_4	重烃	N_2	CO_2
肥田一号	6	10.97	/	1.74	0.23	84.74	/	13.46	1.8
	6	8.37	/	0.55	0.8	86.04	/	5.65	8.31
	6	8.1	/	1.88	1.03	73.64	/	17.06	9.32
	6	21.34	/	1.47	0.6	91.16	/	6.27	2.57
	7	29.21	/	46.1	0.75	48.3	/	50.47	1.23
	7	7.11	/	0.22	0	97.01	/	2.99	0
	16	14.26	/	2.81	0.72	80.17	/	15.76	4.07
	16	9.85	/	3.85	0.65	68.69	/	26.79	4.52
	16	6.58	/	0.31	0.26	91.95	/	4.36	3.69
	16	14.94	/	1.3	0.67	88.37	/	7.68	3.95
	27	7.11	/	1.08	0.45	82.32	/	12.52	5.16

对珠藏向斜内一口煤层气井5个煤层(2号煤、6号煤、7号煤、16号煤和23号煤)进行了取心，并进行解吸测试。2号煤层采解吸样2个，煤心样品总含气量空气干燥基为15.22~16.92cm^3/g，平均为16.07cm^3/g；甲烷含量空气干燥基为15.22~16.75cm^3/g，平均值为15.99cm^3/g。6号煤层采解吸样3个，煤心样品总含气量空气干燥基为12.42~14.96cm^3/g，平均为13.69cm^3/g；甲烷含量空气干燥基为12.38~14.96cm^3/g，平均值为13.67cm^3/g。7号煤层采解吸样1个，煤心样品总含气量空气干燥基为10.78cm^3/g，甲烷含量空气干燥基为10.69cm^3/g。16号煤层采解吸样5个，煤心样品总含气量空气干燥基为14.20~17.70cm^3/g，平均为16.15cm^3/g；甲烷含量空气干燥基为14.08~17.58cm^3/g，平均值为16.04cm^3/g。23号煤层采解吸样3个，煤心样品总含气量空气干燥基为15.05~17.13cm^3/g，平均为15.85cm^3/g；甲烷含量空气干燥基为14.79~16.66cm^3/g，平均值为15.48cm^3/g。X2井各煤层含气量随着埋藏深度的增加并非单调递增，而具有一定的波动性(图1-25)，与一般变化趋势相违背。此外，2~7孔的16号、17号、21号煤层甲烷含量在垂向上亦未随埋深的增加而增加，而是出现一定的波动性。煤层含气量的波动变化除与煤心采集过程中的暴露时间有关外，主要与贵州地区典型的多层叠置独立含煤层气系统成藏作用密切相关。

珠藏向斜煤层气组分以CH_4为主，其比例通常高于97%，煤心解吸气中含有少量的N_2和CO_2，在2号煤心解吸气中还含有极少量的C_2H_6(图1-26)。

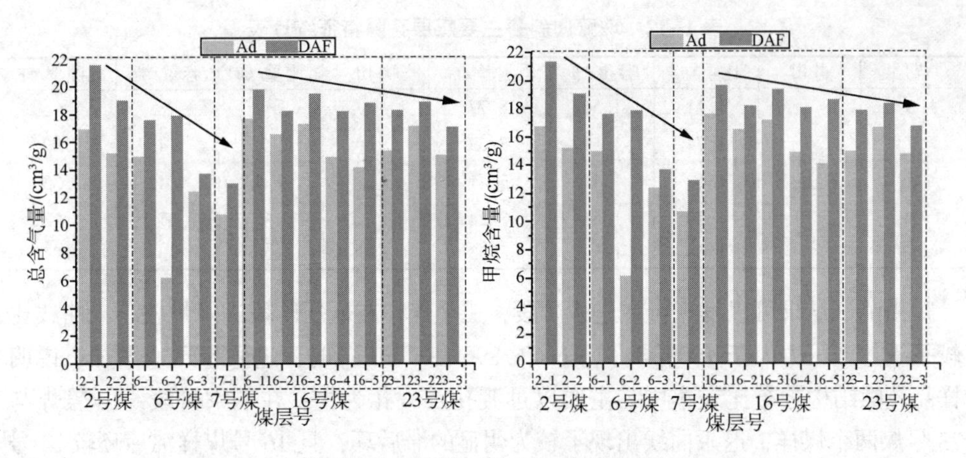

图 1-25　煤层气井主要煤层总含气量及甲烷含量柱状图

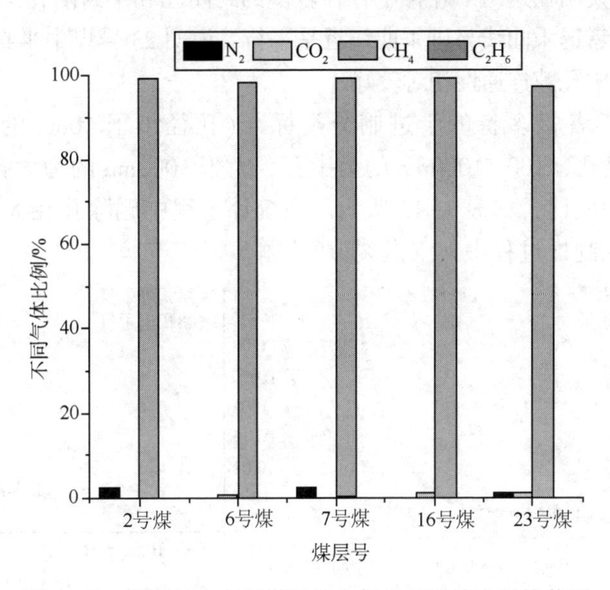

图 1-26　煤层气井主要煤层总含气量及甲烷含量柱状图

1.2.5　黔西珠藏向斜煤岩孔隙结构特征

珠藏向斜内各煤层孔隙率较小，为 5.33%~9.27%，为典型的致密煤层(表 1-12)，储层孔隙率随煤层层位的降低并没有出现单调递减的特征，同甲烷含量一样，均出现一定的波动性，这可能与该区地层格架有关。

为了更好地研究储层孔隙特征，采集了 7 号煤、16 号煤及 23 号煤 3 个煤样，在中国矿业大学煤层气资源与成藏过程教育部重点实验室进行了煤岩压汞测试，测试结果如图 1-27 所示。

表 1-12 珠藏向斜各主要煤层孔隙特征统计表

煤层	井田	比重/%	容重/%	孔隙率/%	井田	比重/%	容重/%	孔隙率/%
6	肥田三号	1.71	1.56	8.77	肥田一号	/	/	/
7		1.74	1.59	8.62		1.52	1.43	5.92
16		1.62	1.50	7.41		1.5	1.42	5.33
21		1.70	1.56	8.24		/	/	/
23		1.68	1.54	8.33		1.51	1.37	9.27

由测试结果可以发现：在进汞阶段，三个煤样在低压阶段进汞量较小，曲线比较平缓。当压力大于 1000psia（$1psia=6.896\times10^{-3}MPa$）时，进汞量迅速增加，说明样品孔隙结构分布比较集中，主要以过渡孔及微孔为主；在退汞阶段，16 号煤与 23 号煤两个煤样，退汞曲线出现了较为明显的滞后环，且 16 号煤样滞后环较 23 号煤样更为明显，说明在这两个煤样中存在较多的封闭孔和半封闭孔，23 号煤样与 16 号煤样相比，前者退汞曲线与进汞曲线近乎平行，说明 23 号煤中半封闭孔开放性更好，而 7 号煤样中孔隙连通性相对较好。

采用苏联学者霍多特的十进制分类标准（孔径小于 10nm 的为微孔，10~100nm 的为过渡孔，100~1000nm 的为中孔，大于 1000nm 的为大孔），对压汞实验的结果进行了统计，如表 1-13 所示。在统计过程中删除孔径大于 10000nm 的数据点，以避免制样过程中人工微裂隙的影响。

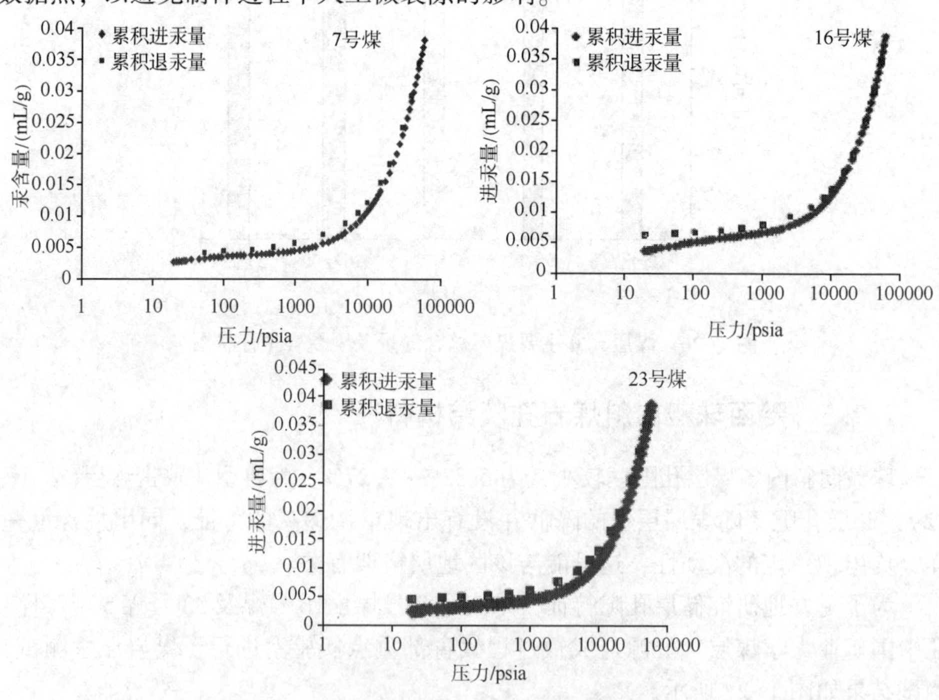

图 1-27 珠藏向斜煤样压汞测试曲线图

表 1-13 珠藏向斜煤样压汞实验结果统计表

煤样	大孔/%	中孔/%	过渡孔/%	微孔/%	孔隙率/%	体积中值直径/nm	面积中值直径/nm	平均孔径/nm	比表面积/(m^2/g)	退汞效率/%
7	3.10	3.66	29.58	63.66	4.72	7.7	4.5	7.2	20.96	84.51
16	5.16	4.87	28.94	61.03	5.15	8.5	4.4	7.7	19.87	81.09
23	2.75	4.67	29.40	63.19	4.78	7.6	4.5	7.2	21.26	84.34

由表 1-13 可以发现，3 块煤样中大孔所占的体积比例为 2.75%~5.16%，中孔的体积比例为 3.66%~4.87%，过渡孔的体积比例为 28.94%~29.58%，微孔的体积比例为 61.03%~63.66%，微孔和过渡孔所占合计高于 90%，说明样品中孔隙主要以微孔和过渡孔为主，这在一定程度上有利于煤层气的吸附富集。同时，三块煤样的退汞效率分别为 84.51%、81.09%、84.34%，均较高，这与煤样进、退汞曲线表现一致。7 号煤样滞后环最小，说明其孔隙连通性最好，煤样中封闭孔和半封闭孔数量较少，其退汞效率较高；16 号煤样和 23 号煤样均存在一定的滞后环，但 23 号煤样退汞曲线与进汞曲线更为平行，其孔隙开放性好，故其退汞效率要高于 16 号煤样。

在进汞的低压阶段，汞仅能进入煤样中的大孔中，随着进汞压力的增大，汞开始进入中孔。由于大孔和中孔所占比例较少，因此阶段孔容增加量较少，而当进汞压力增大到一定程度，汞开始进入过渡孔和微孔，此时煤样的阶段孔容迅速增加(图 1-28)。

表 1-14 珠藏向斜煤样各阶段孔比表面积统计表

煤层号	大孔/%	中孔/%	过渡孔/%	微孔/%
7	0.00	0.14	10.40	89.46
16	0.00	0.15	10.32	89.53
23	0.00	0.14	10.40	89.46

孔隙连通性好有利于煤层气的扩散、渗流，微孔和过渡孔所占比例高，有利于煤层气的吸附，而煤层气主要是吸附在煤基质颗粒的表面，因此煤样所占有的比表面积极为重要。为此，计算并统计了三块煤样各阶段孔所占的比表面积比例(表 1-14)。结果显示，微孔的孔比表面积占明显的优势，占总孔比表面积的 89.46%~89.53%，其次为过渡孔，其所占比表面积为 10.32%~10.40%，中孔所占比例较少，仅有 0.14%~0.15%，而大孔则几乎没有孔比表面积，这从图 1-28 中煤样各阶段孔容的增加量中也能得到良好的体现。过渡孔和微孔几乎占据了煤

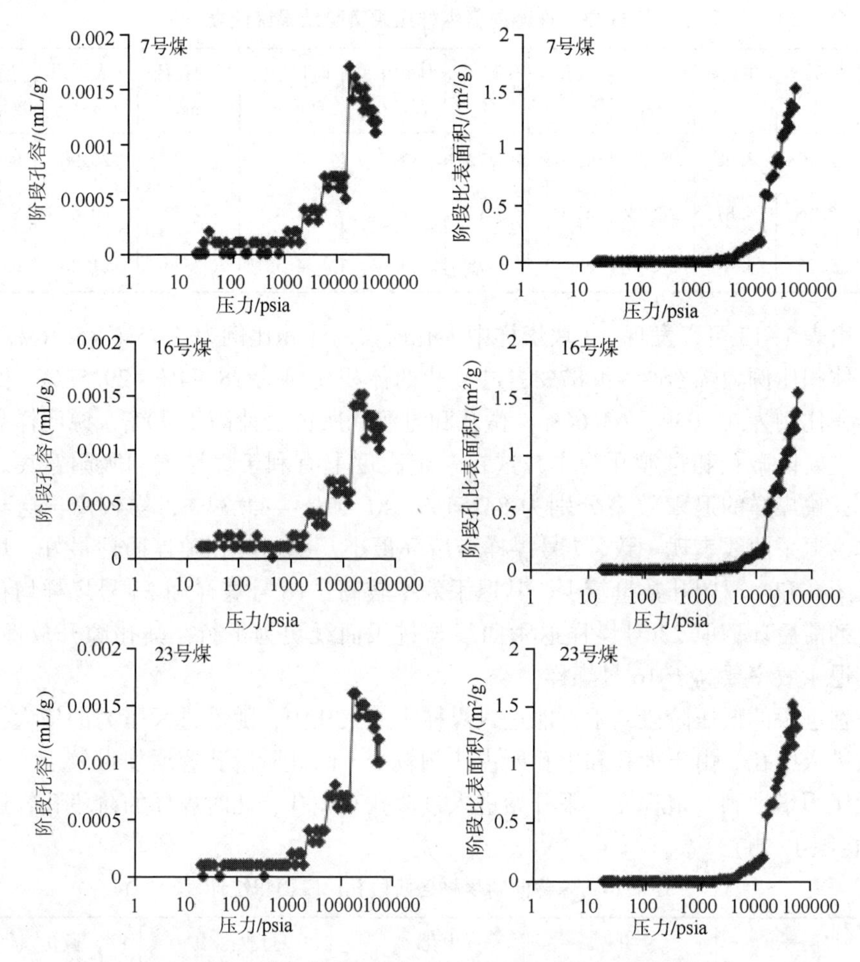

图 1-28　珠藏向斜煤样阶段孔容、阶段孔比表面积曲线图

样的全部孔比表面积，这也为煤层气的吸附提供了良好的场所。

采用高压压汞法测得的孔径结构，受高压条件影响，其微孔和过渡孔测试可能存在一定的误差。因此，利用低温液氮吸附法对煤样中的过渡孔和微孔进行了研究。在低压吸附阶段内，随着相对压力的增加，煤样吸附量缓慢增加，在相对压力达到 0.8 后，煤样吸附量快速增加，反映煤岩中过渡孔的快速增加。QS 煤样吸附曲线在低压阶段吸附量呈线性增加，反映煤样中孔隙连通性极好。脱附曲线中，所有煤样在相对压力达到 0.5 时，吸附量出现了急剧的减少(图 1-29)。

1.2.6　黔西珠藏向斜煤岩孔—裂隙发育特征

煤岩的渗透性主要由煤岩内部发育的宏观裂隙和显微裂隙体现，尤其是宏观

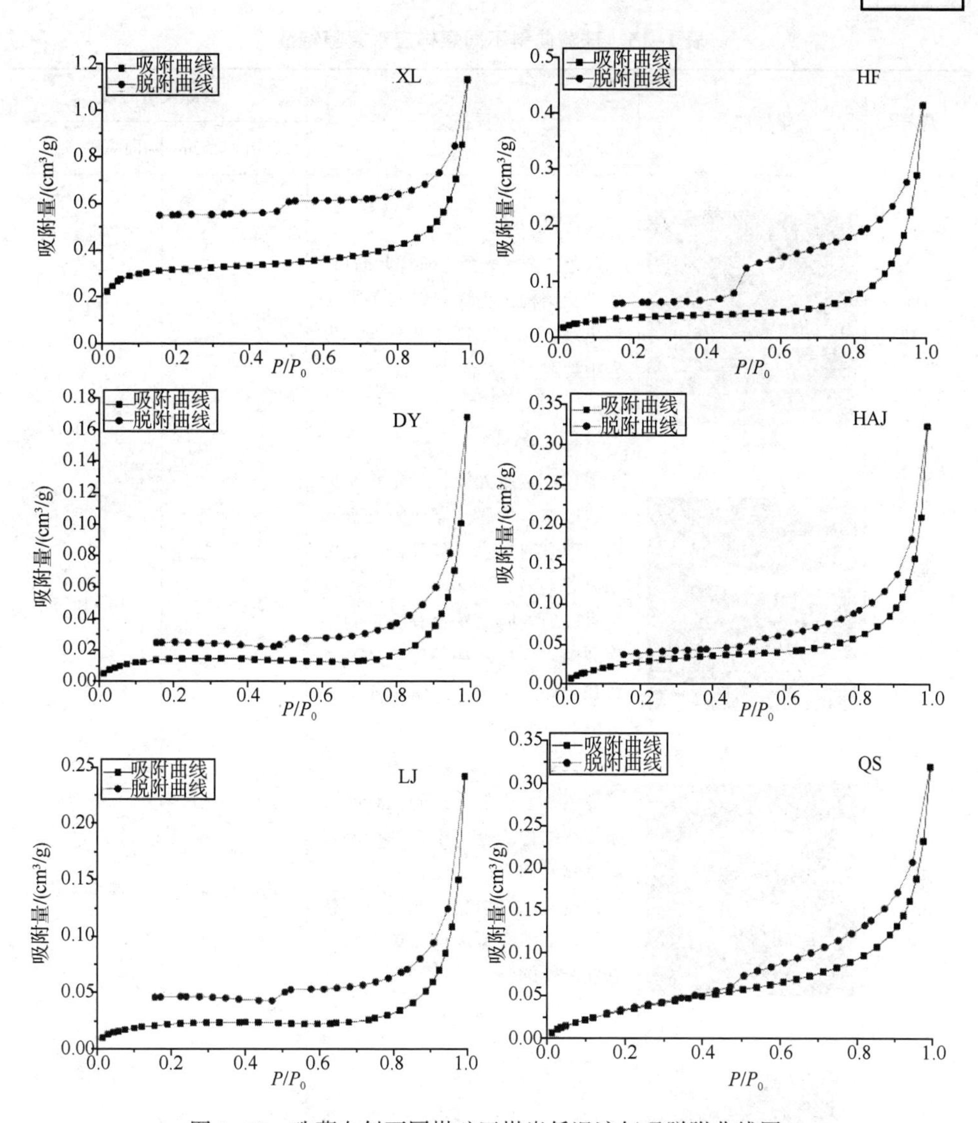

图 1-29 珠藏向斜不同煤矿区煤岩低温液氮吸脱附曲线图

裂隙。宏观裂隙是煤层气的渗流通道，而显微裂隙则主要沟通煤岩孔隙和宏观裂隙，是煤层气扩散运移的通道。本次研究过程中，主要通过煤岩手标本对煤样原始宏观裂隙进行描述，原始的显微裂隙主要通过扫描电镜进行观测研究。

珠藏向斜煤样中，面裂隙和端裂隙普遍较发育。在不同煤样中，面裂隙和端裂隙的规模不同，且以面裂隙发育占主导地位。面裂隙中通常发育有黄铁矿透镜体，而在端裂隙中则常见方解石薄膜和黄铁矿薄膜，对煤岩渗透性有一定的负面影响。各煤样裂隙发育具体特征如表 1-15 所示。

表 1–15 珠藏向斜不同煤样宏观裂隙特征

煤样	煤样照片	煤样描述	裂隙发育程度	
			端裂隙 /5cm	面裂隙 /5cm
DY (23#)		黑色，金属光泽，阶梯状断口，条带状结构，亮煤和暗煤条带交替出现，含少量纤维状丝炭。煤岩中裂隙不甚发育	0~2 条	1~5 条
HAJ (23#)		黑色，金属光泽，参差状及贝壳状断口，性脆。煤样中发育有沿层理方向的水平裂隙，但延展距离普遍较短，多小于 3cm；在垂直层理方向上发育有少量的垂直裂隙，延展距离不等，且多发育在亮煤条带中。内生裂隙多被方解石、黄铁矿充填	3~6 条	14~16 条
HF (16#)		黑色，金刚光泽，阶梯状断口，条带状结构。煤样中在平行层理和垂直层理方向上发育有不同规模的裂隙，但裂隙之间沟通性较差，且个别裂隙内部充填方解石脉和黄铁矿	13~15 条	12~17 条
XL (16#)		黑色，似金属光泽，贝壳—阶梯状断口，条带状结构。煤样中沿层理方向发育有大量的水平裂隙，但端裂隙不发育	5~8 条	12~22 条

珠藏向斜煤样中显微裂隙多为张性裂隙，相互之间沟通性较差，且延展规模较小，其中发育有方解石晶体、伊利石及蒙脱石等矿物，对显微裂隙造成了一定程度的充填(表 1–16)。

表 1-16 珠藏向斜不同煤样显微裂隙特征

煤样	SEM 照片	裂隙描述
DY (23#)		张性裂隙，裂隙较宽，宽度约 4μm，但延展距离较短。裂隙壁面粗糙，伴生有大量的方解石晶体，裂隙周围无其他伴生裂隙
HAJ(23#)		张性裂隙，裂隙长度超过 60μm，宽约 2μm，裂隙壁面一侧光滑，另一侧矿物紧密黏合，无法观测其具体形态，裂隙周围无其他伴生裂隙，裂隙中明显见矿物充填
HF(16#)		张性裂隙，发育两组近乎垂直的裂隙，裂隙长度不一，延展长度较短的裂隙壁面光滑，个别位置被点状黏土矿物充填，延展长度较长的裂隙则被大量的伊利石和蒙脱石矿物所充填
XL(16#)		裂隙短而小，裂隙壁面光滑，但裂隙中充填有矿物碎屑

珠藏向斜煤层气井资料显示，16 号煤渗透率为 $0.0179\times10^{-3}\mu m^2$，23 号煤渗透率为 $0.000164\times10^{-3}\mu m^2$，储层渗透率极低，而这可能与宏观裂隙及显微裂隙的不发育、沟通性差、被矿物充填等情况密切相关。

1.2.7 黔西珠藏向斜煤岩等温吸附特征

煤样的等温吸附测试利用中国矿业大学煤层气资源与成藏过程教育部重点实验室的体积法等温吸附仪完成，实验测试温度为 30℃，最大测试压力为 12MPa。珠藏向斜煤样等温吸附曲线为典型的 I 型曲线，即低压下快速吸附，高压下吸附量逐渐趋于平衡(图 1-30)，但实验测试的最大压力仅为 12MPa，在达到最大压力时，煤样仍有一定的吸附能力，未达到吸附平衡。煤样吸附能力较强，空气干燥基兰氏体积为33.29~39.07cm³/g，兰氏压力为3~3.16MPa(表1-17)。煤样的解吸曲线与吸附曲线未完全重合，表明煤岩的吸附与解吸并非完全可逆，而这也与煤岩吸附的热动力学过程相关。

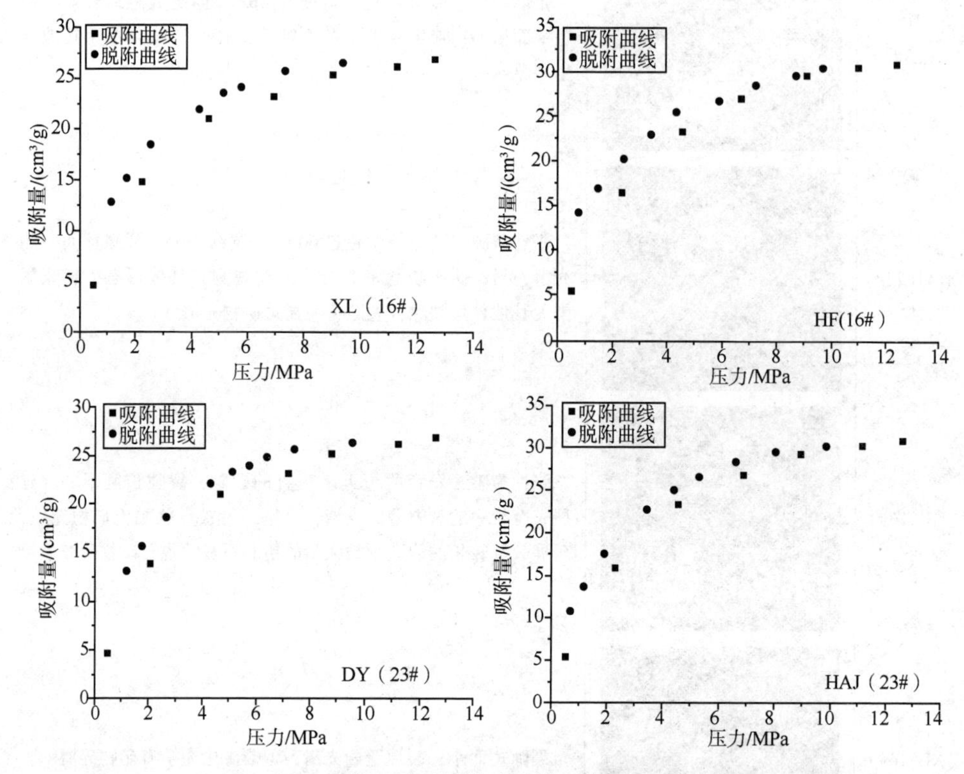

图1-30 珠藏向斜不同煤矿区煤岩等温吸附曲线图

表1-17 珠藏向斜不同煤样吸附参数

煤 样	V_L/(cm²/g)	p_L/MPa
XL(16#)	33.73	3.04
HF(16#)	39.07	3
DY(23#)	33.29	3.01
HAJ(23#)	38.87	3.16

此外，利用磁悬浮重量法等温吸附仪完成了三块每样不同测试温度下的等温吸附测试。实验过程中设定25℃、40℃、55℃三个温度点，0.5MPa、1MPa、1.5MPa、2.5MPa、3.5MPa、4.5MPa、5.5MPa、7MPa、9MPa共9个压力点。依据实验结果绘制了不同温度点、不同压力点下等温吸附曲线(图1-31)。

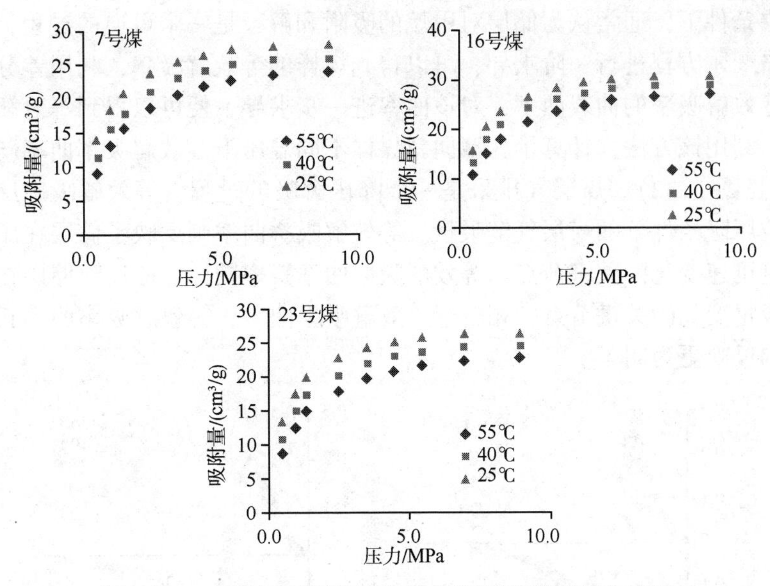

图 1-31 珠藏向斜煤样不同温压下等温吸附测试曲线图

在低压阶段，煤样对甲烷的吸附普遍较快，反映在等温吸附曲线上，即等温吸附曲线斜率较大。随着压力的增大，煤样对甲烷的吸附趋于平衡，煤样的吸附量也趋于平衡，在等温吸附曲线上表现为等温吸附曲线斜率趋于 0。三块煤样，在同一压力条件下，随着温度的升高，煤样的吸附量均呈现下降的趋势，这是由于煤样对甲烷的吸附是一个放热的过程，温度越高越不利于煤样对甲烷的吸附。煤样对甲烷的吸附主要受温度和压力两个因素共同控制，在同一温度下，低压阶段煤样对甲烷的吸附量增量较大，说明在此阶段，压力的升高对煤样的吸附具有促进作用。随着压力进一步升高，压力的增大对甲烷的吸附控制作用趋于减弱，此时温度成为控制甲烷吸附的主要因素。

根据等温吸附数据，绘制并拟合出 P/V 与 P 的一次关系曲线，根据曲线的斜率和截距即可计算出兰氏常数(表 1-18)。可以发现，对同一个样品来说，兰氏常数都表现出随着温度的升高逐渐下降的趋势。而在同一温度下，兰氏常数随着煤层层位的降低变化比较复杂，表现出先升高后降低的趋势。

表 1-18 珠藏向斜煤样兰氏参数统计表

温度/℃	7 号煤		16 号煤		23 号煤	
	V_L/(cm³/g)	P_L/MPa	V_L/(cm³/g)	P_L/MPa	V_L/(cm³/g)	P_L/MPa
55	26.67	1.03	30.03	0.98	25.45	0.99
40	28.41	0.82	31.55	0.73	27.03	0.76
25	29.94	0.62	32.79	0.57	28.33	0.57

储层条件下，通常认为储层对甲烷的吸附和解吸是一个可逆的过程，因此通过对朗格缪尔方程进行一阶求导，可以得到煤样的等效解吸率，利用差分法便可以得到等效解吸率的曲线曲率，对该曲率进一步求导，便可以得到等效解吸率曲率斜率。利用该方法，计算了珠藏向斜煤样不同温压下等效解吸率曲率斜率，并绘制成图(图 1-32)。煤层气排采是一个降压解吸的过程，等效解吸率反映了储层在单位压降条件下的煤层气解吸量。等效解吸率曲率则反映了储层在压降过程中解吸量迅速变化的关键节点。等效解吸率曲率斜率同样能够反映储层在压降过程中解吸量变化的关键节点，相较于等效解吸率曲率，等效解吸率曲率斜率对节点变化的反映更为明了。

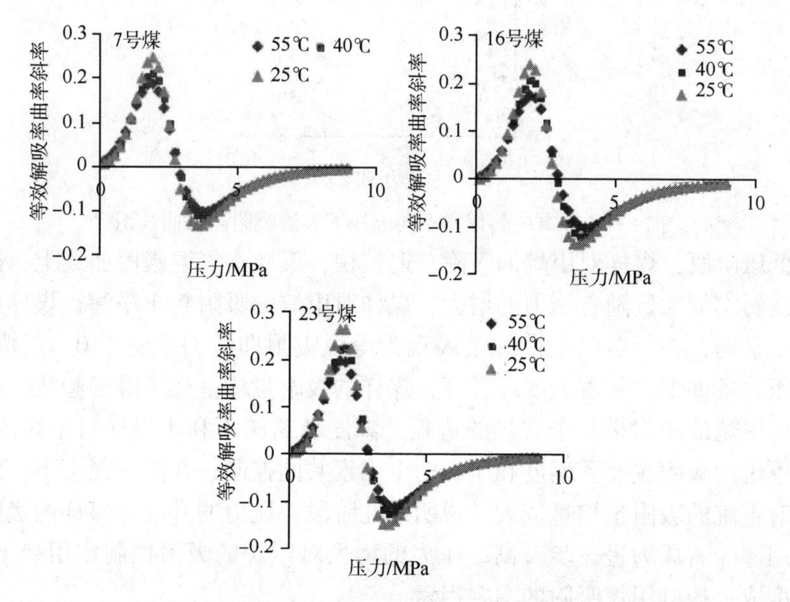

图 1-32　珠藏向斜煤样不同温压下等效解吸率曲率斜率曲线图

在储层压力较高的阶段，煤样等效解吸率曲率斜率为负值，随着压力的降低，等效解吸率曲率斜率逐渐降低，此时煤层甲烷还未开始解吸，在压力降低到一定程度后，煤层甲烷开始缓慢解吸，此压力点相当于临界解吸压力，此时煤层气的解吸开始进入气—水两相流阶段，随着压力的进一步降低，等效解吸率曲率斜率开始由负值向正值转变，并最终达到正的极大值，随后煤层甲烷进入迅速解吸阶段，煤层甲烷大量解吸。由图 1-32 可以发现，温度并不会影响储层开始解吸时的压力状态，即储层临界解吸压力不受温度影响，但随着温度的升高，储层能够在较高的压力下开始解吸煤层甲烷，即升高温度会使煤层提前见气；同样，温度并不会影响煤层甲烷大量解吸时的压力状态，温度越高，等效解吸率曲率斜率越小，此时解吸速率较小，煤层气井能够保持较长时间的稳产。

2 地质流体对煤岩物性的控制作用

自然界煤中常见的矿物主要有：硅酸盐里的黏土矿物(高岭石、伊利石、绢云母、蒙脱石等)，硫化物里的黄铁矿和较少量的白铁矿，氧化物里的石英，碳酸盐里的方解石和菱铁矿，以及较少量的白云石和铁白云石；还可能有氢氧化物里的褐铁矿和铝土矿等。岩石能溶解在蒸馏水、NaCl 型水、Na_2SO_4 型水、Na_2CO_3 型水、$MgCl_2$ 型水、$CaCl_2$ 型水中。因此，地质条件下不同类型的地层水由于煤炭开采的影响可能发生混源现象，从而改变煤岩孔裂隙特征。

2.1 珠藏向斜煤中矿物特征

通常而言，煤是由有机质和无机质组成的。随着煤岩变质程度的增加，受沉积压实作用以及煤的地球化学演化作用控制，煤中有机质含量逐渐增加，而无机质含量则逐渐减小。煤中的无机质常形成煤中的矿物质，这些矿物包括肉眼和显微镜下可识别的矿物，也包括与有机质结合的金属和阴离子。煤中常见的无机矿物有碳酸盐矿物、硅酸盐矿物、硫化物等，无机矿物既可在沉积初期随有机质共同赋存而形成原生矿物，也可在沉积演化后期随地下水流体经化学及生物化学作用而形成次生矿物。

对珠藏向斜煤样的全岩分析发现，不同煤样中灰分产率相差较大，HF 和 DY 煤样中灰分产率均小于 10%，而 HAJ、SJ 和 XL 煤样的灰分产率较高(表 2-1)。对灰分的半定量分析发现，煤中黏土矿物是无机矿物的主要成分，含量普遍超过 60%，其次为石英，黄铁矿、方解石和斜长石等无机矿物含量较少。XL 煤中无机矿物主要为石英和黏土矿物，且石英是主要无机成分。随着煤层埋深的增加，黏土矿物含量有逐渐增加的趋势，而石英的含量也有所增加，方解石和斜长石等矿物含量增加趋势不明显(表 2-1)。

利用中国矿业大学现代分析与测试中心的美国产 Quanta 250 环境扫描电子显微镜结合能谱分析，对珠藏向斜典型煤样中的矿物进行了研究。

表 2-1　珠藏向斜煤样全岩分析

样品编号	M_{ad}/%	A_d/%	V_{daf}/%	FC_d/%	矿物含量/%				
					石英	斜长石	方解石	黄铁矿	TCCM
HF	2.72	6.78	5.3	88.27	8	2	/	1	89
HAJ	2.48	18.92	6.07	76.16	10	1	2	/	87
SJ	2.56	18.15	6.97	76.14	37	/	/	1	62
XL	2.82	13.85	6.67	80.41	55	/	/	5	40
DY	2.39	8.72	6.84	85.04	28	/	/	/	72

注：TCCM 为黏土矿物含量。

SJ1(21#)煤样中黏土矿物是主要的无机成分，能谱分析结果显示，煤样中主要元素为 C、O、Si、Al、Na、Fe 和 S(图 2-1)。对不同元素的扫描结果发现，Si 和 Al 在煤样表面分布特征类似，对 Si 和 Al 元素的定量分析表明 Si/Al 原子比=1.35，超过了 1~1.1 的常规 Si/Al 原子比，而在煤样中还含有少量的 Na 元素，且 Na 元素主要分布在硅铝化物的表面，表明其主要由高岭石和石英组成，可能含有一定量的蒙脱石等黏土矿物。煤样表面还分布有一定量的 Fe 和 S 元素，且 Fe/S 原子比=0.83，表明煤样表面含有一定的 FeS_2。SJ1 煤样表面 S 元素的分布除与 Fe 元素分布规律相似外，还存在有大量的散点状分布，推测煤样中可能存在有极微量的石膏存在。SJ1 煤样中高岭石及石英等矿物呈薄膜状分布在有机质表面，而黄铁矿呈草莓状镶嵌在有机质中。

SJ2(21#)煤样中碳酸盐矿物是主要的无机成分，能谱分析结果显示煤样中主要元素为 C、Ca、O、Si、Al 和 Fe(图 2-2)。Ca 在有机质表面大量分布，为方解石矿物，是 SJ2 煤样中的主要无机矿物，可能还有一定量的钙蒙脱石。Si/Al 原子比=1，为典型的高岭石。煤样中还含有少量的 Fe 元素，但并未检测到 S 元素，且 Fe 元素在高岭石表面散点分部，可能含有少量的绿泥石。SJ2 煤样中方解石和高岭石等矿物呈薄膜状分布在有机质表面。

XL1(16#)煤样中黄铁矿和硅氧化物是主要的无机成分，能谱分析结果显示煤样中主要元素为 C、O、Si、Al、Fe 和 S(图 2-3)。Fe、S 和 Al 元素在有机质表面大量分布，Fe/S 原子比=0.67，主体为黄铁矿，但含有其他硫化物，如石膏等。Si 元素在有机质表面大量分布，O 元素分布规律同 Si 元素类似，呈散点状大面积分布，Al 元素仅在局部范围内呈散点状少量分布在有机质表面，零星发育，表明石英是 XL1 煤样中主要存在的硅氧化物。煤样中未检测到 Na 和 K 等元素，表明硅铝化物以伊利石为主，呈散点状伴生在石英周围。黄铁矿和石英在有

图 2-1 SJ1 煤样面能谱分析

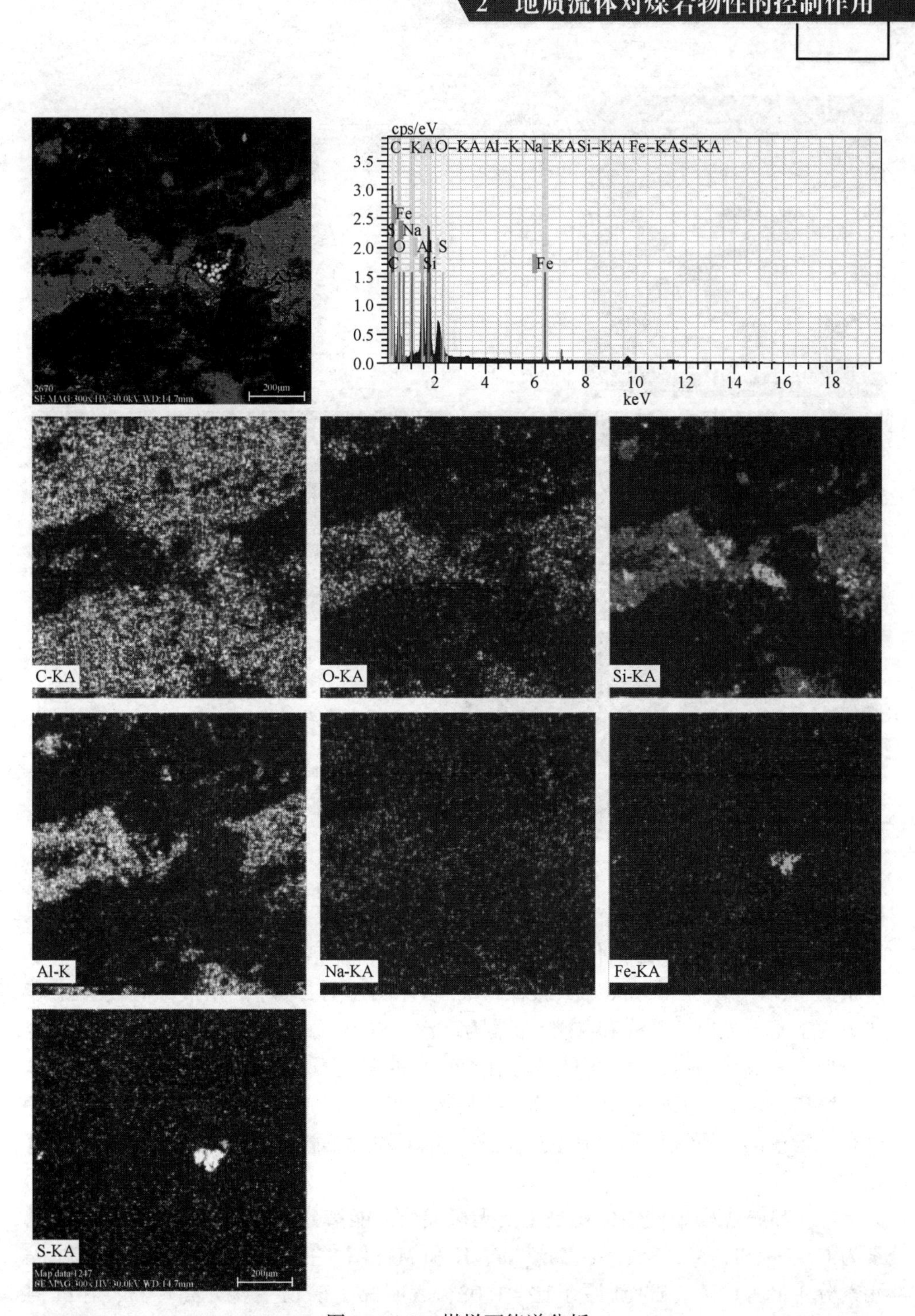

图 2-1 SJ1 煤样面能谱分析

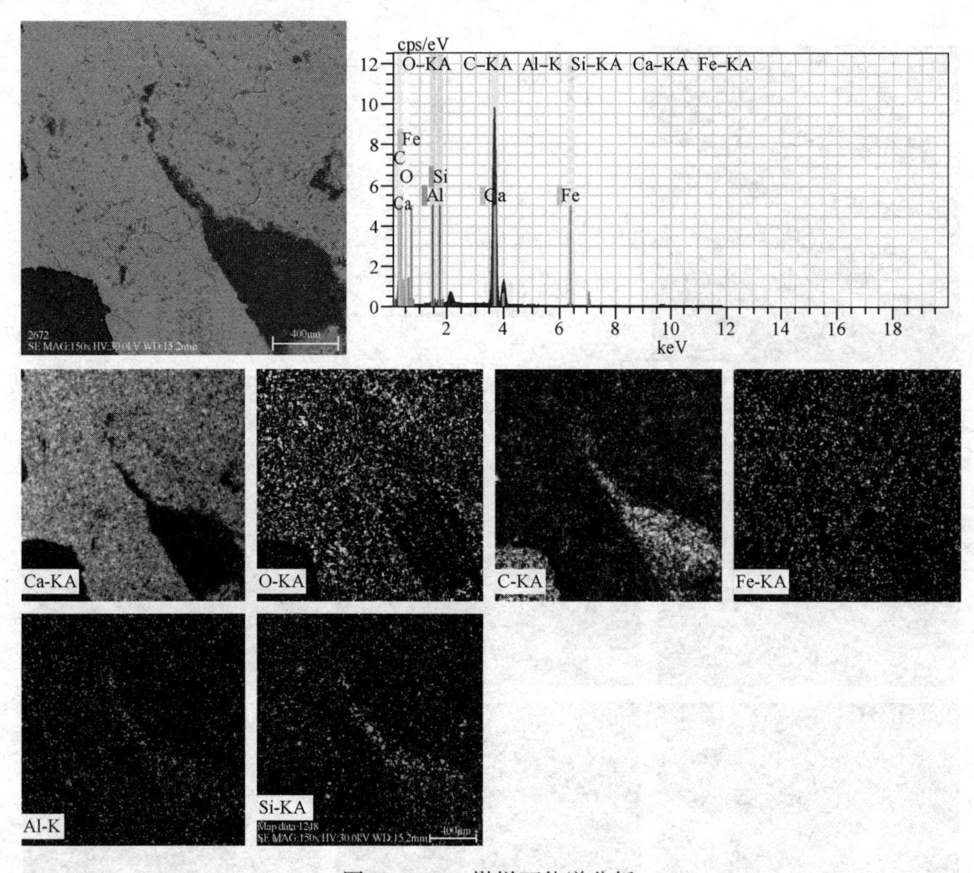

图 2-2 SJ2 煤样面能谱分析

机质表面呈广覆状覆盖在有机质表面。

XL2(16#)煤样中硅铝化物是主要无机成分，能谱分析结果显示煤样中主要元素为 C、O、Si、Al、Fe、S、Ca、Na、K 和 Ti(图 2-4)，元素种类较 XL1 煤样更为丰富，尤以 O、Si 和 Al 分布最为广泛。Si/Al 原子比=1，表明主体为高岭石，但含有少量 Ca 元素，可能还存在有少量的蒙脱石；Fe/S 原子比=0.6，主体为黄铁矿，但含有其他硫化物。Na 和 K 散点状分布在硅铝化物表面，说明还发育有一定量的长石或伊利石矿物。此外，有机质表面还含有一定量的 Ti 等微量元素。

DY(23#)煤样中硅铝化物是主要无机成分，能谱分析结果显示煤样中主要元素为 C、O、Si、Al、Fe、S、Ca、Na、K 和 Mg(图 2-5)，其中 O、Si、Al 和 Fe 元素分布最为广泛。Si/Al 原子比=1.08，表明黏土矿物主要为高岭石，在硅铝矿物表面还存在有大量的 Na、Ca 和 Mg 元素，尤其是 Na 和 Mg 的大量分布，表明其含有一定量的蒙脱石矿物，镜下黏土矿物的局部照片显示黏土矿物主要为伊

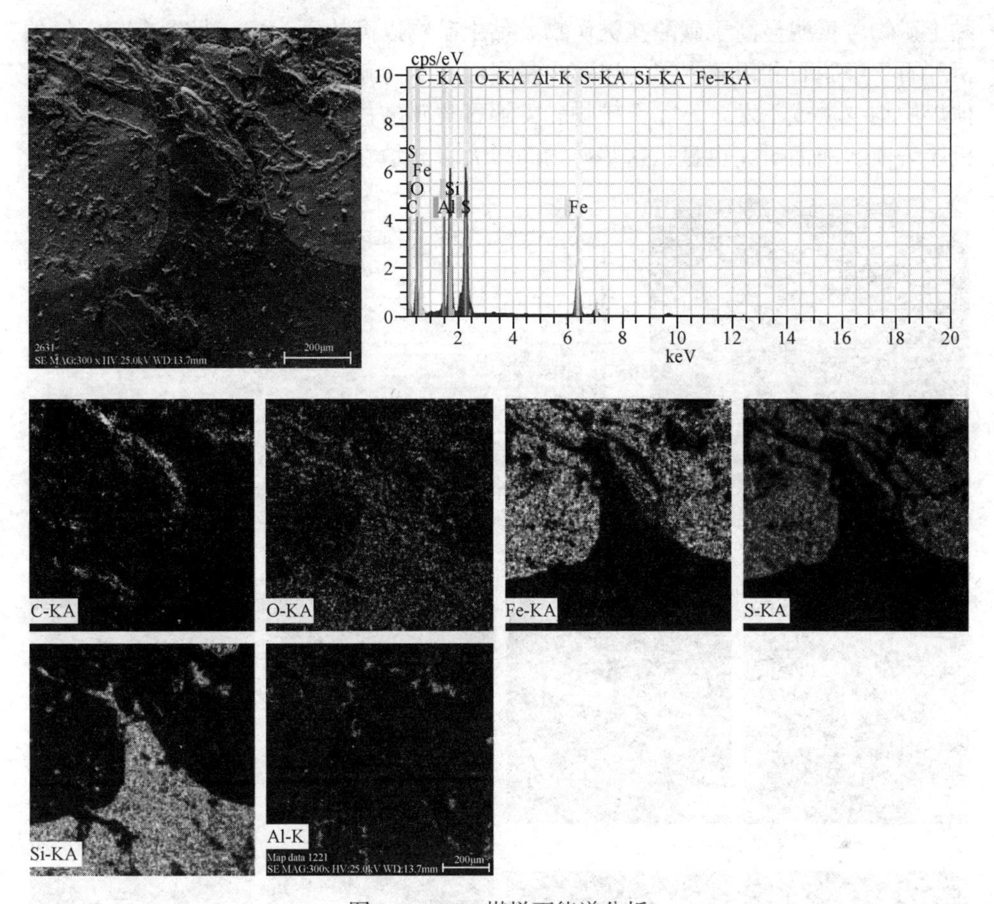

图 2-3 XL1 煤样面能谱分析

蒙混层(图 2-6)。由于蒙脱石容易与地下水介质中的 K^+发生交换，因此也存在有一定数量的 K 元素。Fe/S 原子比 = 3.4，表明煤样中黄铁矿相对较少；Fe 元素的分布规律与 Si 和 Al 的分布规律类似，表明黏土矿物中含有一定量的绿泥石。

HAJ(23#)煤样中无机矿物组分较为复杂，能谱分析结果显示煤样中主要元素为 C、O、Si、Al、Fe、S、Ca、Na、K 和 Ti(图 2-7)，不同元素在有机质表面均大面积分布。Si/Al 原子比 = 1.09，表明黏土矿物主要为高岭石，在硅铝矿物表面还存在有大量的 Na、Ca 和 K 元素，尤其是 Ca 的大量分布，表明含有一定量的蒙脱石矿物。Fe/S 原子比 = 0.57，表明煤样中含有一定量的黄铁矿。Fe 元素的分布规律与 S 类似，但还有一定量的 Fe 元素分布在硅铝矿物表面，表明黏土矿物中含有少量的绿泥石。

综上所述，珠藏向斜煤中无机矿物成分主要为黏土矿物和碳酸盐类矿物，且黏土矿物含量明显高于碳酸盐类矿物。黏土矿物以高岭石为主，另含有一定量的伊利石、蒙脱石和伊蒙混层，以及少量绿泥石。方解石在SJ2煤中大量存在，其他煤中均少量或不发育。黏土矿物和方解石类碳酸盐矿物普遍以薄膜状赋存在有机质表面，前面研究也显示这些矿物同样大量充填在孔裂隙中。

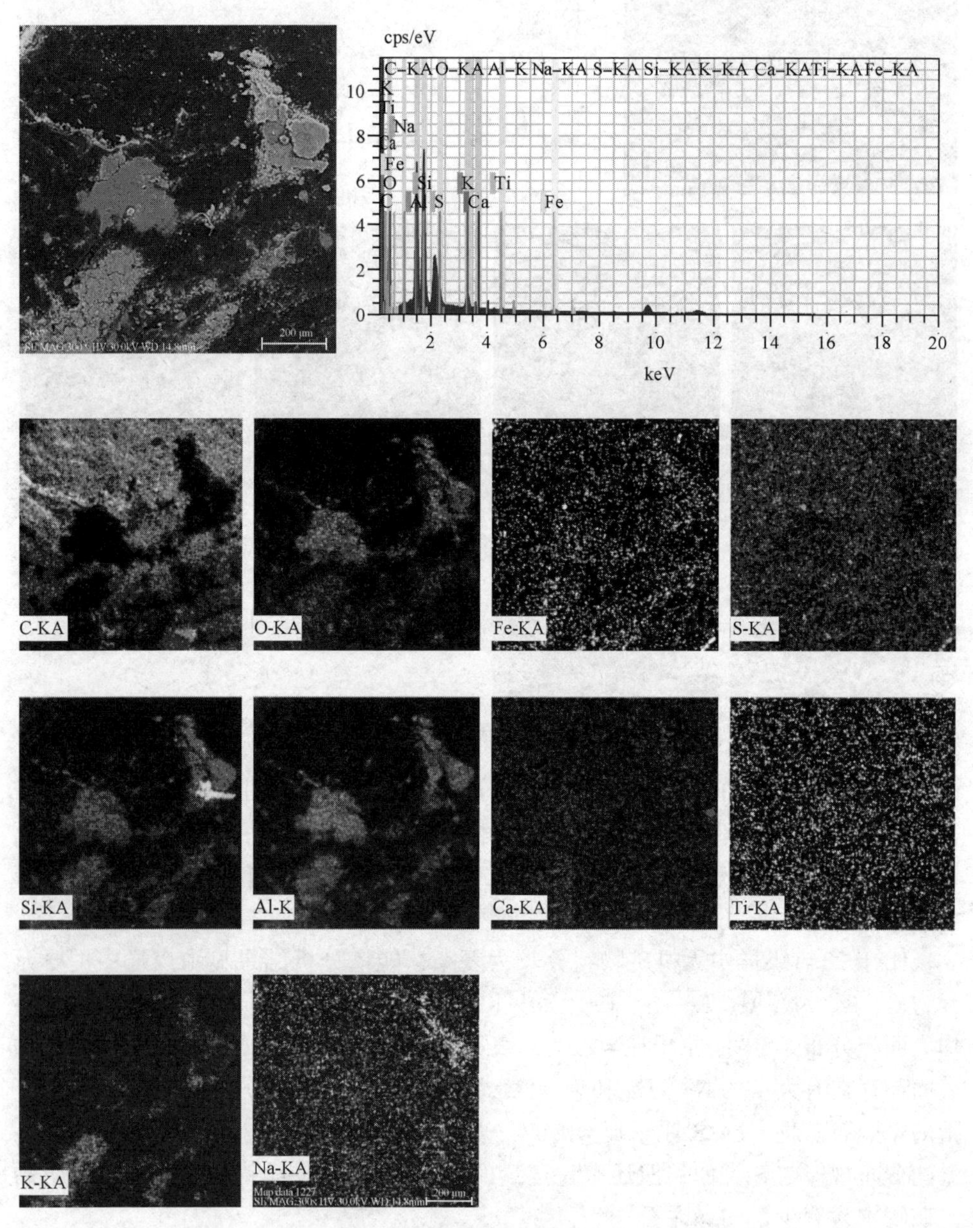

图 2-4　XL2 煤样面能谱分析

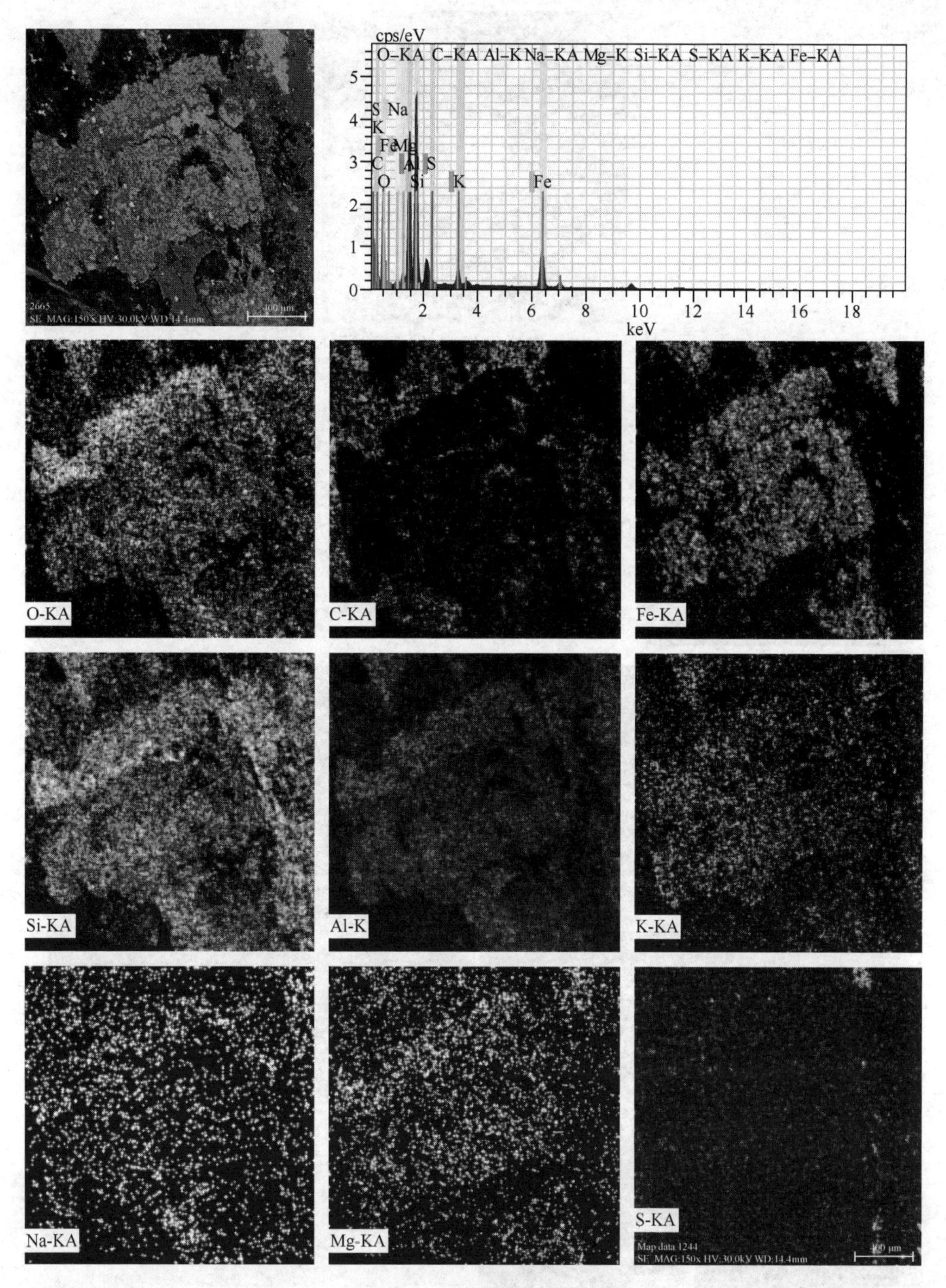

图 2-5 DY 煤样面能谱分析

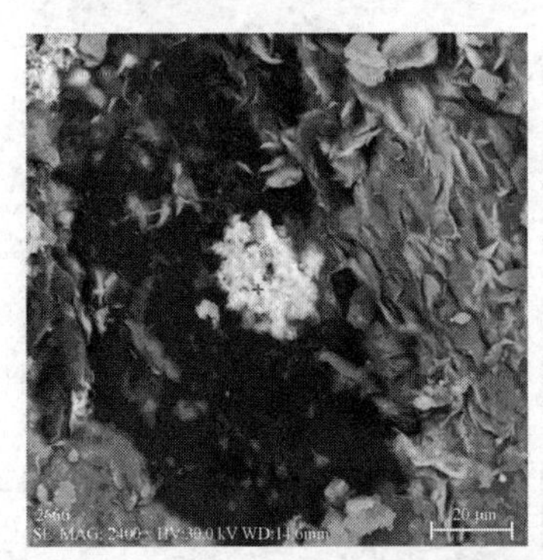

图 2-6　DY 煤样中发育的伊蒙混层矿物

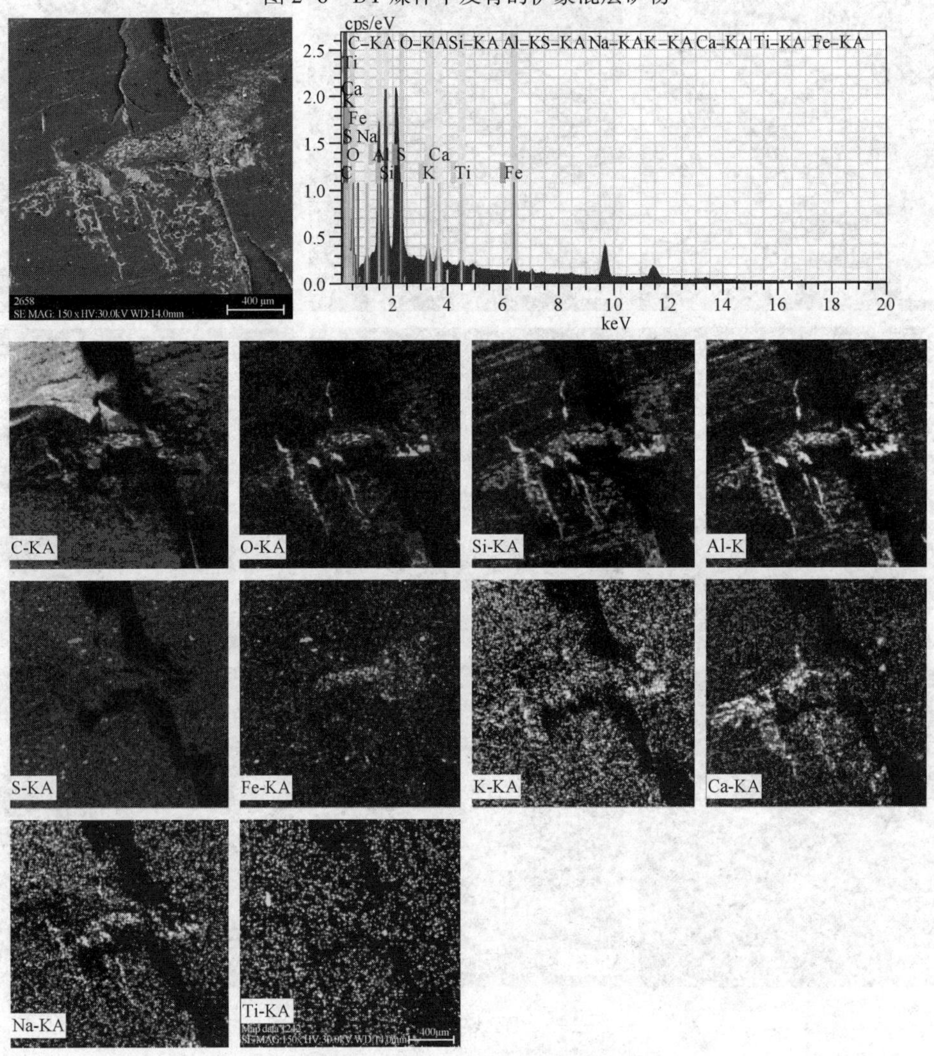

图 2-7　HAJ 煤样面能谱分析

2.2 珠藏向斜地下水化学特征

地下水化学特征主要包括地下水类型、矿化度和离子组成等，不仅能反映地下水的径流条件，而且能据此对地层的封闭性进行判断。水中分布最广泛的离子有 SO_4^{2-}、Cl^-、CO_3^{2-}、HCO_3^-、Ca^{2+}、Mg^{2+}、K^+、Na^+等八种，称为主要离子，其含量多少决定了地下水化学类型。地下水在运动过程中，能够与含水层中岩石发生溶解、搬运、沉淀以及交代等多种物理化学作用，从而使水中离子成分和浓度发生一定的变化。因此，地下水中离子的变化可以反映其运移过程中的地质环境，进而指导煤层气生产开发。

2.2.1 地表水化学特征

对珠藏向斜地表水系的地球化学分析发现，地表水中 Na^+、K^+、Ca^{2+}、Mg^{2+}是主要阳离子成分，SO_4^{2-}、Cl^-、HCO_3^- 是主要的阴离子成分，另外还含有少量的 Fe^{3+}、Fe^{2+}、Al^{3+}、Mn^{2+}、NH_4^+等阳离子和 CO_3^{2-}、NO_3^-、NO_2^- 等阴离子(图 2-8)。珠藏向斜地表水系地球化学成分相差较大，但整体表现为高 Ca^{2+}和 SO_4^{2-}、低 Na^+和 Cl^-特征，这与地表水流经区多有灰岩的出露有关。

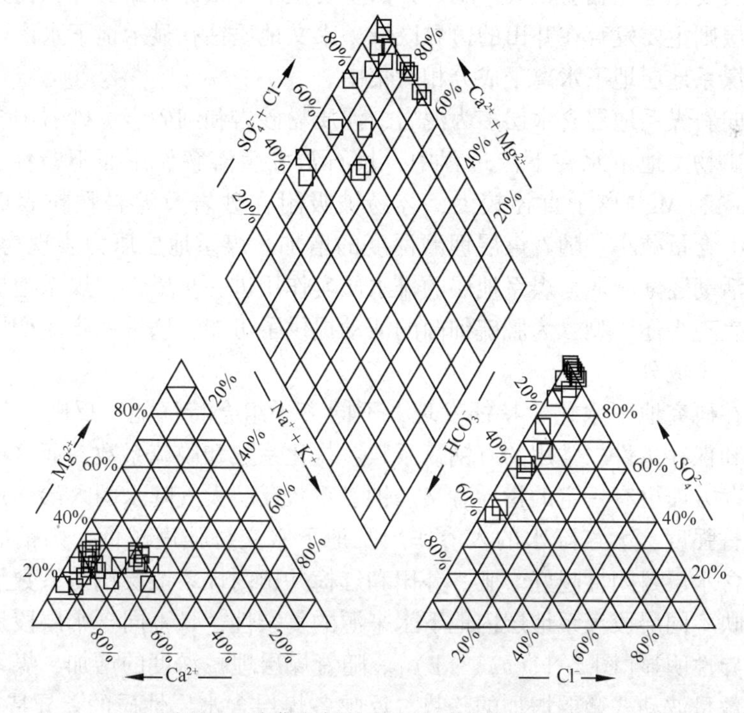

图 2-8 珠藏向斜地表水水质分析 Piper 图

2.2.2 煤系地层水化学特征

煤系地层水的化学特征研究主要针对肥一井田和红梅井田展开，不同井田内煤系地层水中阳离子以 Na^+、K^+、Ca^{2+}、Mg^{2+} 为主，阴离子以 SO_4^{2-}、Cl^-、HCO_3^- 为主。肥一井田煤系地层水以中性和弱碱性为主，富 HCO_3^- 而贫 CO_3^{2-}[图 2-9(a)]。红梅井田内煤系地层还含有相当数量的 CO_3^{2-}，这与地下水水质有关[图 2-9(b)]。

虽然煤系地层中主要阴阳离子种类与地表水相同，但不同离子的含量有相当大差异(图 2-10)。肥一井田内 Na^+、K^+、HCO_3^- 含量多，Ca^{2+}、SO_4^{2-} 含量少，且各离子浓度相对集中[图 2-9(a)，图 2-10]。红梅井田内各离子浓度极为分散，相较于地表水中各离子成分变化不显著，但仍以高 Na^+、K^+和 HCO_3^- 为主[图 2-9(b)，图 2-10]。水质类型逐渐由 Ca^{2+}—SO_4^{2-} 类型向 Na^++K^+—HCO_3^- 类型转化，这与珠藏向斜井田内构造复杂程度和地下水的下渗溶解作用密切相关。

红梅井田位于珠藏向斜褶皱扬起段，且井田内断层极为发育，尽管断层导水性及水系连通性较差，但在一定程度上极易受到大气降水及地下溶洞水的补充，导致其水质变化范围相对较大。肥一井田主要位于珠藏向斜的翼部，构造相对不发育，断层则主要发育在井田的边界区域，水文地质钻孔显示地下水渗透系数较低，使得煤系地层地下水离子成分相对集中。

珠藏向斜煤系地层含水层多为泥岩、泥质粉砂岩和细砂岩，砂岩中含有较多的长石类矿物。地下水在下渗过程中，长石常发生溶解作用而不断释放 Na^+和 K^+，且 Ca^{2+}和 Mg^{2+}离子直径较大，容易被吸附在砂岩及泥岩颗粒表面，致使 Ca^{2+}和 Mg^{2+}含量减小。随着煤层埋藏深度的增加，煤系地层压力表现为衰减型，且地下水活动逐渐减弱，煤系地层的排水压实作用进一步增强，煤系地层地下水环境逐渐表现为还原型，为脱硫细菌的活动提供了可能，这进一步改变了煤系地层水中的离子成分。

前人在研究地下水化学特征发现，不同离子组合特征能够反映油气田的生成、运移和保存条件，常用的有钠氯系数、盐化系数和脱硫系数，而这些参数在煤层气保存方面也有一定的指导意义。钠氯系数反映大气降水的入渗作用以及地下水的交替强度，大气降水的入渗作用及地下水交替强度越低，则钠氯系数越低，反映含水层封闭性越好。肥一井田和红梅井田内煤系地层钠氯系数呈波动式变化，反映不同层段煤系地层内地下水来源的复杂性，且不同含水层段地下水化学特征差异性明显[图 2-11(a)、(b)]。随着煤层埋藏深度的增加，煤系地层水的钠氯系数呈波动式微弱增加的趋势，反映各煤层含水层性质的差异特征增强，

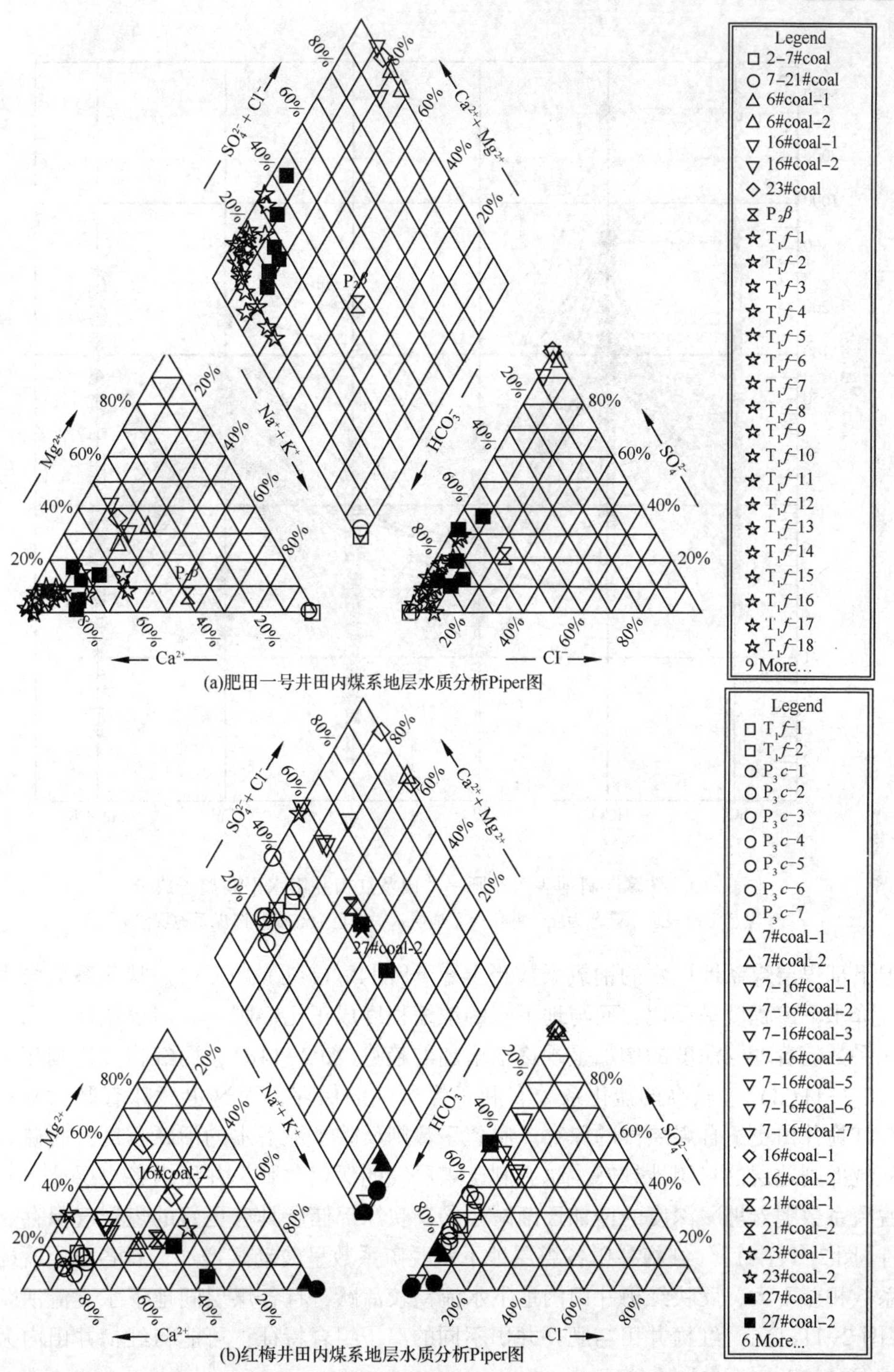

(a)肥田一号井田内煤系地层水质分析Piper图

(b)红梅井田内煤系地层水质分析Piper图

图 2-9　珠藏向斜不同井田煤系地层水水质分析 Piper 图

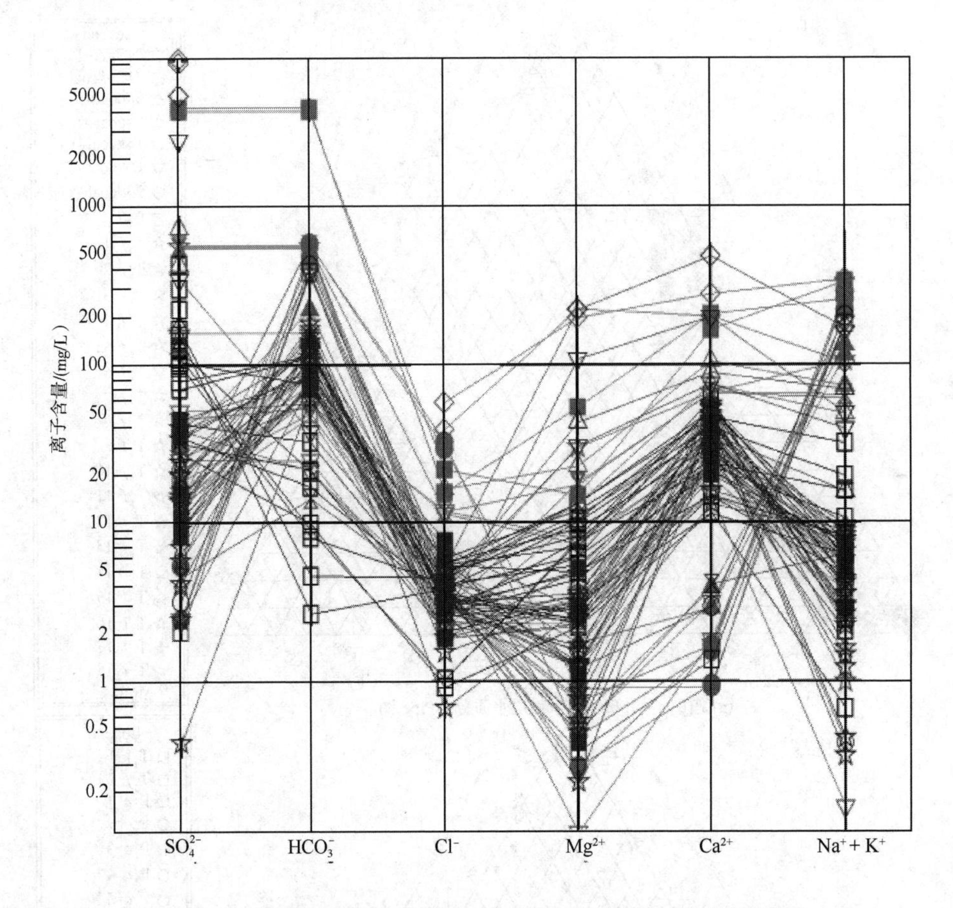

图 2-10　珠藏向斜地表水、肥一井田及红梅井田水不同离子成分

（黑色为地表水，蓝色为肥一井田煤系地层水，红色为红梅井田煤系地层水）

但下部煤层煤系地层水的钠氯系数趋于稳定[图 2-11(a)、(b)]。盐化系数与大气降水下渗程度呈反比，而与地下水的浓缩程度成正比。肥一井田煤层地下水盐化系数随着埋藏深度的增加呈现逐渐增加的趋势(图 2-11c)，而红梅井田则相反[图 2-11(d)]。较高的盐化系数有利于煤层气的保存，而这也意味着肥一井田较红梅井田更适合煤层气的保存。脱硫系数则反映了地下水的活跃程度，脱硫系数越低则地层的封闭性越好，越有利于煤层气的保存。肥一井田内各煤层地下水脱硫系数随着埋藏深度的增加逐渐减小，反映深部储层具有更好的煤层气保存条件[图 2-11(e)]。红梅井田各煤层地下水脱硫系数呈波动式增加，且各煤层脱硫系数相差不大，反映红梅井田内地下水流动较活跃，且各煤层间地下水交流活跃[图 2-11(f)]。红梅井田与肥一井田不同的离子组合特征，可能与红梅井田内大量发育的断层有关。

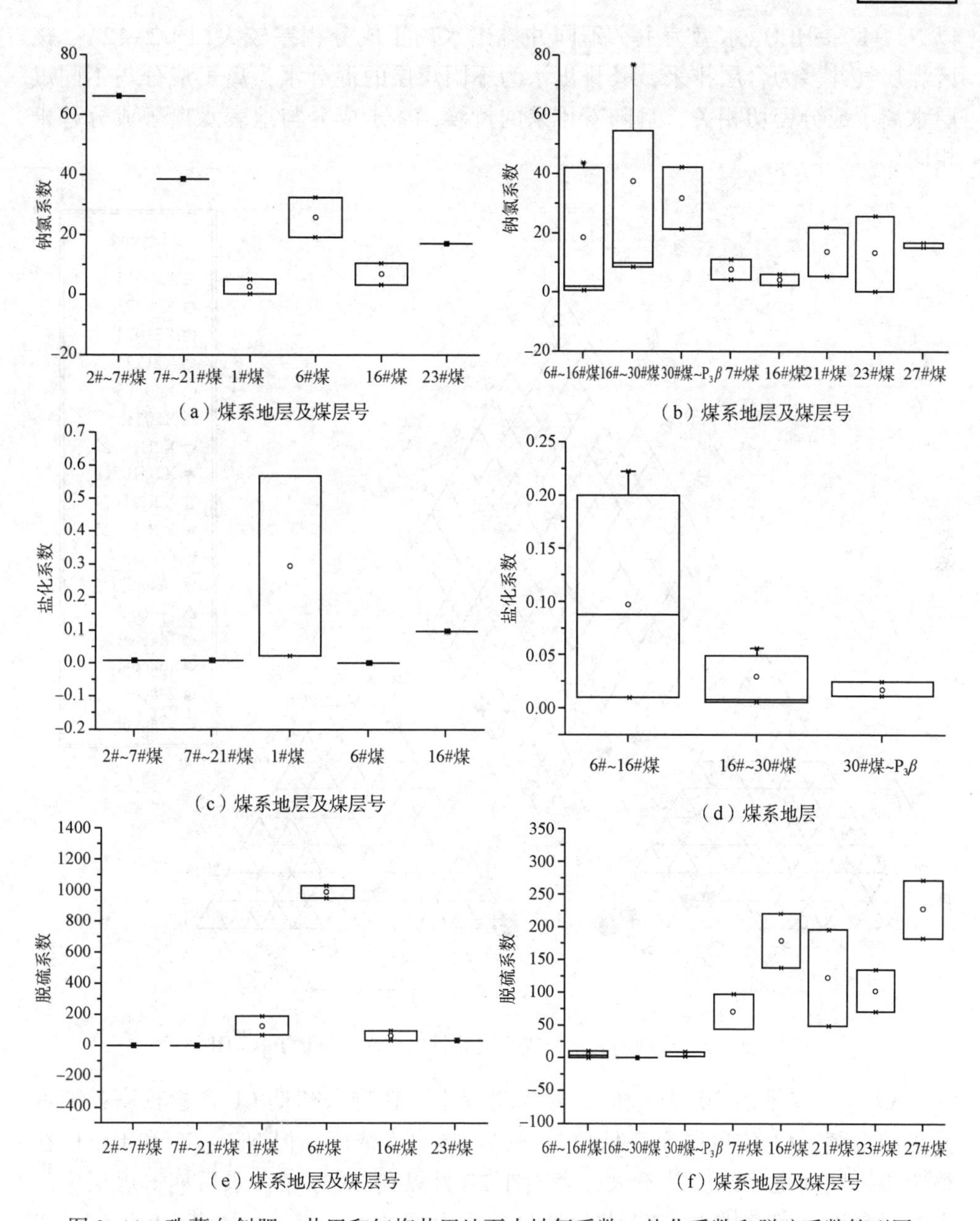

图 2-11 珠藏向斜肥一井田和红梅井田地下水钠氯系数、盐化系数和脱硫系数箱型图

[(a)、(c)、(e)为肥一井田，(b)、(d)、(f)右侧为红梅井田]

2.2.3 煤层气井排出水化学特征

对珠藏向斜内 X2、X4、X5 和 X2U1 煤层气井排出水的水质分析发现，整体

以 $Na^{+}+K^{+}$—HCO_3^{-} 水型为主，不同井排出水离子成分相差较大(图 2-12)。该区煤层气井多为合层排采，其排出水为不同煤层的混合水，离子成分与不同煤层水离子成分密切相关，且随着排采的持续，离子成分与地表水离子成分趋于相同。

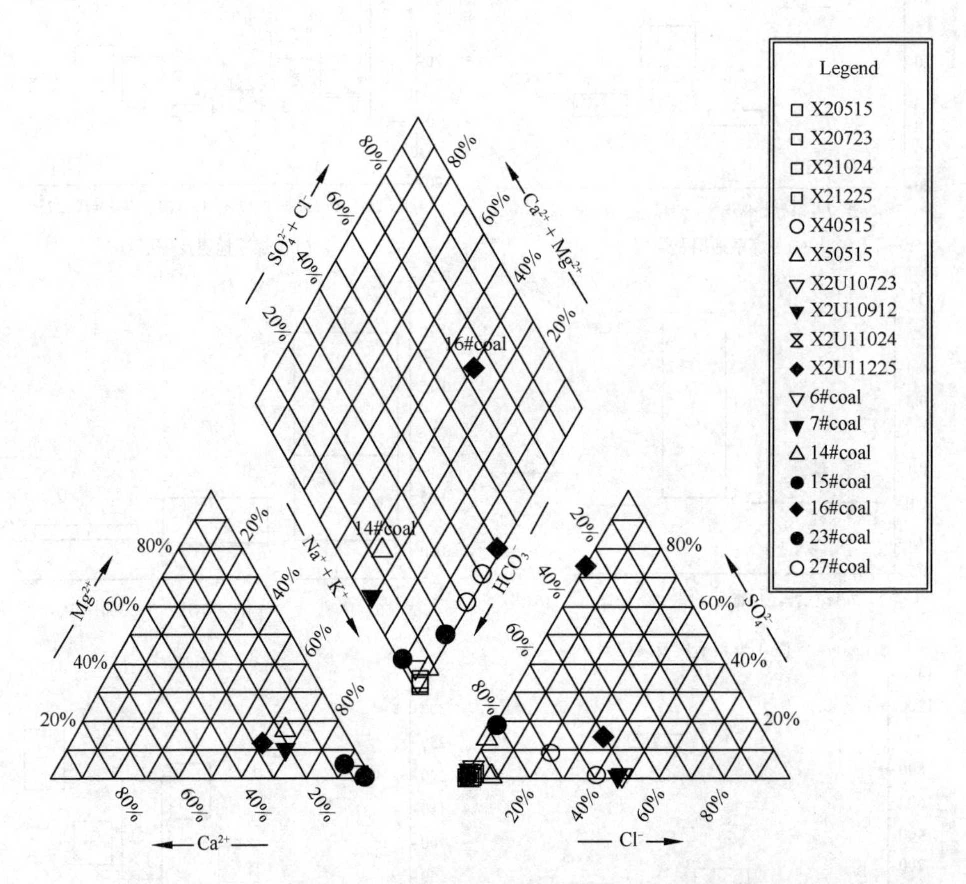

图 2-12　珠藏向斜不同煤层气井排出水水质分析 Piper 图

X2 井主要排出 20 号煤和 23 号煤煤层水，在排采初期 Cl^{-} 含量较高，随着排采的继续，Cl^{-} 浓度降至最低值，并接近地表水浓度，但 Na^{+}、K^{+} 和 HCO_3^{-} 在整个排采期间变化幅度并不大，表明在 20 号煤和 23 号煤合采后期，煤层中的水及压裂液已完全排出。X2 井后期打开了上部的 6 号煤、7 号煤、8 号煤、12 号煤、14 号煤和 17 号煤共同排采，由于其他煤层排出水的混入，Cl^{-} 含量在短时间内迅速增加，随着排采 Cl^{-} 含量逐渐降低，受外来水的稀释作用，Na^{+}、K^{+} 和 HCO_3^{-} 含量有所降低，但离子含量的变化不明显。除上述四种离子外，其他阴阳离子变化规律不明显(图 2-13)。

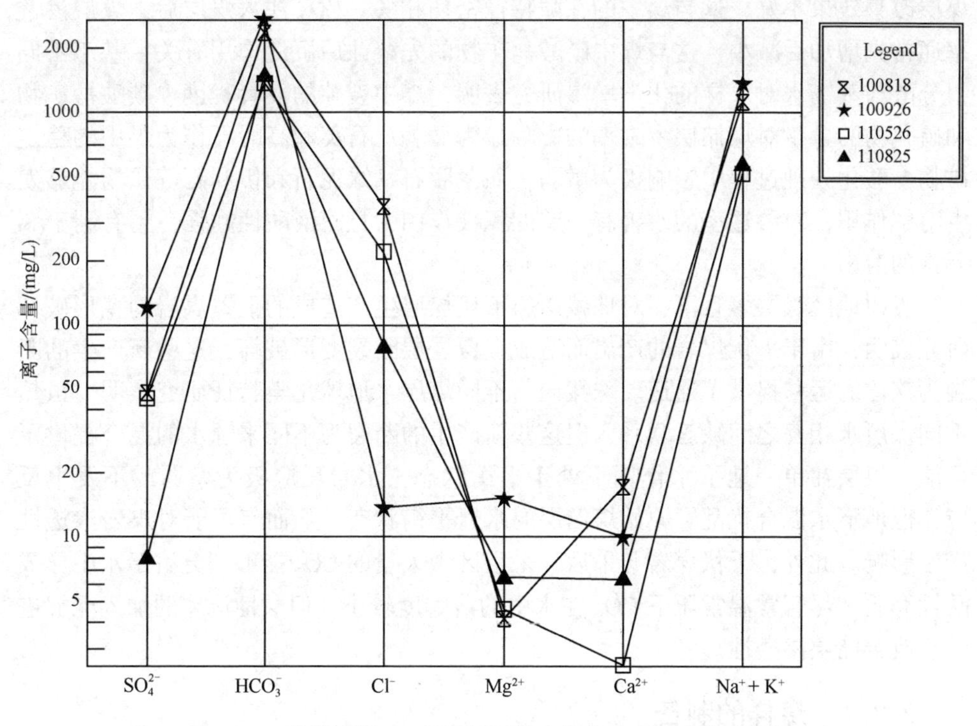

图 2-13 珠藏向斜 X2 井不同时间内排出水离子成分变化图

2.3 煤的水岩反应

水岩反应在常规油气田领域研究较为深入，常规砂岩储层中含有大量的黏土矿物和碳酸盐矿物，通过对砂岩储层注入酸性介质，使其中的黏土矿物和碳酸盐矿物发生溶解、溶蚀作用，达到改善砂岩储层物性的目的。煤的水岩反应始于煤层注入 CO_2 驱替 CH_4 以获得较高的煤层气产量。超临界 CO_2 注入煤层后，能够部分溶解在地下水中，进而电离出 H^+，对煤中的方解石、白云石、菱镁矿、菱铁矿等碳酸盐矿物产生溶蚀作用产生 Ca^{2+}、Mg^{2+} 及 Fe^{2+}，在驱替 CH_4 的同时使得储层渗透率得以改善。但是，碳酸盐矿物在溶蚀作用过程中，也会产生一定的硅质沉淀，对储层渗透率造成不利影响。煤层中碳酸盐矿物含量相对较少，在煤基质表面常发育有大量的黏土矿物，黏土矿物在外界酸性介质作用下能够发生溶解作用产生 Al^{3+}、Mg^{2+} 及 K^+，对煤储层渗透率也有一定的改善作用。通过对超临界 CO_2 与煤中矿物的碳酸化反应原理、煤的碳酸化差异性及碳酸化过程对煤岩物性的改造方面进行了对比，CO_2 与煤中矿物的耦合机理需要进行深入的研究。CO_2 注入煤层对不同热成熟度煤样渗透率的改善作用不同，极低与极高的初始渗透率煤层改善效果不好，这与煤中的孔隙特征密切相关。CO_2 注入煤层后，煤层渗透率通常先增加后减小，这与煤中碳酸盐矿物的先溶蚀后沉淀作用有关。基于不同组分酸与蒸馏水对煤样的化学增渗研究表明，煤中裂隙的发育程度、碳酸盐矿物和硫化物的含量对煤储层渗透率的影响最为显著。石英和高岭石作为煤中的稳定矿物，酸化处理过程中影响极为微弱，而蒙脱石、绿泥石和伊利石等矿物能够发生溶解作用，对渗透率的改善有一定的积极作用，且溶液酸性越强，越有利于 Si 元素的溶出。

贵州地区煤层多且薄，对珠藏向斜下伏煤层生产造成的上覆煤岩的变形破坏研究表明，由于下伏煤岩的产出而造成上覆岩层断裂变形破坏，这些新产生的断裂为流体的运移提供了通道。珠藏向斜不同煤层水地球化学特征研究表明，虽然不同煤层水相互之间缺乏联系，但这些新产生的断裂为不同来源水的混合提供了可能。煤层在单一地下水作用下处于平衡状态，水岩反应极为微弱或不发生反应，但地下水混合扰乱了原始煤储层的水岩平衡状态，从而有可能对煤岩渗透性产生影响。此外，下伏煤岩开采后，采空区中大量的 CO_2 能够部分溶于水中形成酸性介质，尽管常温常压下 CO_2 在水中的溶解度较小，但酸性流体的加入能够进一步改善储层渗透性。

2.3.1 煤样的制备

针对煤岩变形破坏的研究表明，下伏煤层开挖后，上覆岩层将产生裂隙，这为上部含水层中水的下渗提供了有利的通道。地层条件下，水岩反应极为缓慢，实验室尺度内开展煤的水岩反应通常采用高温高压的方法缩短反应时间，达到最终的实验目的。由于实验时间较长，且考虑前期煤岩变形断裂破坏作用，本次实验主要利用 SJ 煤样展开。为了缩短反应时间，使煤中孔隙、裂隙及煤基质表面的矿物能够更好地参与水岩反应，煤颗粒需要尽可能小，以增大煤样与地层水的接触面积。但也不能过小，防止煤粉颗粒堵塞反应釜而引发安全事故。基于此考虑，采用筛分法磨制煤样颗粒为 100~120 目，共两份，每份约 180g，分别标记为 CS1 和 CS2。为了研究水岩反应后煤岩孔隙及裂隙表面的矿物形态变化，在垂直层理方向上选取两块约 $1cm^2$ 煤样共同参与煤的水岩反应，分别标记为 CS1D 和 CS2D。其中，CS1D 煤样与 CS1 煤样一起，CS2D 煤样与 CS2 煤样一起。为了后期对比研究煤中矿物对煤渗透性的影响，在水岩反应过程中还加入了煤柱样，分别标记为 CSW1-1、CSW1-2、CSW2 和 CSW3。其中 CSW1-1、CSW1-2 煤柱与 CS1D、CS1 煤样共同参与水岩反应，CSW2 煤柱与 CS2D、CS2 煤样共同参与水岩反应，CSW3 煤柱作为对比样，不参与水岩反应。为最大限度地减少煤非均质性带来的影响，以上所有煤样的制取均来自同一大块煤。

2.3.2 地层水的配制

对珠藏向斜上二叠统含煤地层含水层性质、水文地质特征及地下水化学特征研究发现，区内含水层层数多，且不同含水层地下水化学特征迥异。区内三口煤层气井均为多煤层共采，X2 井排采 6 号煤、7 号煤、8 号煤、10 号煤、12 号煤、14 号煤、17 号煤、20 号煤和 23 号煤，X4 井排采 6 号煤、7 号煤、17 号煤、20 号煤、23 号煤、27 号煤和 30 号煤，X5 井则主要排采 16 号煤、17 号煤、20 号煤、23 号煤和 27 号煤，排出的地层水也多为混源水，很难获得单一煤层地下水。为获得单一煤层地下水，结合前期煤岩变形破坏研究，在珠藏向斜肥一井田的兴隆煤矿和临近井田的三甲煤矿分别采取了 16 号煤和 21 号煤矿井水作为本次水岩反应的流体介质。将采集到的新鲜水样送至中国科学院贵州地球化学研究所开展地球化学测试(表 2-2)。由于后期水岩反应测试时间较长，地下水长期放置容易变质而使其化学成分发生变化。因此，基于测试结果，对相关地下水进行配置，方便后期水岩反应测试使用。

表 2-2 珠藏向斜兴隆水样和三甲水样离子成分

样品	煤层号	离子含量/(mg/L)							pH 值
		F^-	Cl^-	NO_3^-	SO_4^{2-}	NO_2^-	CO_3^{2-}	HCO_3^-	
XL	16	0.85	49.29	8.09	1331.97	7.53	402.8	-	10.33
SJ	21	0.80	3.26	6.71	697.16	-	-	460.74	8.12
样品	煤层号	离子含量/(mg/L)							
		Al^{3+}	Ca^{2+}	$Fe^{2+}+Fe^{3+}$	K^+	Mg^{2+}	Na^+	SiO_2	Sr
XL	16	0.090	0.89	0.004	9.60	0.72	961.15	7.05	0.28
SJ	21	0.013	12.91	0.010	5.27	8.37	435.61	8.03	2.85

表 2-3 地下水配制用化学试剂质量

样品号	化学试剂/(mg/L)						
	$NaNO_3$	Na_2SO_4	$NaHCO_3$	$CaCl_2$	KCl	$MgCl_2 \cdot 6H_2O$	NaCl
PZ1~PZ3	21.41123	1969.528	554.563	2.452603	18.30517	6.010188	2443.284
PZ4~PZ6	9.191948	1030.866	634.333	35.73459	10.05378	70.01026	1107.339

基于 XL 水样和 SJ 水样地球化学测试结果，采用蒸馏水、$NaNO_3$、Na_2SO_4、$NaHCO_3$、$CaCl_2$、KCl、$MgCl_2 \cdot 6H_2O$ 和 NaCl 等试剂配置了相关地下水。滴释法能够使配制的溶液更接近原始溶液，但采用滴释法需要花费大量的时间，且本次水岩反应测试需要配制的地下水量较大。因此，采用称重法配制。测试用地下水分别配置三批，XL 煤样配置地下水编号分别为 PZ1、PZ2 和 PZ3，水岩反应后对应的地下水编号分别为 CS1-1、CS1-2 和 CS1-3；SJ 煤样配置地下水编号分别为

PZ4、PZ5 和 PZ6，水岩反应后对应的地下水编号分别为 CS2-1、CS2-2 和 CS2-3(表 2-3)。对参与水岩反应的地下水和煤样的汇总信息如表 2-4 所示。

表 2-4　水岩反应中煤样和水样信息汇总

原始水	配制水	粒状煤样	粒径	片状煤样	大小	柱状煤样	长度/mm	直径/mm	测试水
XL	PZ1	CS1	100~120目	CS1D	约 $1cm^2$	CSW1-1	32.73	24.22	CS1-1
	PZ2					CSW1-2	36.08	24.10	CS1-2
	PZ3					CSW3	42.25	25.27	CS1-3
SJ	PZ4	CS2		CS2D		CSW2	32.71	24.14	CS2-1
	PZ5								CS2-2
	PZ6								CS2-3

2.3.3　实验测试

煤的水岩反应在 SGS-瑞华通正非常规油气技术检测有限公司(北京)完成，反应釜材质为耐腐蚀钢材料，最大承载压力为 40MPa，设计温度为 20~60℃，容积为 2L。本次水岩反应设计最大压力为 20MPa，温度为 30℃。事实上，地层条件下，不同区域范围内煤岩的围压复杂而多样，且在下伏煤炭生产条件下，上覆煤岩的压力和温度必然发生动态变化。但是，受限于研究条件，本次研究采用恒定温压条件进行水岩反应实验。

具体实验步骤如下：

(1)将需要测试的粒状煤样、片状煤样及柱状煤样用滤纸进行包裹，防止测试过程中样品的泄漏，同时可以避免样品相互挤压而造成破坏。在测试前，使用蒸馏水对反应釜进行清洗。

(2)样品置入反应釜后，进行气密性检测，防止测试过程中压力的波动。在利用加压装置注入配制的地层水前，对配制地层水进行处理除去水中可能溶解的空气。

(3)向反应釜中注入地层水，设置反应釜中搅拌器转速为 60r/min，每隔 24h 排出反应釜中地层水 100mL，同时补充等量的地下水，待排出地下水达到 1L 后停止测试，排出反应釜中地下水注入新配制地下水。单次样品反应时间为 10d，共测试 3 次，单个样品总测试时间为 30d。

(4)反应结束后，为精确测量收集水样中不同离子浓度变化，将配制溶液预留样及配套的测试水样共同送至中国科学院贵州地球化学研究所开展地球化学测试，测试项目主要包括 SO_4^{2-}、Cl^-、CO_3^{2-}、HCO_3^-、Ca^{2+}、Mg^{2+}、K^+、Na^+ 等离子成分的动态变化。同时将反应后的片状煤样和柱状煤样分别送至中国矿业大学现代分析测试中心和煤层气资源与成藏过程教育部重点实验室开展孔裂隙特征测试、矿物特征形态观测及渗透率测试。

2.4 实验前后煤样孔裂隙特征、矿物形态及渗透率演化

2.4.1 水岩反应后离子成分动态变化

水岩反应过程中使用的地层水为配制水，由于地层水配制过程中可能存在人为误差，在测试前均留有预留样。水岩反应测试结束后，检测匹配的预留水样及测试后水样，并以预留水样为基础计算水岩反应后不同离子浓度的动态变化。

第一组实验，利用 CS1 粒状煤样、CS1D 块状煤样、CSW1-1 和 CSW1-2 柱状煤样，结合以 XL 地下水为基础配制的地层水进行了水岩反应测试。

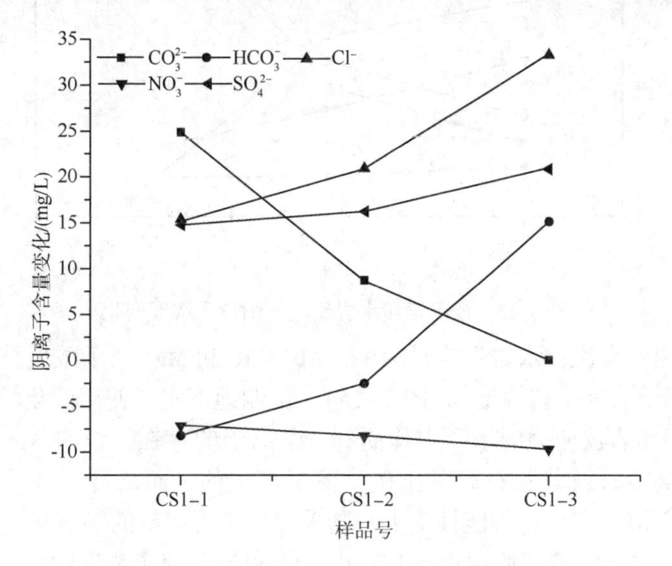

图 2-14　CS1 煤样水岩反应后阴离子浓度变化

对于阴离子来说，水岩反应过程中，NO_3^- 和 CO_3^{2-} 离子浓度持续降低，而 HCO_3^-、SO_4^{2-} 和 Cl^-离子的浓度则持续增加(图 2-14)。NO_3^- 离子浓度随着时间变化呈现微弱下降的趋势，但反应前后离子浓度相差不大，表明其基本未参加水岩反应。常见的硝酸盐类矿物为可溶性矿物，NO_3^- 离子浓度的减少可能与实验过程中其他离子浓度的增加引起地层水浓缩而在反应釜壁面产生硝酸盐矿物结晶有关。CO_3^{2-} 离子浓度同样持续减小，在测试结束时其浓度接近于 0。地层水配制所使用的化学试剂中并不含有 CO_3^{2-} 离子，CO_3^{2-} 离子可能是由于在测试初期化学反应活跃期 HCO_3^- 离子电离作用产生的，这主要体现在水岩反应初期 HCO_3^- 离子浓

度为负值，表明 HCO_3^- 离子在水岩反应初期很大程度上参与了 CO_3^{2-} 离子的电离作用。随着水岩反应的持续，煤中可供参与的矿物含量逐渐减少，水岩反应作用逐渐减弱，HCO_3^- 离子电离作用减弱，其浓度有所增加，而 CO_3^{2-} 离子浓度则逐渐减少至 0，在水岩反应后期几乎检测不到。Cl^- 离子浓度的持续增加可能与煤中某些微量的氯盐矿物的持续溶解有关，而 SO_4^{2-} 离子浓度的微弱增加可能与煤中石膏等的溶蚀作用有关。

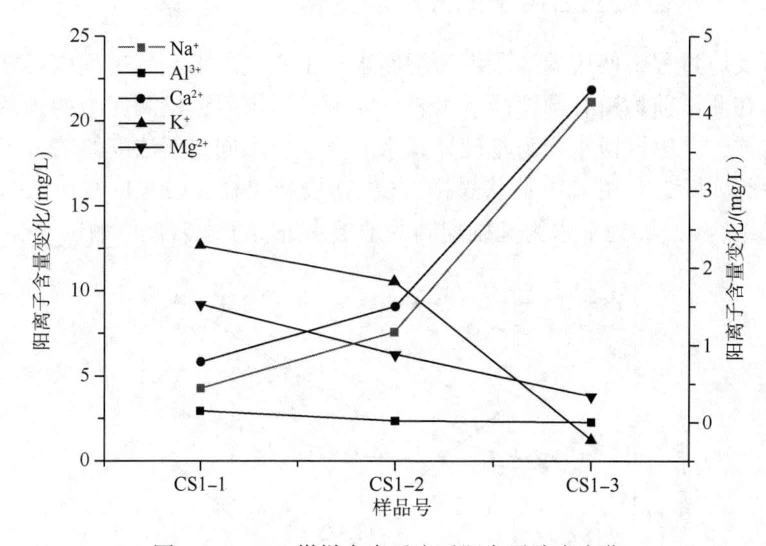

图 2-15　CS1 煤样水岩反应后阳离子浓度变化

对于阳离子来说，水岩反应过程中，Al^{3+}、K^+ 和 Mg^{2+} 离子浓度持续降低，而 Na^+ 和 Ca^{2+} 离子浓度则持续增加(图 2-15)。配制地下水所使用的化学试剂中并无 Al^{3+} 离子，但水岩反应后的水样中检测到 Al^{3+} 离子的存在，说明 Al^{3+} 离子主要是由煤样中的高岭石及蒙脱石等黏土矿物溶解产生的，而高岭石性质较蒙脱石稳定，由蒙脱石溶解产生的可能性更大。随着煤样中可溶解的黏土矿物含量的不断减少，检测到的 Al^{3+} 离子浓度也不断减小。K^+ 和 Mg^{2+} 离子浓度同样持续降低，但其变化始终无负值，表明 K^+ 和 Mg^{2+} 离子同样由黏土矿物的溶解作用产生，可溶解的黏土矿物含量不断减少，造成测试后水样中 K^+ 和 Mg^{2+} 离子浓度不断减少。Na^+ 离子含量的增加与 Cl^- 离子含量的增加趋势较为同步，说明二者浓度的增加与煤样中少量存在的氯盐的溶解作用有关。Ca^{2+} 离子浓度的增加则通常与煤样中的石膏等矿物的溶蚀作用相关，但地层水为碱性，石膏等的溶蚀作用发生极为微弱。因此，Ca^{2+} 离子浓度的增加可能与黏土矿物中的钙蒙脱石溶解作用有关。SJ 煤样中含有一定的黄铁矿，但测试水中并未检测到 Fe^{2+} 离子的存在，表明黄铁矿在弱碱性流体介质下性质稳定。

利用 XL 配制地层水对 CS1 煤样的水岩反应测试中，随着水岩反应的持续，测试水与配制水之间 pH 值的差异性逐渐减小，表明在反应后期水岩作用已逐渐停止(图 2-16)。在测试后水样中还检测到了 SiO_2 的存在，SiO_2 的浓度随着水岩反应的持续而逐渐减小(图 2-16)。SiO_2 可能有两个来源，一部分来自煤样本身，随着水岩反应的持续被流动的地层水带出；另一部分则主要来自于黏土矿物溶解后形成的硅质层。SiO_2 浓度的减小与反应后期黏土矿物溶解作用的减弱有关。

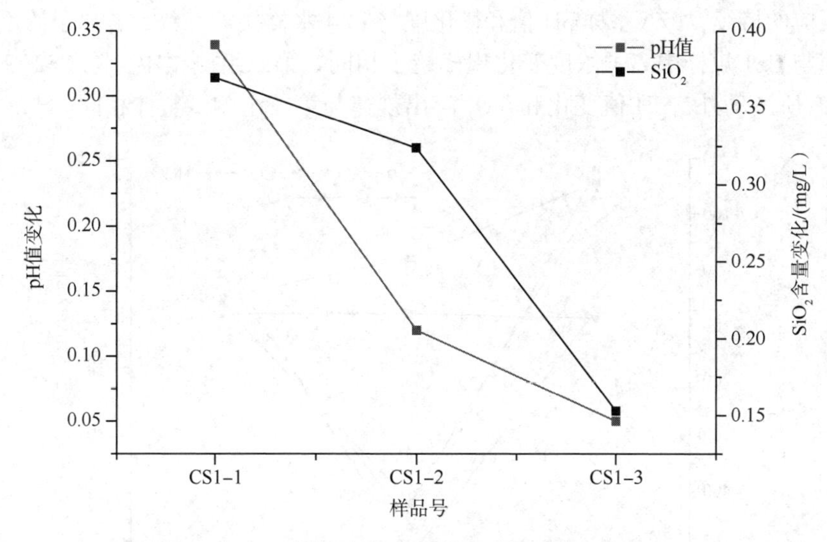

图 2-16 CS1 煤样水岩反应后 pH 值和 SiO_2 浓度变化

第二组实验，利用 CS2 粒状煤样、CS2D 块状煤样、CSW2 柱状煤样，结合以 SJ 地下水为基础配制的地层水进行了水岩反应测试。第二组实验中各离子浓度变化较第一组实验复杂得多。

对于阴离子来说，水岩反应过程中，CO_3^{2-} 离子浓度持续降低，NO_3^- 离子浓度则微弱增加，而 HCO_3^-、SO_4^{2-} 和 Cl^- 离子的浓度则先减小后增加(图 2-17)。NO_3^- 离子浓度随着时间的持续基本保持不变，仅有微弱增加，表明 NO_3^- 离子并未参与水岩反应过程。CS2 煤样中 CO_3^{2-} 离子浓度变化规律与 CS1 煤样中 CO_3^{2-} 离子浓度的变化规律类似，表明 CO_3^{2-} 离子主要是由 HCO_3^- 离子电离作用产生的，随着 HCO_3^- 离子电离作用的减弱以及与 Ca^{2+}离子结合形成 $CaCO_3$ 沉淀，CO_3^{2-} 离子浓度逐渐降低。HCO_3^-、SO_4^{2-} 和 Cl^- 离子浓度的动态变化与配制水的矿化度有关。PZ5 水样在配制过程中 pH 值有了较明显的增加，此时配制水的矿化度也有了增加(图 2-18)。pH 值的增加，促进了 HCO_3^- 离子的电离作用，而导致 HCO_3^- 离子浓度的快速减小，虽然 HCO_3^- 离子电离产生了 CO_3^{2-} 离子，但溶液中存在的大量 Ca^{2+}离子，使 CO_3^{2-} 离子沉淀而浓度降低。测试水中 SO_4^{2-} 和 Cl^- 离子浓度的快速降低则与配制水矿化度和碱性的增强对黏土矿物的溶解抑制作用有关。

对于阳离子来说，水岩反应过程中，Al^{3+}和Mg^{2+}离子浓度持续降低，K^{+}离子浓度整体呈持续降低，而Na^{+}和Ca^{2+}离子的浓度则先减小后增加（图 2-19）。CS2 煤样水岩反应后，Al^{3+}、K^{+}和Mg^{2+}离子浓度的微弱变化与煤样中的高岭石及蒙脱石等黏土矿物溶解作用强弱相关。Na^{+}和Ca^{2+}离子浓度的同步变化规律，是 PZ5 水样碱性的瞬时增强作用和矿化度瞬时增强共同控制的，使其产生沉淀和结晶。随着水岩反应的持续，PZ6 水样 pH 值和矿化度与 PZ4 水样接近一致，各离子浓度的变化规律与 CS1 煤样中离子浓度变化规律趋于相同。第二组测试中，除 CS2-2 水样 pH 值有所波动外，pH 值变化和SiO_2溶出规律与第一组测试整体相同（图 2-20）。

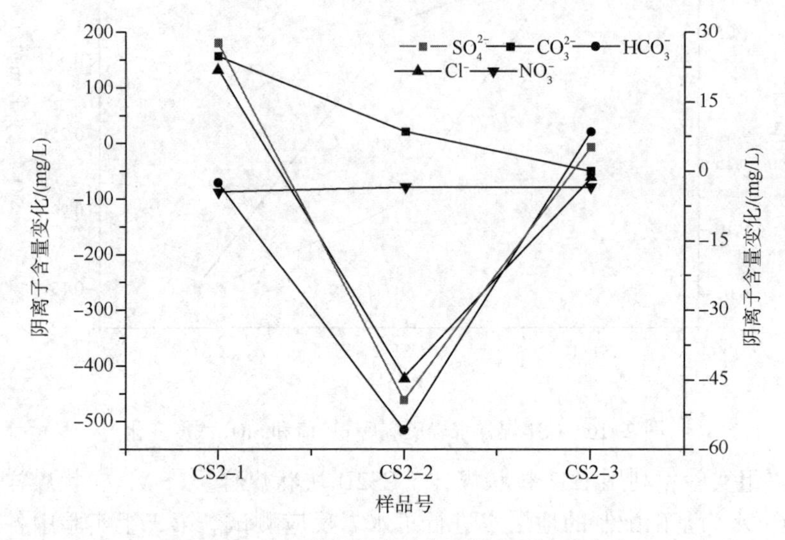

图 2-17　CS2 煤样水岩反应后阴离子浓度变化

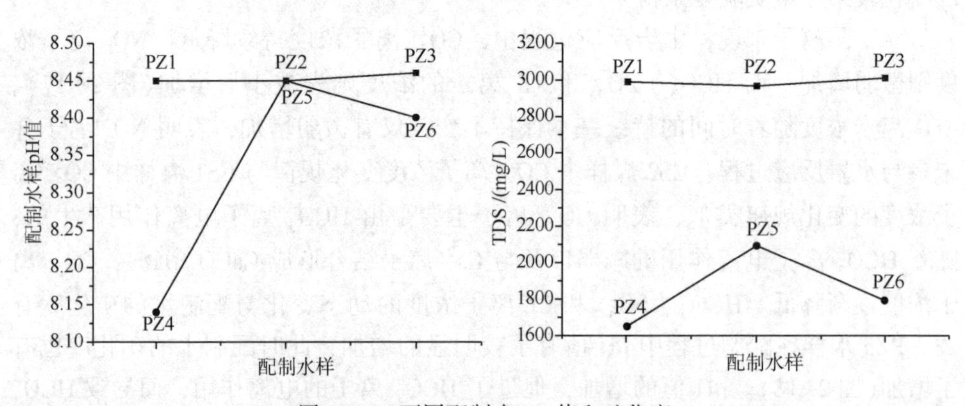

图 2-18　不同配制水 pH 值和矿化度

对比两组实验中 CS1 和 CS2 煤样水岩反应结果可以发现，在剔除 PZ5 水样配制问题后，各离子浓度变化规律相似，表明煤样水岩反应的控制机理相同，即以黏土矿物的溶解溶蚀作用为主，碳酸盐矿物的溶解作用为辅。但实验过程中同一阶段同一离子含量变化不同，CS1 煤样中各离子浓度变化较 CS2 煤样显著，尤其是 CS1 煤样中 SiO_2 溶出量明显较大(图 2-17，图 2-20)。这一方面是由于 CS1 煤样所用地层水为外来水，外来水的流入打破了原始煤样中水岩反应的化学平衡，从而促使水岩反应持续反生；另一方面，CS1 煤样水岩反应中配制水矿化度高于 CS2 煤样配制水矿化度，较高的矿化度为黏土矿物的溶解溶蚀提供了充足的可交换离子含量，也促进了水岩反应进程。

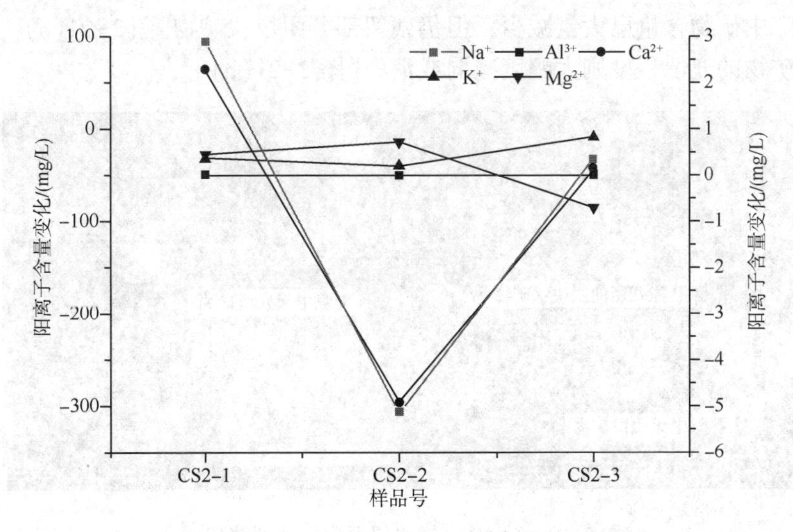

图 2-19　CS2 煤样水岩反应后阳离子浓度变化

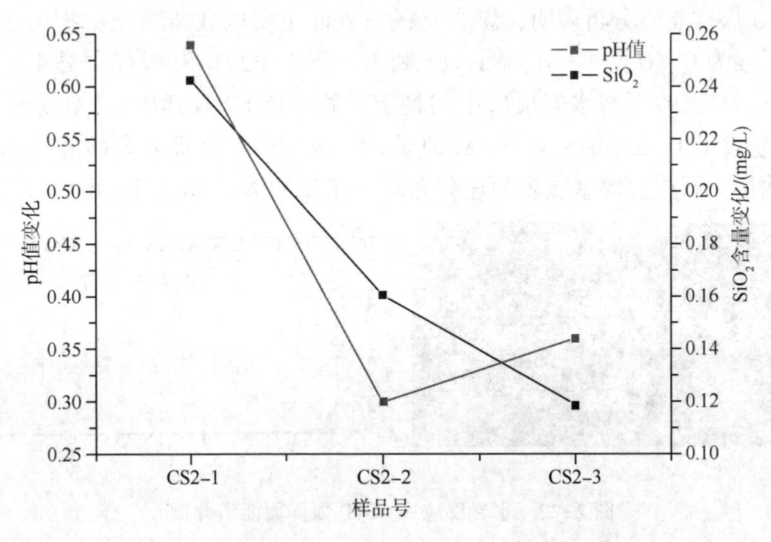

图 2-20　CS2 煤样水岩反应后 pH 值和 SiO_2 浓度变化

2.4.2 水岩反应后煤样孔裂隙及矿物形态特征

水岩反应中煤中黏土矿物和碳酸盐矿物参与的物理化学反应不同，会使不同矿物形态发生改变，尤其是充填在煤基质孔隙和裂隙中的无机矿物的溶解和溶蚀作用，会使得煤的孔渗性得以改善。

CS1D 煤样层间裂隙中仍存在大块的矿物充填，但与 SJ1 和 SJ2 煤样表面大面积覆盖的黏土矿物和碳酸盐矿物相比，水岩反应后煤样表面的矿物已减少很多(图 2-21)。针对局部 CS1D 煤样的孔隙和裂隙的观察发现，受水岩反应作用影响，孔隙中矿物含量已大量减少，但仍残留部分团块状矿物[图 2-21(a)]。煤样裂隙中矿物的充填程度则大幅度减弱或消失[图 2-21(b)]。

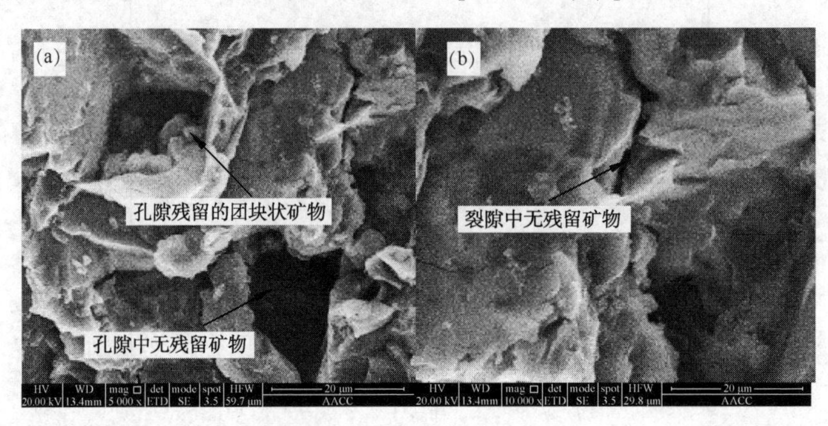

图 2-21　CS1D 煤样水岩反应后孔裂隙特征

CS1D 煤样能谱分析表明，煤岩有机质表面主要以残留黏土矿物为主，煤样中主要元素为 C、O、Si、Al、Na、Fe 和 Mg(图 2-22)。SJ 煤样中黏土矿物主要为高岭石，且高岭石是水岩反应中的稳定矿物。CS1D 煤样中 Si/Al 原子比达到 1.8，远超过了 1~1.1 的常规 Si/Al 原子比，表明煤样表面除高岭石外，还存在有一定数量的石英。煤基质表面还分布有一定量的 Na、Mg、Fe 元素，说明还存

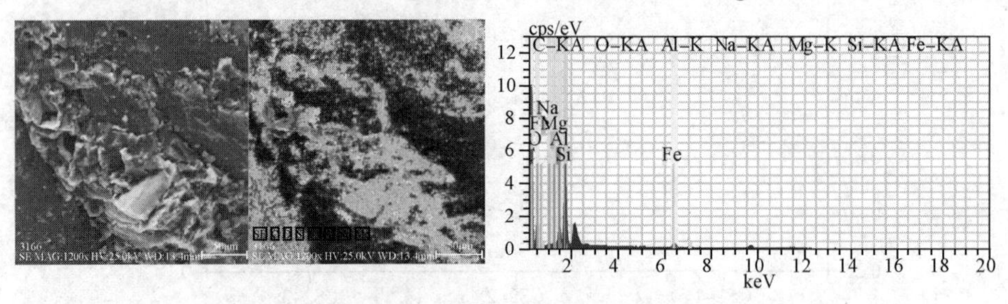

图 2-22　水岩反应后 CS1D 煤样面能谱分析

在绿泥石矿物。水岩反应后，CS1D 煤样表面还发现有残留的颗粒状物质，主要为煤粉颗粒和高岭石矿物(图 2-23)。与 SJ1 和 SJ2 煤样中高岭石等矿物呈薄膜状分布在有机质表面相比，水岩反应后煤样表面矿物以颗粒形式存在为主。

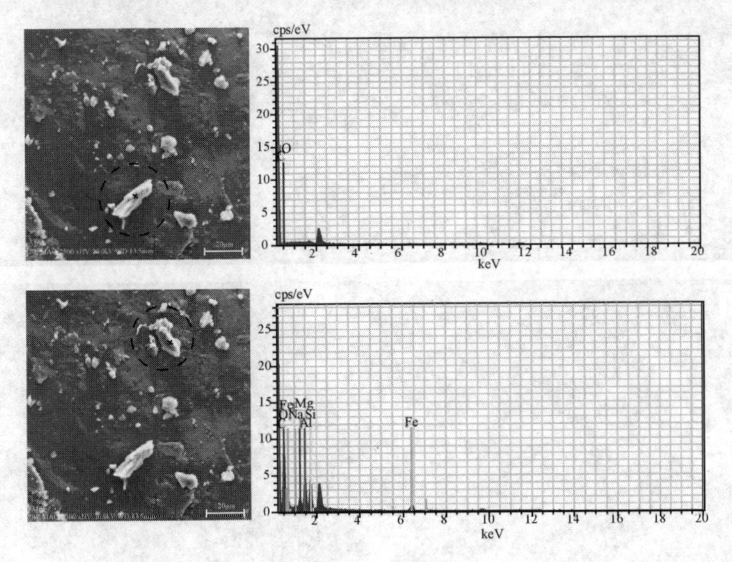

图 2-23　水岩反应后 CS1D 煤样表面颗粒成分

CS2D 煤样裂隙和孔隙特征更为显著，张性裂隙间少见或几乎不存在黏土矿物和碳酸盐矿物[图 2-24(a)]，裂隙间少见矿物颗粒，裂隙壁面上仅有少量的矿物残留[图 2-24(b)]，但煤基质表面仍然残留有大量的黏土矿物颗粒[图 2-24(b)]。煤基质表面发育的孔隙清晰可见，孔隙中几乎没有矿物颗粒的残余，孔隙周围的煤基质表面仍残留有矿物颗粒[图 2-24(c)、(d)]。对煤基质表面的矿物颗粒进行能谱分析发现，主要残留元素为 Si 和 Al，且 Si/Al 原子比仅为 1.01，为典型的高岭石矿物残留(图 2-25)。

水岩反应后，煤样中被矿物充填的孔隙和裂隙均裸露出来，由大面积的薄膜状分布转变为散点颗粒状分布，且矿物成分趋于简单统一，主要以高岭石和石英等稳定矿物为主。就本次水岩反应实验结果而言，裂隙中矿物比煤基质表面矿物更容易发生溶解溶蚀作用，并随流动的地层水运移，这也预示着外来流体的扰动作用对煤岩孔渗性的改善有积极作用。

2.4.3　水岩反应后煤样渗透率特征

煤的渗透率测试利用中国矿业大学煤层气资源与成藏过程教育部重点实验室的 PDP-200 型克氏脉冲渗透率仪完成。CSW1-1、CSW1-2 和 CSW2 煤样分别设置流体压力为 3MPa 和 2MPa，围压为 4MPa、4.5MPa、5MPa、5.5MPa、6MPa、

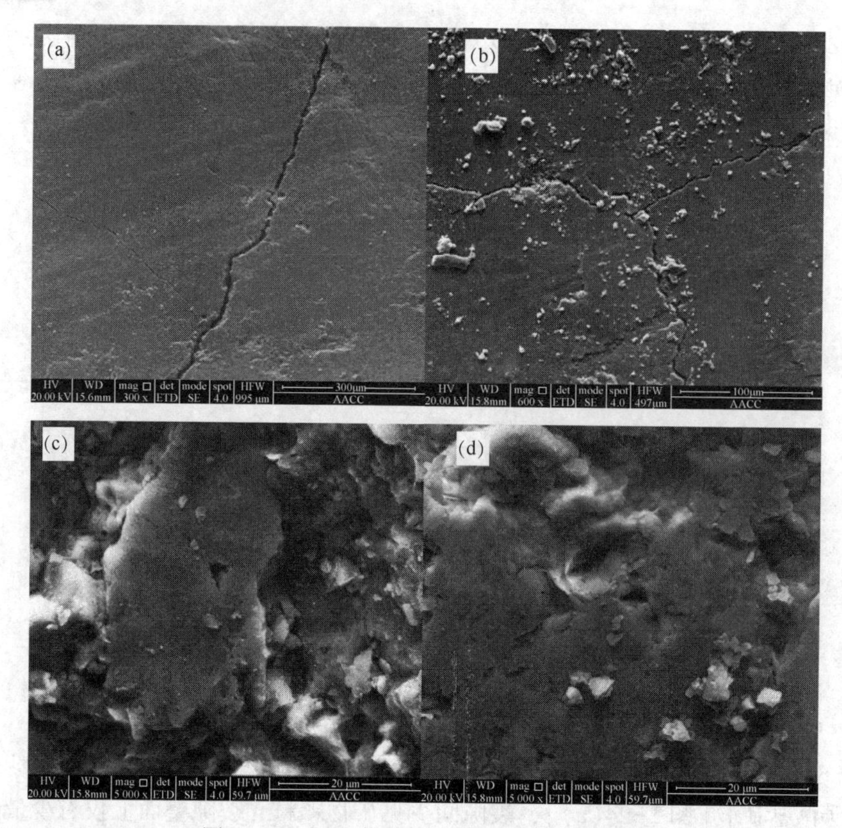

图 2-24　CS2D 煤样水岩反应后孔裂隙特征

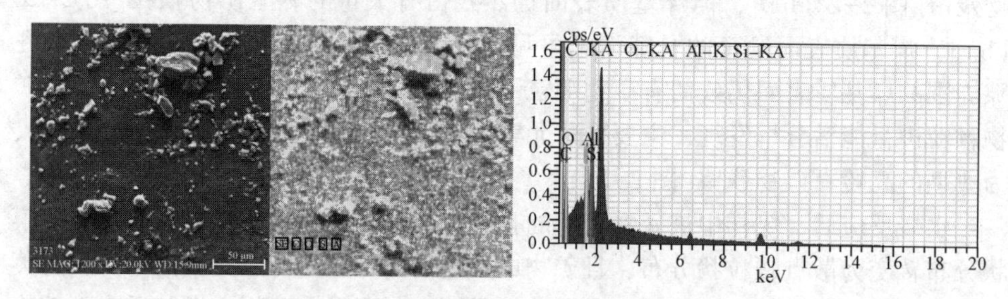

图 2-25　水岩反应后 CS2D 煤样表面颗粒成分

7MPa 和 8MPa，对不同有效应力下煤岩的渗透率进行了研究。CSW3 煤样未参与水岩反应，且仅设置流体压力为 3MPa，围压设置与其他煤样相同。在此需要说明的是，CSW1-1 和 CSW2 均为水岩反应后润湿煤样，而 CSW1-2 煤样则在水岩反应后在干燥箱中进行了烘干处理，以便对比润湿煤样和干燥煤样渗透率动态变化的差异性。干燥箱设置温度为 80℃，干燥时间 144h。

水岩反应后煤样孔隙和裂隙中的黏土矿物被溶解溶蚀，裂隙之间的连通性也有所加强，煤岩渗透性理应增强，但测试结果并非如此(图 2-26)。在煤样流体压

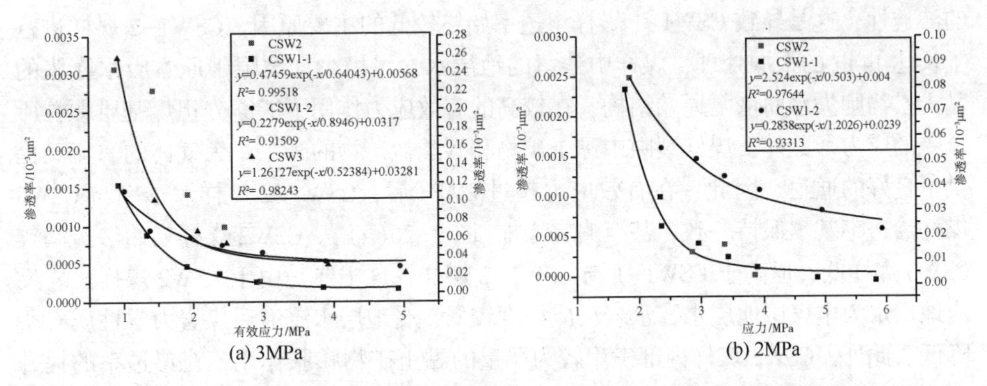

图 2-26　不同流体压力下煤样渗透率随有效应力的动态变化

力为 3MPa 条件下，随着有效应力的增加，渗透率呈指数形式降低[图 2-26(a)]。CSW3 作为对比的原始煤样，初始渗透率值最大，CSW2 煤样初始渗透率与其接近，但 CSW2 煤样在有效应力超过 3MPa 后无法获得渗透率。CSW1-1 与 CSW1-2 煤样初始渗透率约为 CSW3 煤样初始渗透率的一半，但 CSW1-2 煤样在有效应力超过 2MPa 后，煤样渗透率与 CSW3 煤样渗透率接近。在煤样流体压力为 2MPa 的条件下，随着有效应力增加，煤岩渗透率同样呈指数形式降低，但如果初始渗透率更小，且在有效应力小于 3MPa 范围内，渗透率衰减显著增强[图 2-26(b)]。

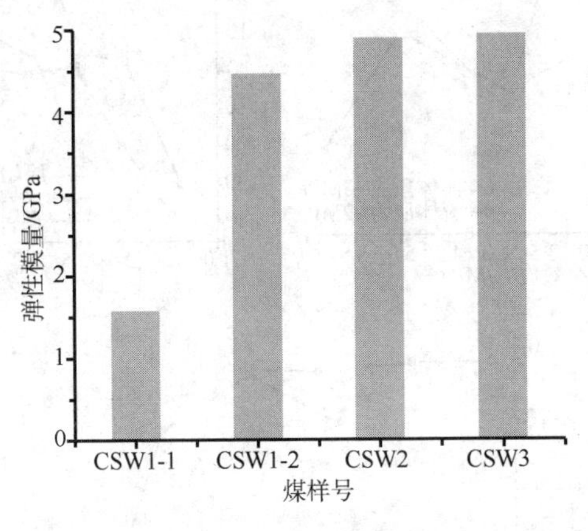

图 2-27　水岩反应前后煤岩弹性模量变化

煤样在地层水浸泡后，抗压强度以及弹性模量等力学性质会减弱(图 2-27)，这是 CSW1-1 与 CSW1-2 煤样初始渗透率较 CSW3 煤样渗透率低的主要原因。煤样在浸泡过程中，地层水能够侵入到煤柱中的距离是有限的，这就导致了煤柱内部不同范围内水岩反应作用程度不同。与地层水接触面积较大的煤柱外表面参与水岩反应较为彻底，但水岩反应作用沿径向方向逐渐减弱。削弱的水岩反应会导致煤裂隙及孔隙中的黏土矿物发生吸水膨胀，尤其是裂隙中充填的黏土矿物会极大地削弱煤的渗透性，这是导致CSW1-1煤样渗透率始终较低的主要原因。CSW1-2煤样进行了长达144h的干燥处理，煤样中残留的地层水含量极少，裂隙中原本吸水膨胀的黏土矿物则失水而恢复原始结构，在较高的有效应力作用下能够分担煤基质颗粒所承受的应力。此外，煤样裂隙中黏土矿物和碳酸盐矿物的减少，为气体的渗流又提供了良好的通道。因此，在有效应力超过2MPa后，CSW1-2煤样渗透率与CSW3煤样渗透率基本保持一致，甚至略有增加[图2-26(a)]。CSW2煤样初始渗透率较CSW3煤样低，但高于CSW1-1与CSW1-2煤样，这主要是由于CSW2煤样水岩反应地层水为本煤层地层水，水岩反应程度较低，受地层水浸泡后煤岩力学性质有所降低。此外，CSW2煤样内部发生较为严重的黏土矿物膨胀作用，对渗透率的提升起到了负面影响，导致有效应力超过3MPa后无法测得其渗透率。对煤样不同有效应力下渗透率恢复率研究表明，煤样受地层水影响后，渗透率恢复率始终为负值，应力的瞬时释放也无法使渗透率得到恢复[图2-28(a)、(c)]。虽然水岩反应后的煤样经干燥处理后，应力的瞬时释放能够使渗透率得到一定程度的恢复，但受限于较小的初始渗透率，煤样渗透率恢复值也较小[图2-28(b)]。

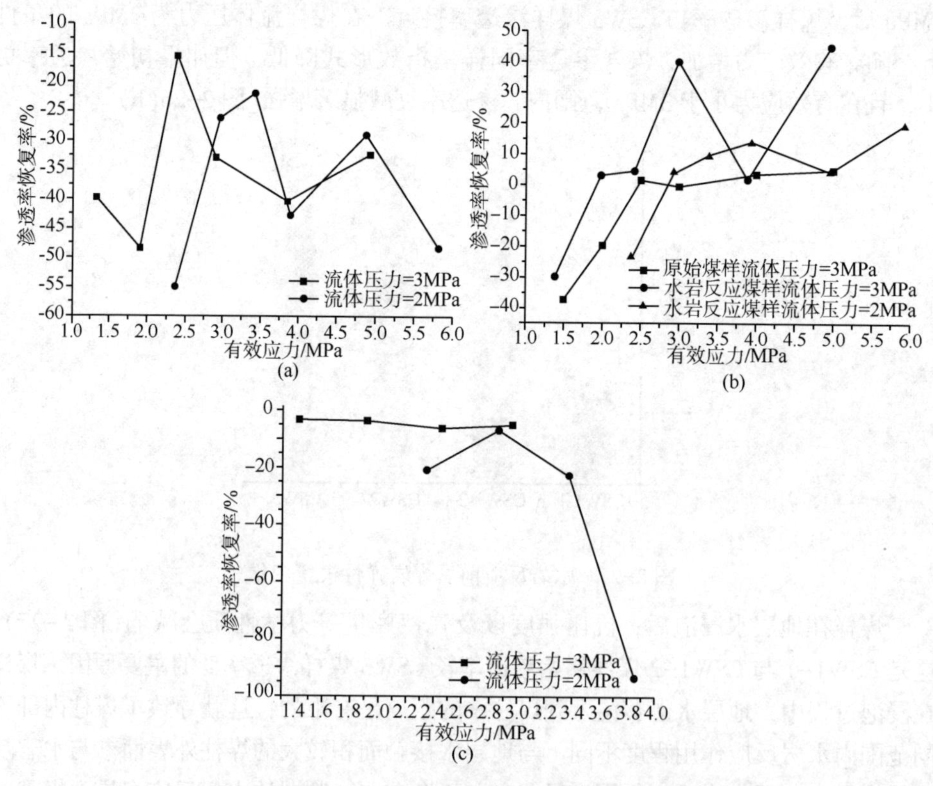

图2-28 不同有效应力下煤样渗透率恢复率

3 应力作用下煤岩孔渗特征

煤炭开采过后，往往形成采空区，不可避免地对其上覆岩层、下伏岩层及未开采煤层产生重要影响。目前，该部分研究主要集中在卸载条件下岩石力学特征、含瓦斯煤体的力学特征以及含煤瓦斯渗流特征三个方面，其主要关注点是确保煤炭安全生产。地下煤岩的开采，从本质上来说是一种卸载作用，而加载作用和卸载作用有着本质的区别。煤岩在开采过程中被卸去了围压，应力状态由三向变成了两向。由于围压被完全卸除或部分卸除，造成煤岩承载能力降低并被破坏，导致工作面及巷道变形或破坏，诱发滑坡、地表塌陷、地下水污染、断层活化及有害气体释放等多种地质灾害，严重影响工作人员的生命安全和正常生产。

前人对采场上覆岩层移动破断和采动裂隙分布规律提出了“横三区”“竖三带”的总体认识，即沿工作面推进方向将覆岩分为煤壁支撑影响区、离层区、重新压实区，由下往上岩层移动分为垮落带、断裂带、整体弯曲下沉带。三带分布的垂直距离与开采煤层厚度和埋深有较大关系：深厚比低于 30 时，上覆岩层变形较强烈，移动变形往往不连续；深厚比为 30 ~100 时，地表变形多为连续性变化；深厚比大于 100 时，采动引起的地表移动变形较小。煤层开采后上覆岩层中会形成两类裂隙：一类是离层裂隙，是随岩层下沉在层与层间出现的沿层面裂隙，它使煤层产生膨胀变形而使瓦斯泄压；另一类裂隙为竖向裂隙，是随岩层下沉破断形成的穿层裂隙，它成为沟通上、下岩层间瓦斯及水的通道。

黔西珠藏向斜地区煤层气开采和煤炭开采同步进行，由于煤炭的生产活动，煤层的原始应力状态将发生改变。因此，应力作用发生后煤岩储层物性的变化对后期煤层气的开发具有一定的指导意义。

3.1 煤矿采动前后煤岩裂隙特征演化

作为煤层气的储集层，煤岩由煤基质以及孔隙—裂隙组成，其孔隙—裂隙系统不仅是煤层气的赋存空间，也是煤层气运移的通道。人们对于煤储层中孔隙—裂隙系统的认识由最初的孔隙—裂隙双孔隙系统发展为由宏观裂隙、显微裂隙和孔隙组成的三元孔隙、裂隙系统。裂隙在国外也称割理，前人对裂隙的观测方法由宏观观测发展到镜下观测，对裂隙的分类也不同，但主要分为内生裂隙和外生裂隙两种。裂隙的形成是应力作用的结果，但应力来源不同。总体而言，内生裂隙主要由煤岩组分及煤级控制，而外生裂隙则主要由地应力控制。煤储层裂隙特征影响煤层气的渗流和产能，外生裂隙是煤层气渗流的主要通道，显微裂隙和内生裂隙则是沟通煤层甲烷吸附和渗流的桥梁。

煤岩裂隙特征主要借助于中国矿业大学现代分析与测试中心的美国产 Quanta 250 环境扫描电子显微镜和中国矿业大学煤层气资源与成藏过程教育部重点实验室的光学显微镜展开。利用环境扫描电子显微镜研究煤中裂隙时，需提前将煤样磨制成 10mm×10mm×2mm 大小的薄片，利用光学显微镜研究煤样中的裂隙时则需提前进行煤样的煮胶和抛光处理。

3.1.1 原始煤样环境扫描电子显微镜下裂隙特征

煤中的裂隙都是由应力作用产生的，原生裂隙主要包括内生裂隙、层面裂隙和继承性裂隙，构造裂隙是主要的外生裂隙。内生裂隙根据其成因不同，又可分为失水裂隙、缩聚裂隙和静压裂隙；外生裂隙则根据外力性质不同，又可分为张性裂隙、压性裂隙、剪性裂隙和松弛裂隙。

珠藏向斜原始煤样中，DY(23#)煤以张性裂隙发育为主，裂隙面不平整，裂隙面较宽，大量的黏土矿物充填在裂隙之中[图 3-1(a)]。SJ(21#)煤表面发育有张性裂隙，裂隙呈波浪状或锯齿状延展，裂隙面较宽，且延展距离较长，裂隙中被矿物所充填[图 3-1(b)]。XL(16#)煤样同样以张性裂隙为主，裂隙壁面较光滑，并附着有一定的矿物。与 DY 煤和 SJ 煤不同，XL 煤裂隙被矿物完全充填[图 3-1(c)]。

图 3-1 原始煤样裂隙特征

3.1.2 煤矿采动后煤样环境扫描电子显微镜下裂隙特征

煤矿采动后，DY 煤以张性裂隙发育为主[图 3-2(a)~图 3-2(e)]，大部分在均质镜质体中，裂隙面不平整、多呈锯齿状，裂隙面较宽且延展长度较长，但裂隙壁面通常附着有大量的黏土矿物[图 3-2(a)]和碳酸盐矿物[图 3-2(c)]，有些黏土矿物和碳酸盐矿物甚至将裂隙充填[图 3-2(b)]。碳酸盐矿物常被张性裂隙直接切穿，共生发育有小型的剪切裂隙[图 3-2(e)]。除张性裂隙外，DY 煤中还发育有一定量的剪切裂隙，同样被黏土矿物所充填(图 3-2f)。

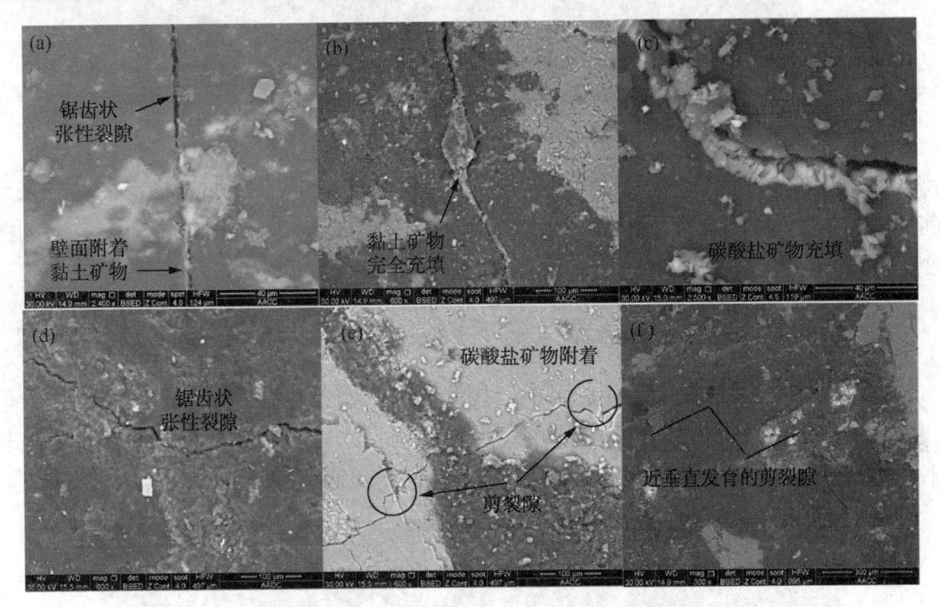

图 3-2　煤矿采动后 DY 煤样裂隙特征

SJ 煤以张性裂隙发育为主[图 3-3(a)、(b)]，延展长、宽度大，但裂隙中被大量黏土矿物、碳酸盐矿物的混合体所充填，且多数为完全充填。

图 3-3　煤矿采动后 SJ 煤样裂隙特征

XL 煤以张性裂隙发育为主[图 3-4(a)~图 3-4(c)]，延展长、宽度大，但裂隙中被大量黄铁矿所充填。黄铁矿既可呈条带状充填于裂隙之中[图 3-4(b)]，又可以颗粒状散落分布在裂隙之中[图 3-4(c)]，对延伸的裂隙造成不同程度的堵塞。

综合扫描电镜研究结果发现，珠藏向斜煤样中显微裂隙以张性裂隙为主，还发育有少量的剪切裂隙，压裂隙少见。裂隙延展长度较长，且有一定的宽度，是裂隙运移渗流的良好通道。但应当注意的是，裂隙中通常被黏土矿物、碳酸盐矿

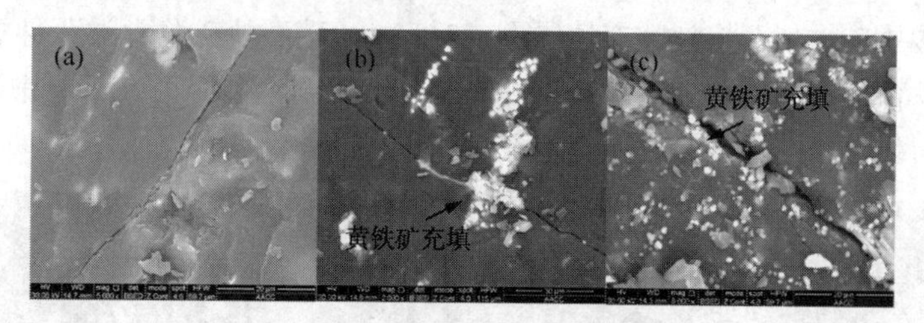

图 3-4　煤矿采动后 XL 煤样裂隙特征

物和黄铁矿呈条带状或颗粒状填充，对煤岩渗流能力起到了负面影响。煤矿采动前后，煤样显微裂隙特征并未发生明显变化，表明煤矿采动影响下，地应力的改变对显微裂隙的改善作用较为有限。

3.1.3　原始煤样光学显微镜下裂隙特征

DY 煤样中裂隙以张性为主，平行层理方向，单条张裂隙延展长度较长，但裂隙较窄，在张裂隙之间发育有剪裂隙[图 3-5(a)]；垂直层理方向上，裂隙较平行层理方向更为发育，张裂隙和剪裂隙相互之间沟通发育[图 3-5(b)]。

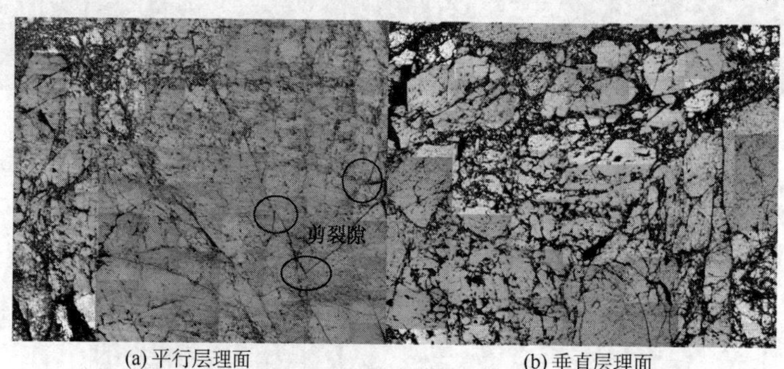

(a) 平行层理面　　(b) 垂直层理面

图 3-5　原始 DY 煤样裂隙特征(×100)

SJ 煤样中裂隙同样以张性为主，平行层理方向，单条张裂隙延展长度较长，裂隙面较宽，在张裂隙之间发育有剪裂隙和雁行式构造裂隙[图 3-6(a)]；垂直层理方向上则发育短而宽的压性裂隙[图 3-6(b)]。

XL 煤样中裂隙以张性为主，平行层理和垂直层理方向上以张裂隙为主，在张裂隙周边伴随发育有剪裂隙(图 3-7)；垂直层理方向的亮煤条带中还发育有静压裂隙[图 3-7(b)]。

3.1.4　煤矿采动后煤样光学显微镜下裂隙特征

对煤岩光学显微镜下裂隙特征主要针对煤矿采动后的煤样，共采集样品七块。采动 1 采集煤样三块，分别为 DYF1、DYB1 和 SJ1。DYF1 和 DYB1 分别为采动 1 中 23

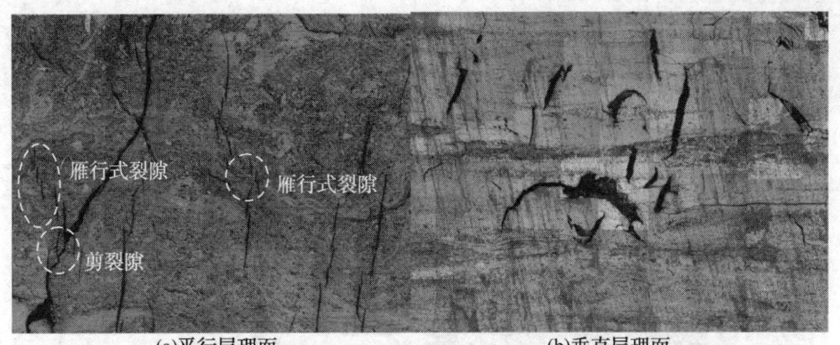

图 3-6 原始 SJ 煤样裂隙特征(×100)

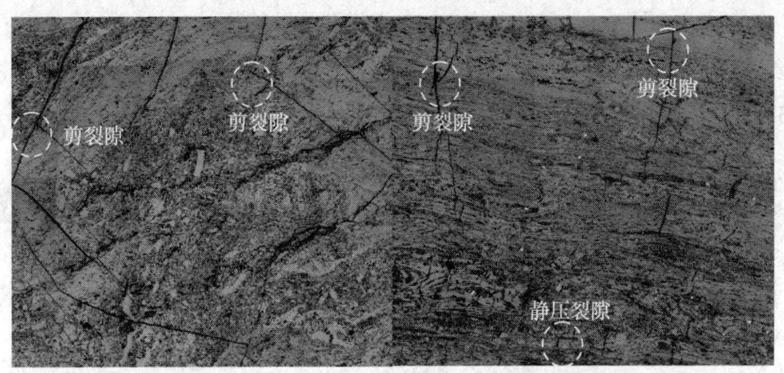

图 3-7 原始 XL 煤样裂隙特征(×100)

煤的大块和小块煤样，SJ1 为采动 1 中 21 号煤。采动 2 采集煤样三块，分别为 DYF2、DYB2 和 SJ2。DYF2 和 DYB2 分别为采动 2 中 23 号煤的大块和小块煤样，SJ1 为采动 2 中 21 号煤。采动 3 采集煤样一块，为采动 3 中的 16 号煤，记为 XL1。光学显微镜下主要研究煤样在平行层理及垂直层理方向的裂隙特征，为了减少煤样的非均质性对裂隙观察的影响，对同一煤样分别在其平行层理及垂直层理方向上进行抛光处理。

本次研究未采集定向样，对于裂隙方向的描述以照片方向为正北方向。DYF1 煤样主要发育张性裂隙，延展长度长，且各裂隙之间沟通性好(图 3-8)。在平行层理方向，张裂隙主要以 NW、NE 和 EW 向发育，在张裂隙周围发育有宽度及延展长度不等的剪裂隙、雁行式构造裂隙[图 3-8(a)]；在垂直层理方向则主要发育张裂隙，也发育有少量的剪裂隙和压裂隙；在垂直层理面的镜质组条带中，发育有一定量的静压裂隙和失水裂隙[图 3-8(b)]；在垂直层理面中，还发育有大量的植物胞腔孔[图 3-8(b)]。

静压裂隙和失水裂隙是煤岩中的原生裂隙。对垂直层理方向镜质组条带中的静压裂隙和失水裂隙进行放大观察发现，静压裂隙短而粗，壁面平直，未穿透镜质组，且以垂直于镜质组条带为主[图 3-9(a)]。失水裂隙同样发育在亮煤条带

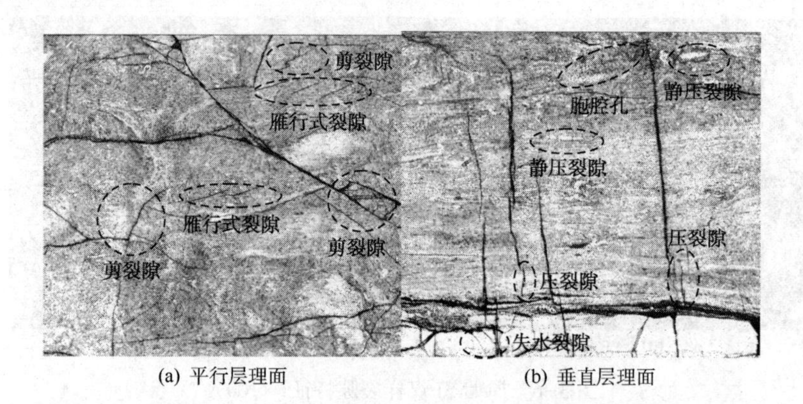

(a) 平行层理面　　(b) 垂直层理面

图 3-8　采动 1 中 DYF1 煤样孔裂隙特征(×100)

的镜质组组分中，呈弯曲状，与穿透镜质组的张性裂隙相沟通，但未穿透镜质组组分[图 3-9(b)]，这与静压裂隙类似。

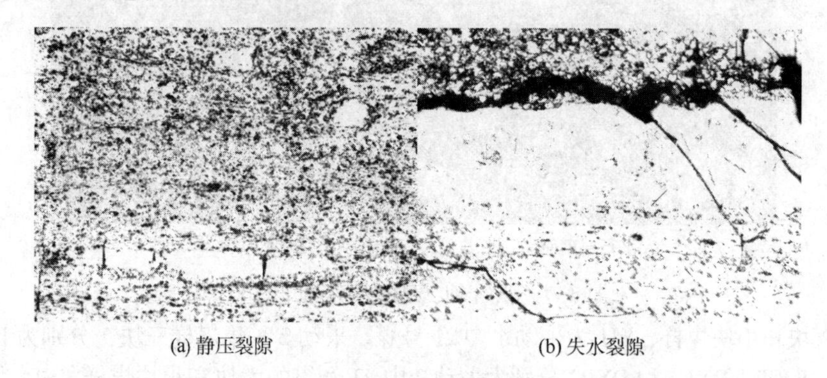
(a) 静压裂隙　　(b) 失水裂隙

图 3-9　DYF1 煤样垂直层理中静压裂隙和失水裂隙(×100)

DYF1 煤样为采动 1 中的 23 号煤，在上覆压力作用下，DYF1 煤样产生了一定的形变，但煤样变形较少，主要以微裂隙的扩展为主。在利用该煤样进行煤岩光学显微镜下特征研究时发现，在 DYF1 煤样底部宽大的亮煤条带中存在大量的短而平、方向紊乱的构造裂隙，这些裂隙与原始煤样中构造裂隙的方向不同，部分裂隙之间呈 X 形出现(图 3-10)。煤矿采动前原始煤样亮煤条带中裂隙多以失水裂隙和静压裂隙等原生裂隙、平直穿过的张性裂隙为主，但煤矿采动后的 DYF1 煤样中的裂隙特征与之完全不符。煤岩中不同煤岩组分力学性质不同，裂隙的发育往往具有组分选择性。镜质组组分性脆，在外力作用下易产生新生裂隙，而这些裂隙的产生与外界应力的作用密切相关。对亮煤条带中的裂隙进行描绘统计发现，方位主要以 NE 和 NW 向为主，另外也发育有少量的平行层理裂隙，反映了外界应力为垂直应力，而这与外力方向一致，可以判断这些裂隙为采动 1 在外力作用下的新生裂隙。

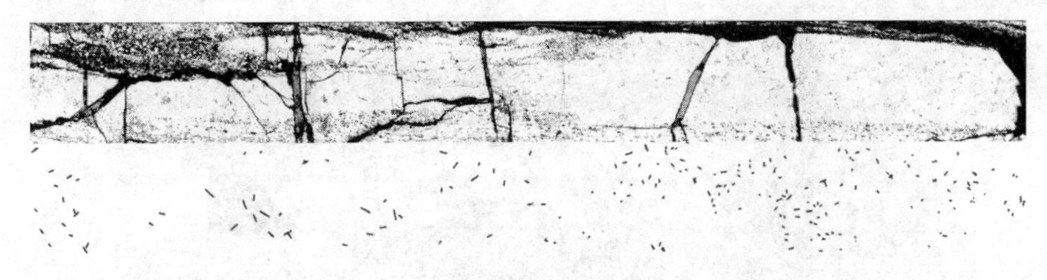

图 3-10 DYF1 煤样中新生裂隙(×100)

DYB1 煤样中裂隙同样以张性为主。平行层理方向，单条张裂隙延展长度较长，延展方向以 NE 和 NW 向为主，在张裂隙之间发育有剪裂隙[图 3-11(a)]；垂直层理方向上，裂隙较平行层理方向更为发育，张裂隙的发育主要在互层发育的镜质组条带和惰质组条带之间，且通常直接穿越，对组分无明显选择性；在垂直层理方向上，还发育有帚式构造裂隙和剪切裂隙，且在镜质组与惰质组条带结合部位还发育有层间裂隙[图 3-11(b)]。

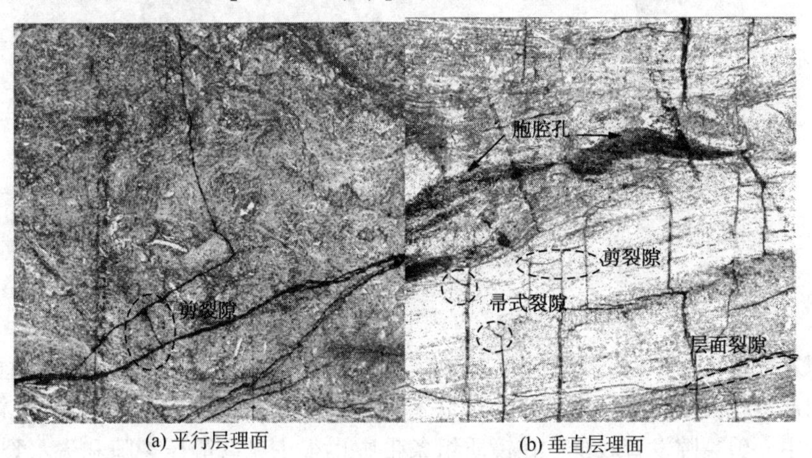

(a) 平行层理面　　(b) 垂直层理面

图 3-11 煤样采动 1 中 DYB1 煤样孔裂隙特征(×100)

SJ1 煤样裂隙同样以张性为主。平行层理方向，单条张裂隙延展长度较长，延展方向以 NE 和 NW 向为主，裂隙多分叉互相交织[图 3-12(a)]；垂直层理方向上，张裂隙与压裂隙交织存在[图 3-12(b)]。在垂直层理方向的镜质组条带中，发育有失水裂隙和静压裂隙。镜质组条带中的静压裂隙短而粗[图 3-13(a)]，失水裂隙呈弯曲状[图 3-13(b)]。与 DYF1 中垂直层理方向静压裂隙不同，SJ1 垂直层理方向静压裂隙成组出现，反映镜质组条带中力学的脆弱面，而与出现静压裂隙的镜质组条带临近的条带中未发现静压裂隙的发育[图 3-13(a)]。失水裂隙的发育则更为显著，其发育方向与张性裂隙的方向一致[图 3-13(b)]。

DYF2 煤样中裂隙发育特征与 DYF1 煤样相近，垂直层理方向裂隙密度优于平行层理方向，除张性裂隙外，剪切裂隙极为发育[图 3-14(a)、(b)]。DYB2 煤样

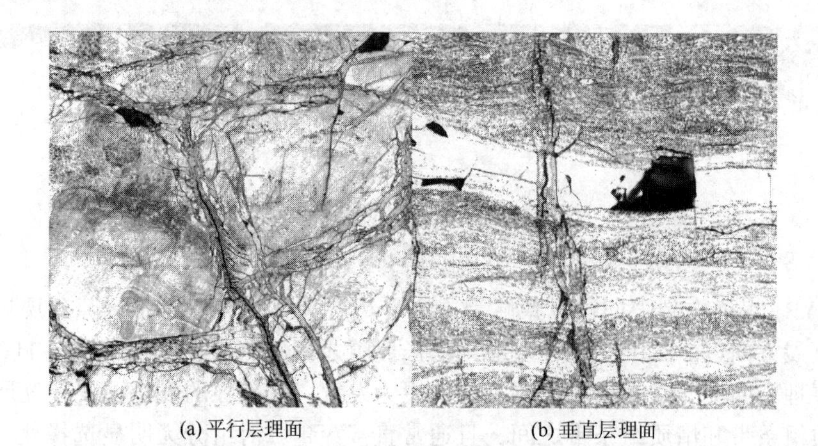

(a) 平行层理面　　(b) 垂直层理面

图 3-12　煤样采动 1 中 SJ1 煤样孔裂隙特征(×100)

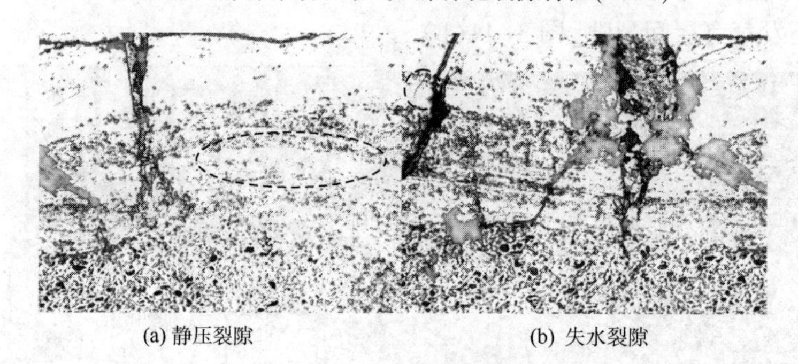

(a) 静压裂隙　　(b) 失水裂隙

图 3-13　SJ1 煤样垂直层理中静压裂隙和失水裂隙(×100)

中裂隙发育特征与 DYF2 煤样相反，虽然二者为同一煤样，但其平行层理和垂直层理方向截然相反的裂隙发育特征也反映了 DY 煤强烈的非均质性。DYB2 煤样以张裂隙为主，剪裂隙发育较少，在镜质组条带中也很少见有静压裂隙和失水裂隙[图 3-14(c)、(d)]。SJ2 煤样中以张裂隙发育为主，但裂隙规模要较小(图 3-15)。

XL1 煤样中裂隙相较 DY 煤样和 SJ 煤样发育的少，尤其是在平行层理方向中，张性裂隙发育较少，但可见较多的植物胞腔孔[图 3-16(a)]。在垂直层理方向，张性裂隙的发育较为宽大，而剪裂隙和压裂隙不发育，镜质组条带通常和惰质组条带交替出现，厚度也较小[图 3-16(b)]。

综合光学显微镜下的观察结果发现，张性裂隙是该区煤岩中最为发育的构造裂隙，其次为剪切裂隙，压性裂隙仅在个别煤样中少量发育。原生裂隙主要以发育在镜质组组分中的静压裂隙和失水裂隙为主。采动 1 中 DYF1 煤样受实验过程中上覆压力的作用，在垂直层理方向上的亮煤条带中发育了大量的短而粗、方向不定的剪切裂隙，而在其他采动模型镜质组条带中新生裂隙较为少见。珠藏向斜煤岩非均质性极强，即使同一煤样，其裂隙发育程度也有较大的差异。XL 煤样

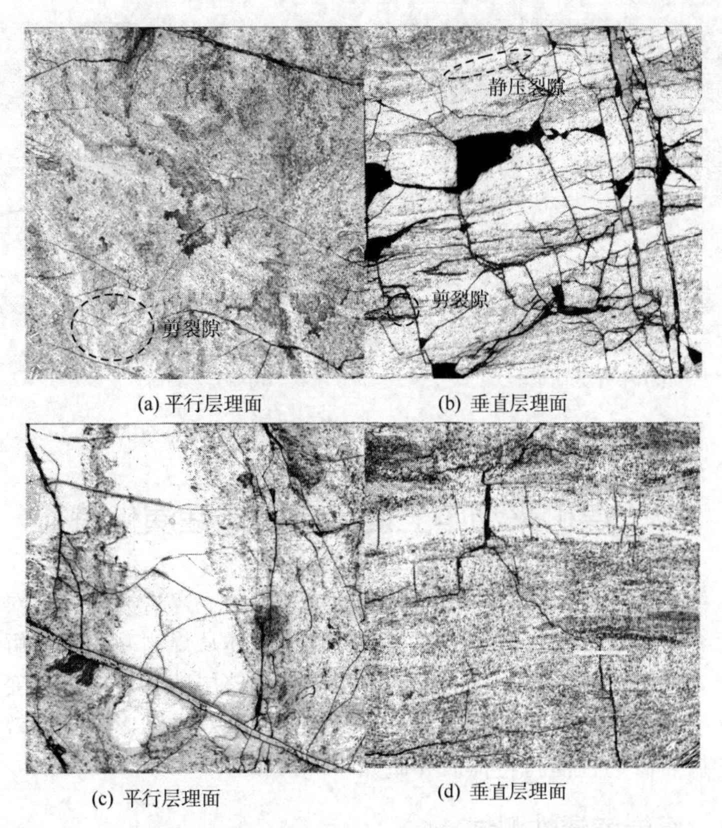

(a) 平行层理面　(b) 垂直层理面

(c) 平行层理面　(d) 垂直层理面

图 3-14　煤样采动 2 中 DYF2 与 DYB2 煤样孔裂隙特征(×100)

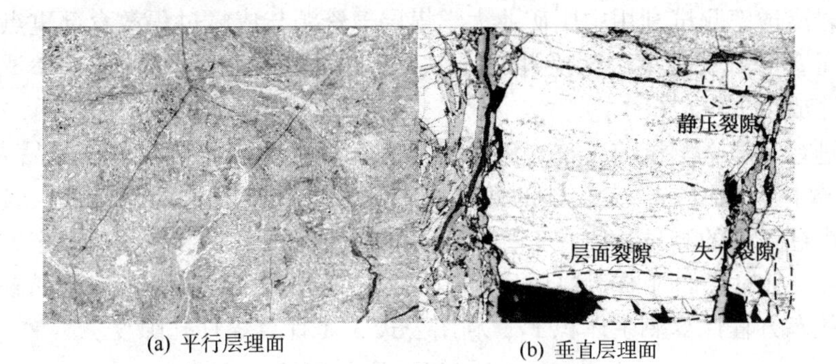

(a) 平行层理面　(b) 垂直层理面

图 3-15　煤样采动 2 中 SJ2 煤样孔裂隙特征(×100)

相比 DY 煤样和 SJ 煤样中裂隙发育较少。

总而言之，珠藏向斜煤中裂隙极为发育，尤其是张性的构造裂隙，但裂隙中通常被黏土矿物、碳酸盐矿物以及黄铁矿充填，对煤岩渗透性可能产生不利影响。

(a) 平行层理面　　(b) 垂直层理面

图 3-16　煤样采动 3 中 XL1 煤样孔裂隙特征(×100)

3.2　煤矿采动中上覆煤岩渗透性演化特征

煤储层渗透率是评价煤层气单井产能的重要参数。煤岩力学参数对渗透率有巨大的贡献，主要受控于煤岩杨氏模量的变化，气体从煤岩基质表面解吸时，往往会导致煤基质的收缩。煤层气的生产过程中，煤储层的有效应力改变以及煤基质收缩往往引起储层渗透率的动态变化。因此，必须对采动影响下有效应力动态变化导致的煤岩渗透性演化特征展开研究。

3.2.1　煤岩渗透性测试

煤岩渗透率测试利用中国矿业大学煤层气资源与成藏过程教育部重点实验室的 QK-Ⅱ型空气孔隙度测试仪[图 3-17(a)]和 PDP-200 型克氏脉冲渗透率仪联合测试完成[图 3-17(b)]。

在进行渗透率测试前，首先进行样品的空气孔隙度测试，测试样品为 25mm ×50mm 煤柱。测试前，在煤柱的两端及中部分别测试其长度和直径，取其平均值作为煤柱样品的测试长度和直径，计算煤柱的体积 V_1；利用气体状态方程，测试 0.5~0.6MPa 条件下样品缸的空腔体积 V_2；最后将测试样品放入样品缸中，利用气体状态方程计算剩余体积 V_3，利用公式 3-1 计算煤柱孔隙度。

$$\phi=[V_3-(V_2-V_1)]/V_1 \tag{3-1}$$

在空气渗透率测试结束后，利用压力脉冲衰减法，检测煤心的孔隙压差脉冲，记录煤心两端的压力差、下游压力和时间，通过对压力和时间数据的线性回归计算渗透率。

$$K=c-[\mu\beta LV_1V_2/A(V_1+V_2)][\mathrm{Ln}(P_i-P_f)/t] \tag{3-2}$$

式中　c——积分常数；

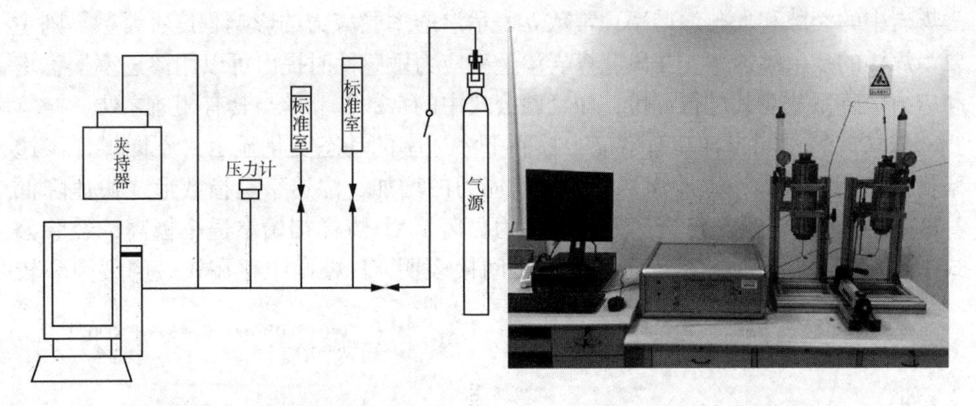

(a) QK-Ⅱ型空气孔隙度测试仪　(b) PDP-200型克氏脉冲渗透率仪

图 3-17　QK-Ⅱ型空气孔隙度测试仪和 PDP-200 型克氏脉冲渗透率仪

μ——流动介质的黏滞系数；

β——流动介质的压缩率；

L——测试样品长度，cm；

V_1——样品上端容器的体积，cm^3；

V_2——样品下端容器的体积，cm^3；

A——测试样品的横截面积，cm^2；

P_i——系统初始压力，MPa；

P_f——系统结束压力，MPa；

t——样品测试时间，s。

利用 PDP-200 型克氏脉冲渗透率仪对 DY、HF、HAJ、SJ 和 XL 煤样进行了有效应力作用下的渗透测试研究，设置测试流体压力为 3MPa，围压分别为 4MPa、4.5MPa、5MPa、5.5MPa、6MPa、7MPa 和 8MPa。

煤基质通常被裂隙分割成不同大小的基质块，因此流体在煤中的流动运移通常被约束为火柴棍模型。基于此，结合煤基质所受的有效应力，推导出了 M-S 模型、P-M 模型、S-D 模型和 C-B 模型等众多经典渗透率模型。但 M-S 模型作为最常用的渗透率模型，在研究围压作用下有效应力对渗透率的动态影响时，其拟合效果往往不尽人意。因此，利用有效应力控制下渗透率的经验模型对渗透率的动态变化进行拟合。

$$k=a*\exp(-b*\sigma_e)+c \tag{3-3}$$

式中　k——煤岩渗透率，$10^{-3}\mu m^2$；

σ_e——有效应力，MPa；

a、b、c——拟合常数。

研究发现，经验公式(3-3)拟合效果极好，拟合系数 R^2 普遍高于 0.97。对经验公式中三个拟合常数的研究表明，常数 a 表示受应力影响的那部分渗透率，主要为煤岩中的裂隙和大孔渗透率；常数 b 表示渗透率受应力的影响程度；常数 c 则主要为煤样的残余渗透率。在研究煤岩渗透率应力敏感性时提出可以用渗透率损害率和应力敏感系数对其进行评价，而经验公式中的常数 a 和 b 与其有相通之处。

珠藏向斜不同煤样在有效应力控制下渗透率的动态变化显示，不同煤样渗透率初始值相差极大，随着煤岩所受有效应力的增加，渗透率呈指数形式快速降低（图 3-18）。不同煤样渗透率差异性极为显著，XL 煤样初始渗透率极高，经验公式中常数 a 最大，而常数 b 最小，这也间接表明 XL 煤样中存在较大的裂隙和较

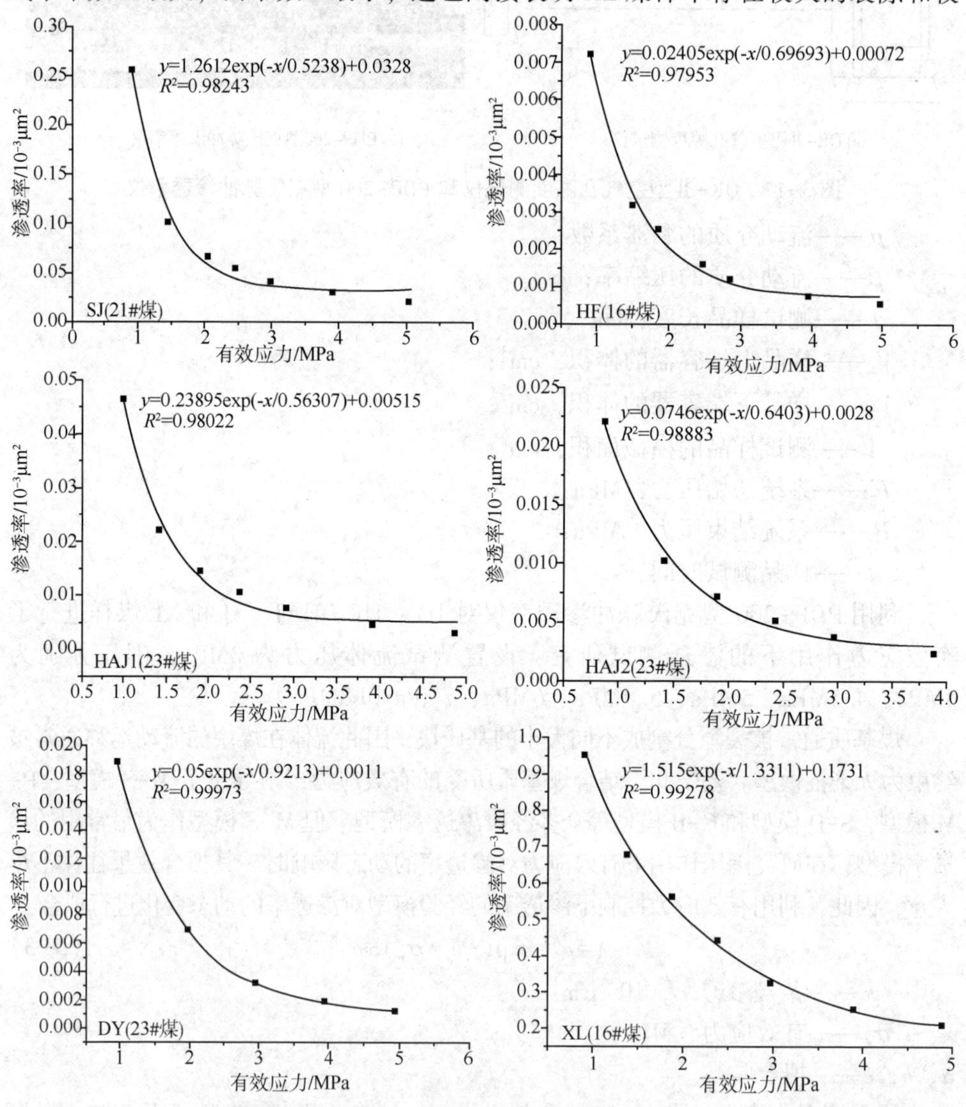

图 3-18　珠藏向斜煤样渗透率与有效应力的关系

多的大孔，流体压力的存在，使煤岩受有效应力的影响减弱。这是由于 XL 煤样，煤体结构以碎裂煤为主，故而具有较大的初始渗透率。采自同一煤层的 HAJ 煤样初始渗透率远小于 XL 煤样，但二者具有较为相近的常数 b，表明两个煤样渗透率受有效应力控制规律较为类似。

利用 PDP-200 型克氏脉冲渗透率仪能够对同一有效压力点下煤样渗透率进行连续测试。在完成一有效应力下煤样测试后，升高煤样围压，在短时间内煤样的渗透率会得到暂时的恢复(图 3-19)，即高有效应力下煤样的初始渗透率高于较低有效应力下的煤样最终渗透率，且该现象在煤样的测试过程中普遍存在。因此，定义了煤样渗透率恢复率这样一个参数对这种现象进行表征。

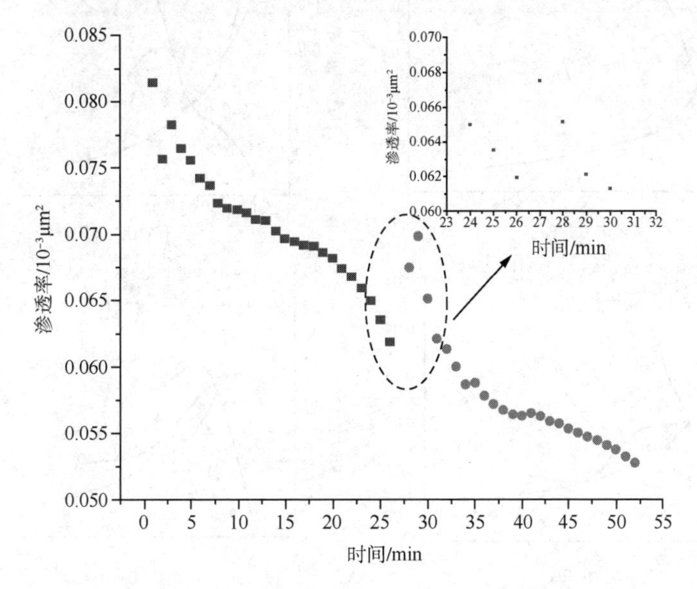

图 3-19　有效应力下煤岩渗透率的瞬时恢复

$$\alpha_p = \frac{(k_{i+1} - k_i)}{k_i} \times 100\% \tag{3-4}$$

式中　α_p——渗透率恢复率；

k_{i+1}——P_{i+1}压力点下的初始渗透率，$i=1$，2……，$10^{-3}\mu m^2$；

k_i——压力 P_i 条件下的最终渗透率，$i=1$，2……，$10^{-3}\mu m^2$。

利用式(3-4)对珠藏向斜 6 块煤样的渗透率恢复率进行了计算，结果表明，煤样渗透率恢复率随着有效应力的增加呈现逐渐增加的趋势(图 3-20)，在有效应力达到 2.5~3MPa 时会有一个明显的波动，且此时渗透率恢复率普遍会有一定程度的降低，但此时渗透率恢复率仍普遍为正值，即瞬时渗透率仍有增加的趋势。煤样渗透率恢复率与煤样的初始渗透率密切相关，随着煤样初始渗透率的增加呈指数形式快速递减(图 3-21)。随着煤岩有效应力的增加，煤岩中的裂隙和大—中孔等供流体流动的通道将逐渐被压缩，此时表现为通道变得狭窄。但是，煤颗粒骨架在煤岩达到破碎之前能够承担一部分应力，加之煤基质具有自调节效应。因此，在有效应力减小的瞬间，被压缩的部分孔裂隙能够得到一定程度的恢复，表现为煤岩的瞬时渗透率的增加。不同煤岩力学性质不同，抵抗外界干扰程度不同，表现为渗透率瞬时恢复程度不同。

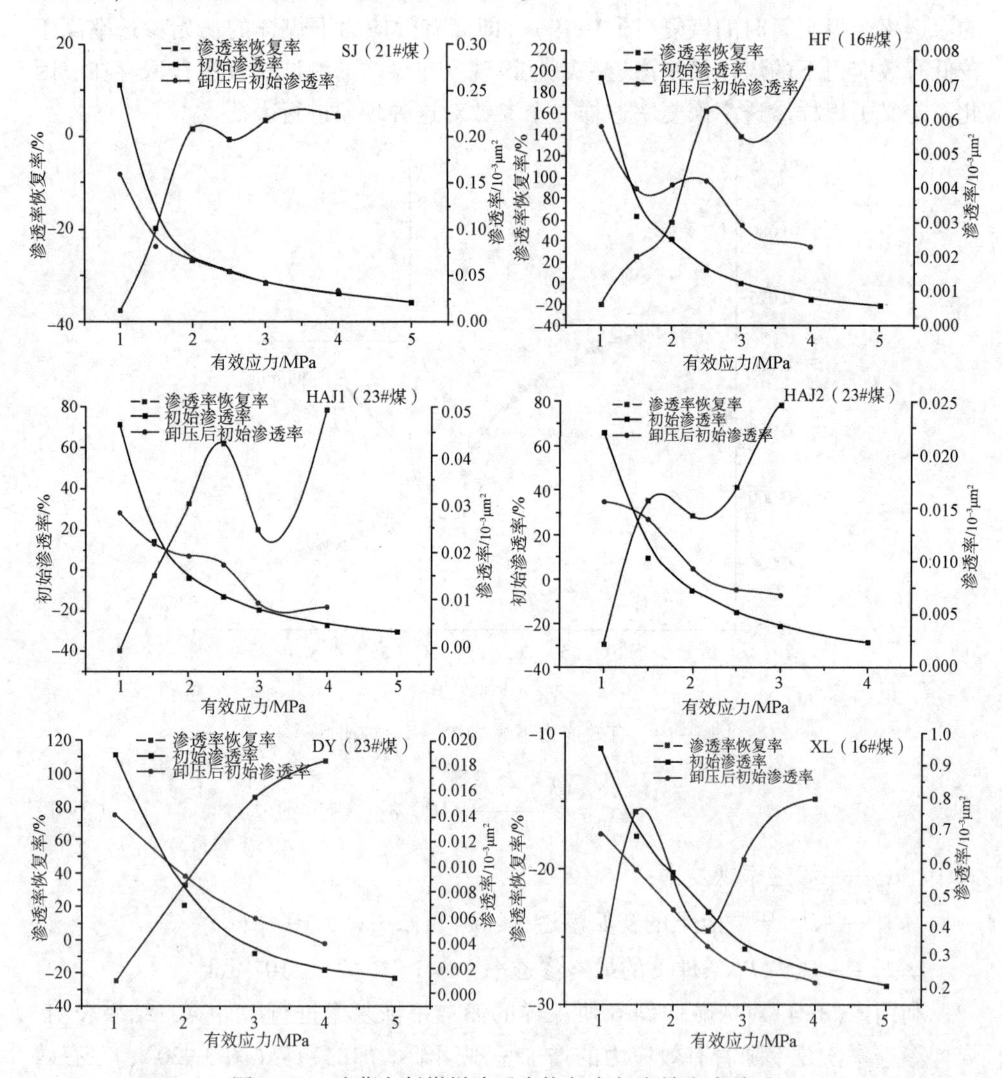

图 3-20　珠藏向斜煤样渗透率恢复率与有效应力关系

煤样渗透率恢复率与初始渗透率的关系暗示，较低渗透率的煤岩在外界应力改变的条件下，渗透性可能会得到一定程度的改善，对以原生结构和碎裂结构为主的煤而言更是如此。由于下伏岩层的开挖生产，采空区上方的岩层变形，此时相当于上覆未采煤层的有效应力得到暂时降低，煤样的渗透性会得到暂时的恢复和提高，尤其是对那些极低渗透率的煤储层而言。受采空区影响，上覆未采煤储层的有效应力会逐渐恢复，但只要未超过或未达到原始储层有效应力，那么煤储层的渗透率就会有一定程度的增加。

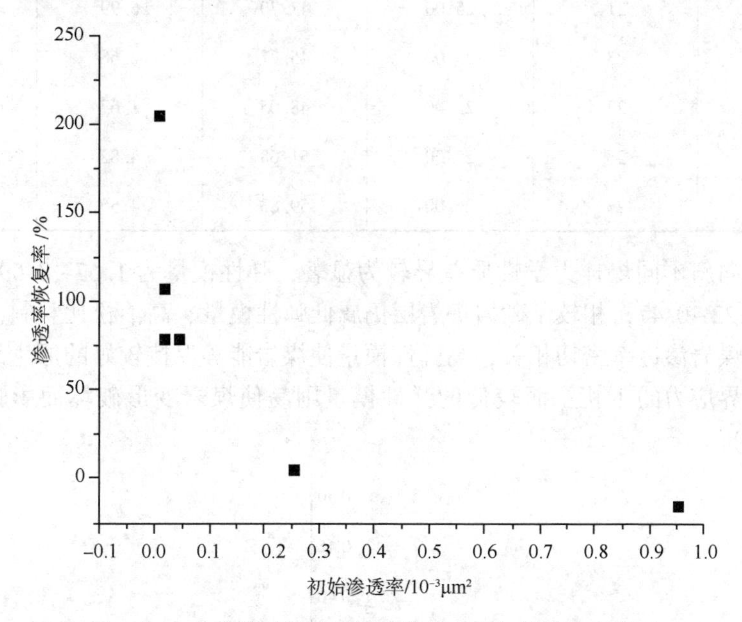

图 3-21 珠藏向斜煤样渗透率恢复率与初始渗透率关系

3.2.2 煤岩力学性质对渗透率的控制作用

煤岩假三轴力学性质测试在 SGS-瑞华通正非常规油气技术检测(北京)有限公司利用 UPT-BJ-E306 岩石三轴试验机完成，样品规格为 25mm×50mm，但受限于样品自身特性，个别样品尺寸不符合规范(表 3-1)。实验过程中，采用恒速加压的方式对煤岩加载围压，实时记录煤样的荷载、轴向应变和径向应变，基于此计算煤样的弹性模量和泊松比。

表 3-1 珠藏向斜煤样煤岩力学性质

样品	煤层号	直径/mm	长度/mm	弹性模量/GPa	泊松比
XL1	16	25. 00	45. 62	4. 81	0. 22
XR2	16	25. 00	44. 00	8. 59	0. 22
HF3	16	25. 00	44. 22	3. 36	0. 46

续表

样品	煤层号	直径/mm	长度/mm	弹性模量/GPa	泊松比
HF4	16	25.00	48.60	3.68	0.47
SJ2	21	25.00	52.70	4.96	0.44
SJ3	21	25.00	47.70	6.99	0.41
DY1	23	25.00	45.77	2.68	0.31
DY3	23	25.00	48.05	1.67	0.36
HAJ4	23	25.00	51.68	4.82	0.39
HAJ5	23	25.00	59.83	4.55	0.41

珠藏向斜不同煤样力学性质差异较为显著，弹性模量为1.67~8.59GPa，泊松比为0.22~0.47，相较于砂岩等岩层仍属低弹性模量、高泊松比材料。煤岩力学特性与煤岩渗透率密切相关，高弹性模量使煤岩能够保持较好的原生结构而不易遭受外界应力的干扰，而较低的弹性模量则易使煤岩变形破坏而影响渗透率（图3-22）。

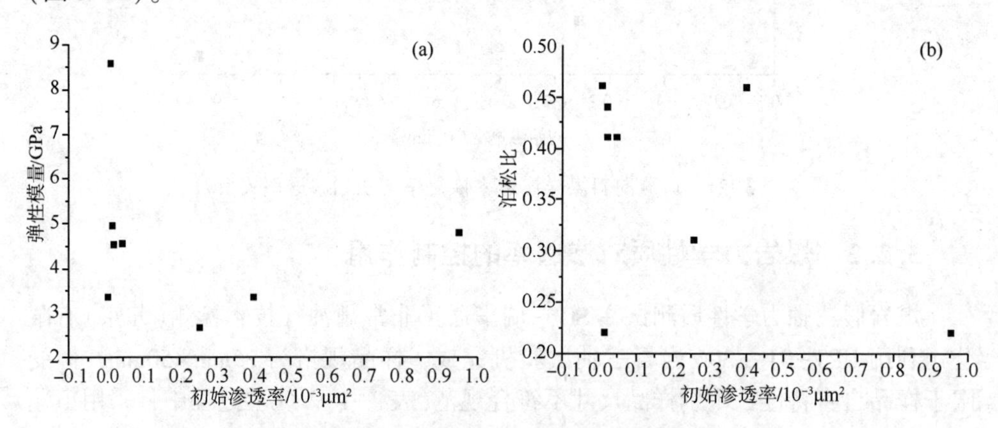

图3-22　煤样渗透率与煤岩力学关系

煤岩力学特性在一定程度上也反映了煤岩裂隙的发育程度。对珠藏向斜不同煤岩的平行层理方向和垂直层理方向裂隙密度进行了统计发现，珠藏向斜煤样裂隙密度较高。在平行层理方向，裂隙密度为74~520条/4cm^2；在垂直层理方向上，裂隙密度为21~283条/4cm^2，垂直层理方向上裂隙密度小于平行层理方向。珠藏向斜煤样裂隙中A类和B类等以渗流为主的宽度大、延伸长的裂隙较少，而C类和D类等微裂隙极为发育。煤样初始渗透率与平行层理方向的裂隙密度大体呈正相关关系，但较离散；与垂直层理方向的裂隙密度正相关关系较为明显（图3-23）。

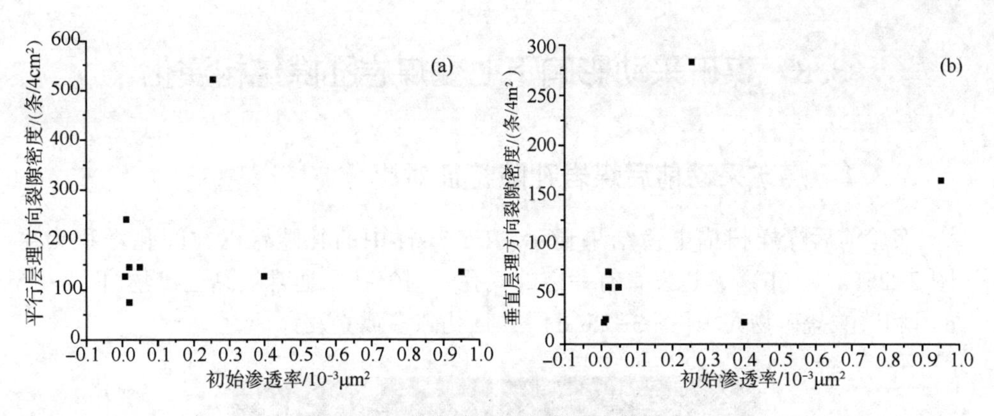

图 3-23 煤样渗透率与裂隙密度关系

煤岩渗透率的发育主要与裂隙相关，但煤基质内还发育有大量的孔隙，这些孔隙对渗透率的提高也有一定的积极意义。本次研究利用 IPWIN60 图像处理分析软件，对煤岩平行层理方向和垂直层理方向的孔隙及裂隙面积进行了统计分析，并基于孔裂隙面积大小对煤岩不同方向上的面容率进行了计算。

珠藏向斜煤样在平行层理方向上的面容率为 3. 45%～18. 17%，而垂直层理方向上面容率主要为 4. 52%～16. 01%，相较而言垂直层理方向上面容率差异性更小，这也预示着垂直层理方向上面容率对煤岩初始渗透率的控制作用更为显著(图 3-24)。煤样渗透率与面容率之间的相关性较裂隙密度要好，这主要是由于面容率同时考虑了裂隙和孔隙对渗透率的影响，且煤样中发育的孔隙对渗透率也有一定的贡献。

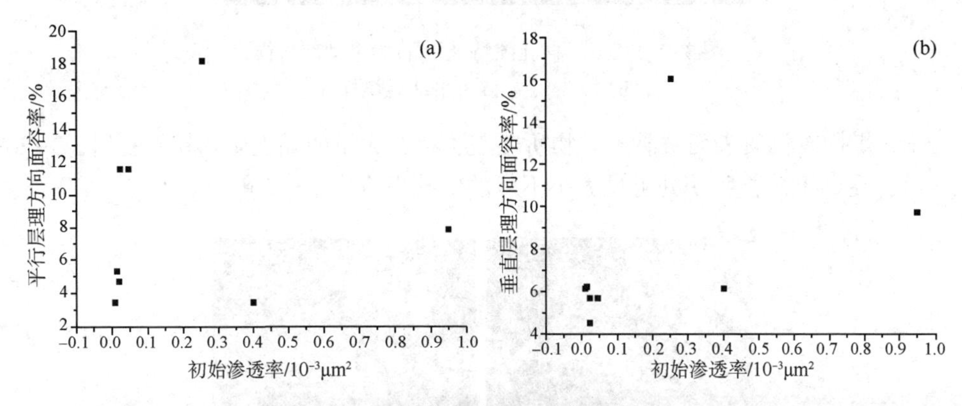

图 3-24 煤样渗透率与面容率的关系

综合煤岩力学特性与渗透率关系可以发现，煤岩力学特性对渗透率有一定的控制作用，但煤岩中大量发育的孔隙对煤岩渗透率的控制作用同样不容忽视。

3.3 煤矿采动影响下上覆煤岩孔隙结构演化

3.3.1 煤矿采动前后煤岩孔隙特征对比

实验前后煤样扫描电镜结果显示，DY 煤样中的孔隙皆以粒间孔堆积为主[图 3-25(a)、(b)]，也发育有一定的气孔，但气孔中通常被黏土矿物[图 3-25(c)]和碳酸盐矿物充填[图 3-25(d)]，且孔隙多孤立发育。

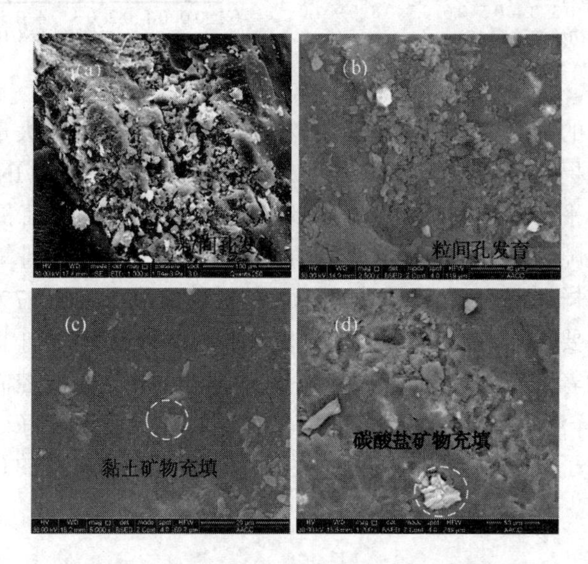

图 3-25 DY 煤样孔隙特征[(a)为采动前煤样，(b)、(c)、(d)为采动后煤样]

SJ 煤样有机质表面被黏土矿物所覆盖，存在大量的黏土矿物粒间孔[图 3-26(a)]，在黏土矿物脱落处可见大小不一的气孔发育[图 3-26(b)]。

图 3-26 SJ 煤样孔隙特征[(a)为采动前煤样，(b)为采动后煤样]

XL 煤样中均发现大量的定向排列的气孔和植物胞腔孔[图 3-27(a)、(b)、(c)]，气孔大小不一且多受挤压而变形，还存在一定量的黏土矿物粒间孔[图 3-27(d)]。

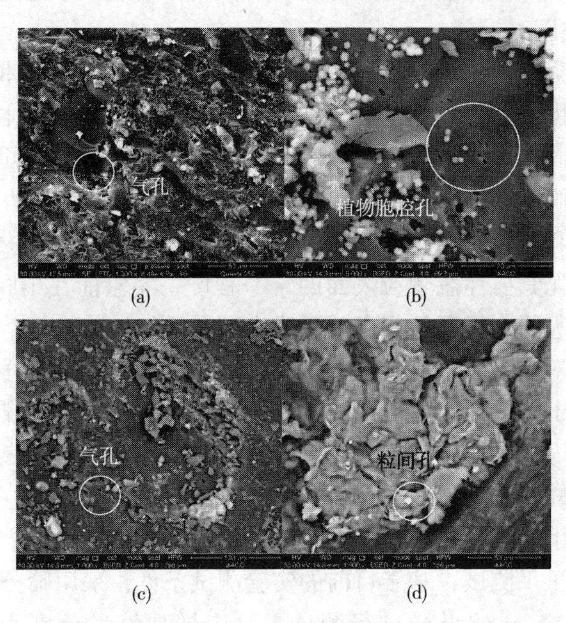

(a) (b)

(c) (d)

图 3-27 XL 煤样孔隙特征[(a)为采动前煤样，(b)、(c)、(d)为采动后煤样]

实验前后，珠藏向斜煤中孔隙并未发生明显变化，煤中孔隙以黏土矿物粒间孔、植物胞腔孔和气孔为主，这些孔大小形态不一，但同裂隙一样，亦被黏土矿物和黄铁矿颗粒所充填。

3.3.2 煤岩孔隙结构测试

煤岩孔隙结构测试主要利用中国矿业大学煤层气资源与成藏过程教育部重点实验室的 IV9510 型全自动压汞仪和 SGS-瑞华通正非常规油气技术检测(北京)有限公司的 TriStar Ⅱ 3020 型孔比表面积测试仪完成。IV9510 型全自动压汞仪测试压力为 0~413MPa，测试孔径下限为 3nm；TriStar Ⅱ 3020 型孔比表面积测试仪测试压力为 0~950mmHg，测试孔径下限为 2nm。本次研究过程中对孔径的分类以霍多特孔径划分为基础展开。

由于煤表面的非润湿性，汞是无法直接进入煤中孔隙的，需要施加一定的外界压力。汞进入的孔径越小，需克服的表面张力越大，要施加的外界压力也越大。实验测试前，样品在 70~80℃下烘干 24h。通常假设煤岩中的孔隙为圆柱形孔，基于 Washburn 方程，可以计算不同压力下汞进入的孔径。

$$r=-2\sigma\cos\theta/P \tag{3-5}$$

式中 r——不同测试压力下汞可进入的煤的孔径，nm；

σ——汞的表面张力，N/cm^3；本次实验用汞的表面张力为 485×10^{-5}N/cm^3；

θ——汞与煤表面的接触角，(°)；本次实验用汞与煤的接触角为 130°；

P——测试压力，psia。

低温液氮吸附法测定孔比表面积和孔径分布主要是依据气体在固体材料表面的吸附规律。在恒定温度和一定的测试压力条件下，气体在固体表面的吸附和脱附达到平衡，不同测试压力下吸附—脱附平衡的气体吸附量不同，基于不同压力下气体的吸附—脱附曲线，利用 BET 多层吸附理论和 BJH 方法即可获得不同孔径的孔比表面积和孔容。利用低温液氮吸附法测试煤岩孔径结构时，需要对样品进行测前处理，尤其要注意颗粒表面的干净程度。实验前在 100℃下对样品进行真空处理，除去吸附在煤颗粒表面的吸附水和杂质气体。

本次研究针对真实煤样相似物理模拟实验前后 SJ、XL 煤样进行了常规孔隙结构测试，对比了实验前后煤岩孔隙结构的演化。此外，前期煤岩相似物理模拟研究成果表明，煤样变形破坏往往使煤体产生不同大小的块体煤样，而直接获得变形破坏下的煤样是极为困难的。结合前期相似物理模拟的主要煤层，选取 SJ 和 XL 煤样，利用不同煤样粒度，对变形作用下煤样的孔径结构演化进行了研究。对于煤样的高压压汞测试，基于目前的实验测试条件，采用筛分法获取粒径分别为 1cm、5mm 和 3mm 的煤样进行测试，对应样品编号分别为 SJ1、SJ2、SJ3、XL1、XL2 和 XL3；对于煤样的低温液氮吸附测试，受限于测试条件，采用筛分法获取粒径分别为 20~40 目、40~60 目和 60~80 目的煤样进行测试，对应编号分别为 SJ4、SJ5、SJ6、XL4、XL5 和 XL6。

3.3.3 煤矿前后煤岩孔隙结构调整

对煤矿采动前后 SJ、XL 煤样进行的煤岩压汞测试表明，采动前后煤岩进退汞曲线出现明显差异(图 3-28)。

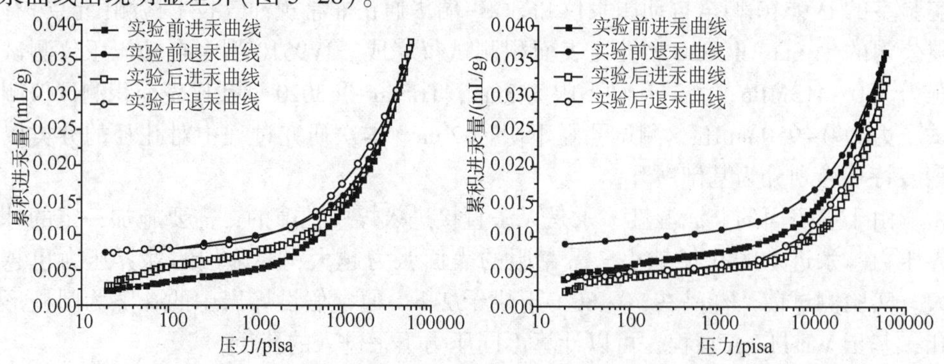

图 3-28　实验前后煤样进退汞曲线

煤矿采动后，SJ 煤样在低压条件下具有更大的累积进汞量，尤其是在压力超过 100psia 时，累积进汞量的增加极为显著，而高压下的累积进汞量则与实验前的煤样无明显变化。煤矿采动后 SJ 煤样高压下退汞量大于采动前煤样，表明 SJ 煤样中微孔和过渡孔也得到了一定的改善。采动后 SJ 煤样滞后环明显减小，退汞效率从采动前的 75.07%增加到采动后的 78.22%，表明其孔隙结构有一定的优化调整。采动后 XL 煤样进退汞曲线特征与 SJ 煤样类似，但进退汞曲线整体处于采动前煤样的下方，这可能是由于煤岩的非均质性造成的。采动后 XL 煤样滞后环同样小于采动前煤样，退汞效率从采动前的 75.08%增加到采动后的 82.84%，孔隙结构调整较 SJ 煤样更为显著。

煤矿采动后，煤样的孔隙结构均得到了调整，但不同煤样不同孔径孔隙的调整作用不同。SJ 煤样主要体现为微孔和过渡孔孔容的增加，而 XL 煤样主要表现为大孔孔容的增加，这与煤样的非均质性有一定的关系(图 3-29)。

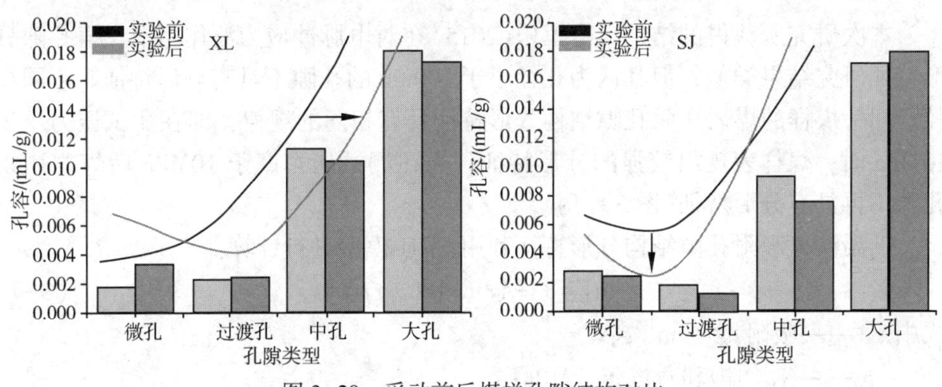

图 3-29 采动前后煤样孔隙结构对比

3.3.4 煤岩孔隙分形特征

煤岩孔隙具有典型的分形特征。基于标度不变性法则和 Washburn 方程，可以得到进汞量与测试压力间的关系，如式(3-6)所示。通过对该公式取对数，即可获得煤样孔隙在不同压力下的分形维数。

$$dV/dP \propto P^{4-D} \tag{3-6}$$

式中 V——压力 P 下煤样进汞量，cm^3/g；

D——孔隙分形维数。

对珠藏向斜两块煤样压汞孔隙分形特征研究表明，煤样压汞孔隙分形特征为典型的两段式结构。在 lg$P$ 小于 1，即进汞压力小于 10MPa 时，此时孔隙分形分维值均小于 3，表明孔径大于 130nm 的孔隙具有分形特征；在 lg$P$ 大于 1，即进汞压力大于 10MPa 时，煤样的孔隙分形分维值则均大于 3，表明孔隙已不具有分型特征；尤其是在 lg$P$ 大于 2.3，即进汞压力大于 206MPa 时，煤岩孔隙分形分维值极为混乱(图 3-30)。

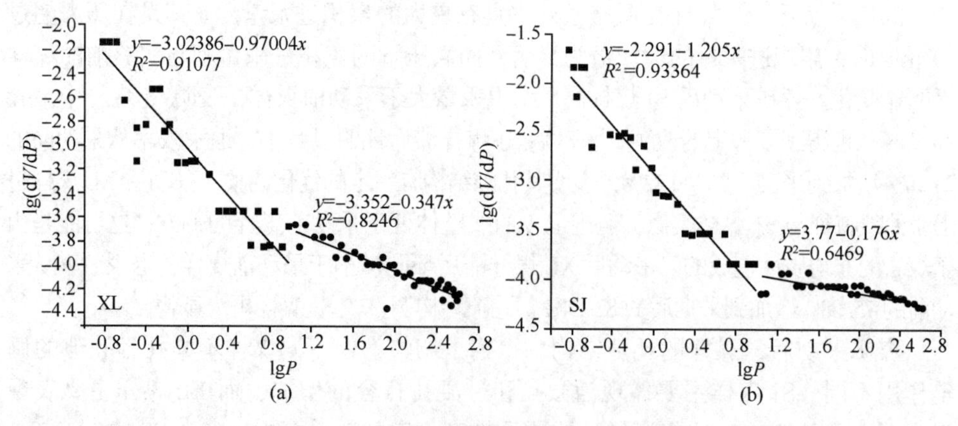

图 3-30　不同煤样压汞孔隙分形特征

本次研究所获得的结果与李恒乐(2015)在对电脉冲应力波作用下煤岩孔隙分形特征研究结果类似，但其认为孔径小于 100nm 的孔隙不具有分形特征。不同粒径、同一煤样的煤岩压汞孔隙结构分形特征具有相同的规律，即在测试压力小于 10MPa 时，煤样表现出较强的分形特征，而在测试压力高于 10MPa 后煤岩压汞孔隙不再具有分形特征(图 3-31)。

低温液氮吸附孔隙结构分形特征利用 FHH 模型进行计算：

$$\ln V=\partial+A\times\ln[\ln(p_0/p)] \tag{3-7}$$

式中　V——吸附量，cm^3/g；

p_0——N_2 的饱和蒸汽压，MPa；

p——测试压力，MPa；

A——取决于分形维数 D 的常数。

对于高煤级煤而言，利用 $A=D-3$ 来计算煤岩的低温液氮孔隙分形维数更为合理。

李恒乐(2015)在研究低温液氮吸附孔隙分形特征时，认为低温液氮吸附孔隙分形是典型的两段式结构，但其主要研究相对压力大于 0.5 时的孔隙分形特征，而相对压力小于 0.5 时低温液氮吸附孔隙分形分维值通常小于 2，并认为这部分孔径壁面光滑。利用 Kelvin 方程对相对压力小于 0.5 的孔径进行计算发现，该压力范围内孔径通常小于 3nm，即孔径小于 3nm 的孔径壁面光滑，这样的解释显然是不合理的。本次研究发现，煤岩孔隙分形特征分为两个阶段，两个阶段也大致以相对压力 0.5 为界限分开，两个阶段内孔隙分形分维值均介于 2~3 之间，说明低温液氮吸附测得的孔隙均符合孔隙分形特征(图 3-32)，这与李恒乐(2015)的研究成果是不同的。但可以注意到，SJ 煤样中部分孔径的分形维数大于 3(图 3-32 中虚线框)，即该部分孔径不符合分形特征，这实际上可能与测试过程有关。

SJ 和 XL 煤样的低温液氮吸附测试在中国矿业大学煤层气资源与成藏过程教

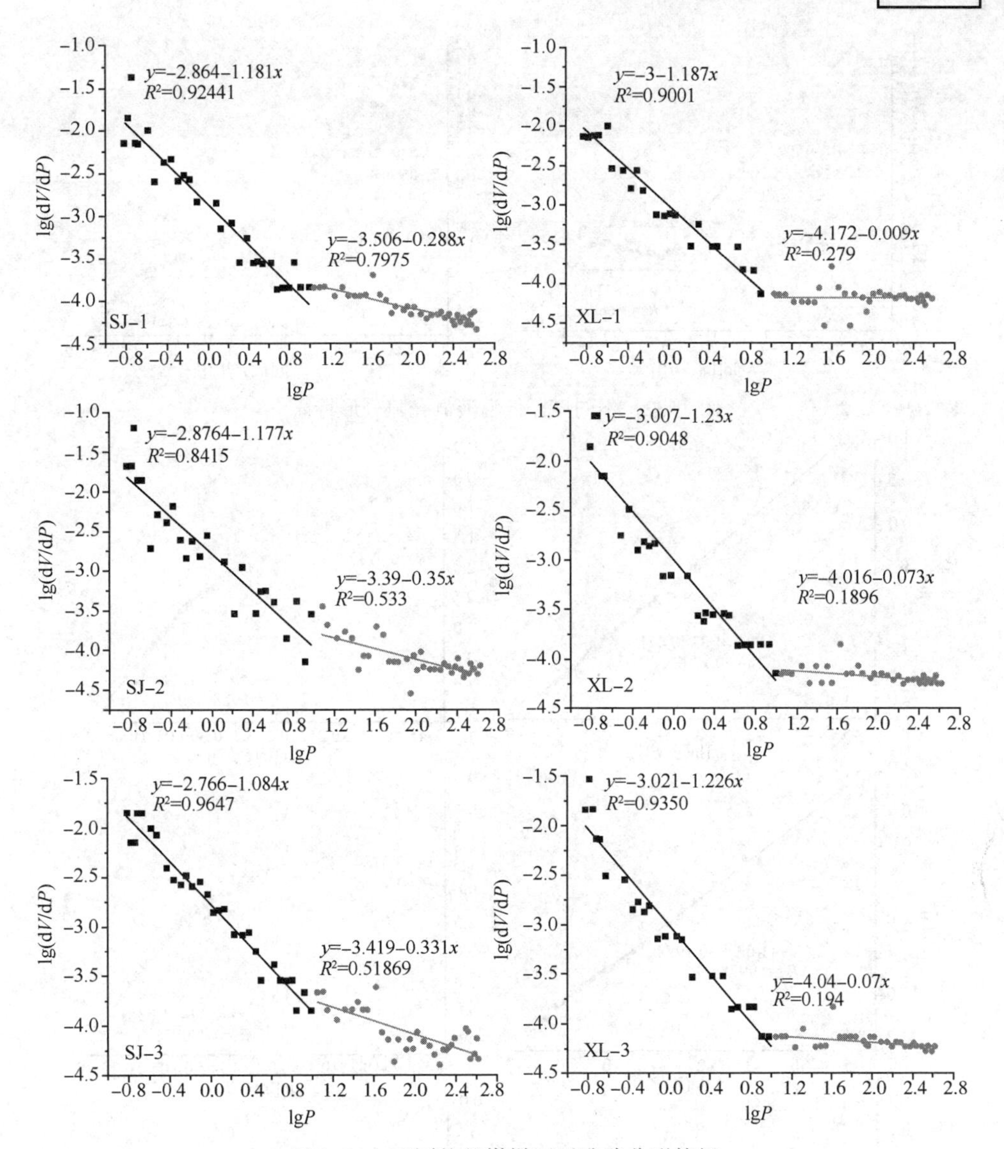

图 3-31 不同粒径煤样压汞孔隙分形特征

育部重点实验室完成，对实验步骤了解后发现，在对样品进行前处理过程中，受限于实验室设备，样品的干燥脱附处理并未进行抽真空，而采用充 N_2 加热处理，这样就容易导致煤颗粒表面的杂质气体无法完全脱附，而使实际吸附量降低，造成部分压力段范围内孔隙体积测试不精确。对于不同粒径煤样在前处理过程中则使用抽真空处理，可以发现低温液氮吸附测试孔径范围内孔隙均具有分形特征。SJ 煤样孔隙分形不分段，全孔径内为同一分维值。XL 煤样则表现出典型的两段式结构，两段式分界点大致以相对压力 0.5 为界限(图 3-33)。

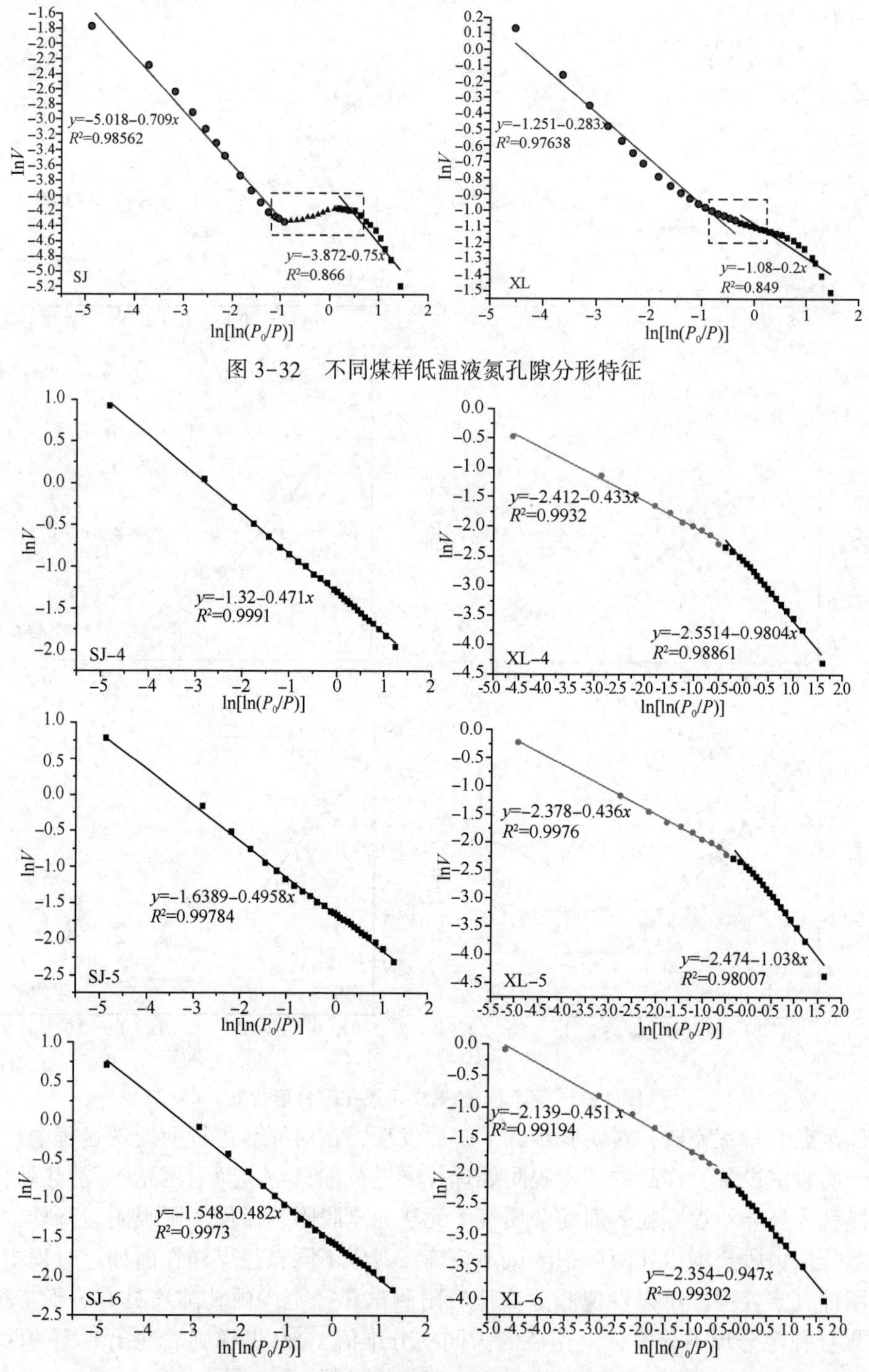

图 3−32 不同煤样低温液氮孔隙分形特征

图 3−33 不同粒径煤样低温液氮孔隙分形特征

3.3.5 压汞法煤岩孔隙体积校正

前人在研究煤岩压汞孔隙分形特征时，对孔径介于6~130nm的孔隙不具有分形特点的现象早有发现。事实上，从低温液氮吸附结果来看，该部分孔隙仍具有分形特征。在低压条件下，通常指压汞测试压力小于10MPa时，煤样进汞量主要以汞的孔隙充填作用为主。但是，当进汞压力超过10MPa时，煤基质的收缩效应诱发进汞量的快速增加效应不可忽视，且此时煤岩进汞量的增加主要是由煤基质的收缩量所体现的，即此时的煤岩孔隙分形分维值表征的是孔隙和煤基质收缩的共同作用。当进汞测试压力超过206MPa时，煤基质收缩效应达到极限，此时煤颗粒发生变形破坏，煤的孔隙结构也遭受破坏，孔隙结构已不具有分形特征。因此，需要基于煤基质收缩效应，对测试压力超过10MPa的煤岩进汞量进行校正。

煤的可压缩性可以表示为：

$$K_c=\frac{1}{V_c}\frac{dV_c}{dP} \tag{3-8}$$

式中 K_c——煤基质收缩系数，m^2/N；

V_c——煤基质体积，cm^3/g。

煤基质主要由煤有机质及煤基质表面大量的孔径小于3nm的孔隙组成。压汞测试煤样孔径的下限为3nm，但在孔径小于130nm时，压汞测试的孔径已失真，而这一部分孔径的测试可以通过低温液氮吸附法完成。但是，低温液氮吸附法测试孔径的下限为2nm，对于孔径小于2nm的孔隙，低温液氮法无法精确测试。因此，需要利用CO_2吸附获得孔径小于2nm的孔隙体积。本次研究过程中，受限于样品数量，未进行CO_2吸附测试。因此，本次研究中认为孔径小于2nm的孔径为煤基质固体部分，即：

$$V_c=\frac{1}{\rho}+V_{N_2} \tag{3-9}$$

式中 ρ——煤样的真密度，g/cm^3；

V_{N_2}——低温液氮法测得煤样的孔隙体积，cm^3/g。

对于可压缩的多孔介质而言，进汞量主要由两部分共同体现，即：

$$\Delta V_{obs}=\Delta V_p+\Delta V_c \tag{3-10}$$

式中 ΔV_{obs}——视进汞量，cm^3/g；

ΔV_p——煤样孔隙进汞填充量，cm^3/g；

ΔV_c——煤基质收缩量，cm^3/g。

煤基质收缩效应主要发生在压力为10~206MPa的区间范围内，在此压力范围内煤岩进汞量与进汞压力近似为一线性直线，对式(3-10)可做如下变化：

$$\frac{\Delta V_{obs}}{\Delta P}=\frac{\Delta V_{p}}{\Delta P}+\frac{\Delta V_{c}}{\Delta P} \tag{3-11}$$

$$\frac{\Delta V_{c}}{\Delta P}=\beta-\frac{\Delta V_{p}}{\Delta P} \tag{3-12}$$

将式(3-12)代入式(3-8)可得：

$$K_{c}=\frac{1}{V_{c}}(\beta-\frac{\Delta V_{p}}{\Delta P}) \tag{3-13}$$

式中　ΔV_p——可以利用低温液氮吸附测得煤样孔隙体积替代，据此可以计算获得煤基质的收缩系数。

假设煤基质收缩系数在压力增加过程中为一常数，则不同压力下煤基质的体积为：

$$V_{ci}=V_{c}-KV_{c}(P_{i}-P_{0}) \tag{3-14}$$

式中　V_{ci}——压力 P_i 下煤基质体积，cm^3/g。

据此，可以获得不同压力条件下煤样中孔隙的实际进汞量：

$$V_{pi}=V_{obsi}-(V_{c}-V_{ci}) \tag{3-15}$$

式中　V_{pi}——压力 P_i 下煤孔隙实际进汞量，cm^3/g；

V_{obsi}——压力 P_i 下煤孔隙视进汞量，cm^3/g。

对珠藏向斜不同煤样孔隙进汞量的校正表明，在较高的压力下，煤基质的收缩效应引起的煤样视进汞量的增加效果显著(图 3-34)。在进汞压力低于 10MPa 时，校正后煤样孔隙的进汞量与视进汞量差异不明显；而在进汞压力超过 10MPa 后，煤样的实际进汞量较视进汞量明显降低；在进汞压力超过约 100MPa 后，煤样的实际进汞量出现下降，即煤样出现退汞。这主要由两方面原因造成，一方面是由于煤样液氮吸附数据偏低，另一方面是由于压力的校正区间小于 206MPa。

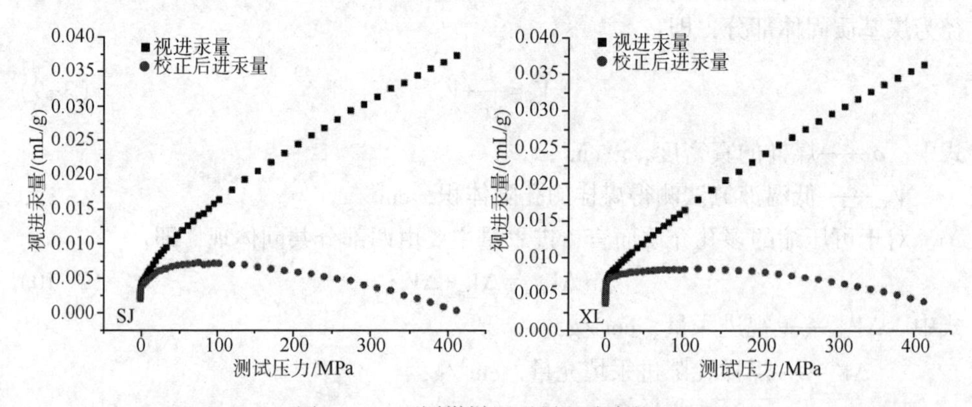

图 3-34　不同煤样压汞累积孔容校正

不同粒径煤样的实际进汞量校正，分别采用了不同粒径下煤样的低温液氮吸附测得的孔隙体积。不同粒径煤样低温液氮测得的孔隙体积相差不大，因此其校正后煤样孔隙的实际进汞量也相差不大(图3-35)。SJ和XL不同粒径下煤样实际进汞量矫正效果明显较好。在进汞压力小于10MPa时，实际进汞量与视进汞量相差无几。在进汞压力超过10MPa后，实际进汞量与视进汞量产生显著差异，且实际进汞量随着进汞压力的增加而缓慢增加。进汞压力超过206MPa后，各煤样实际进汞量开始逐渐减少，这主要是由选取的压汞校正区间范围所造成的。

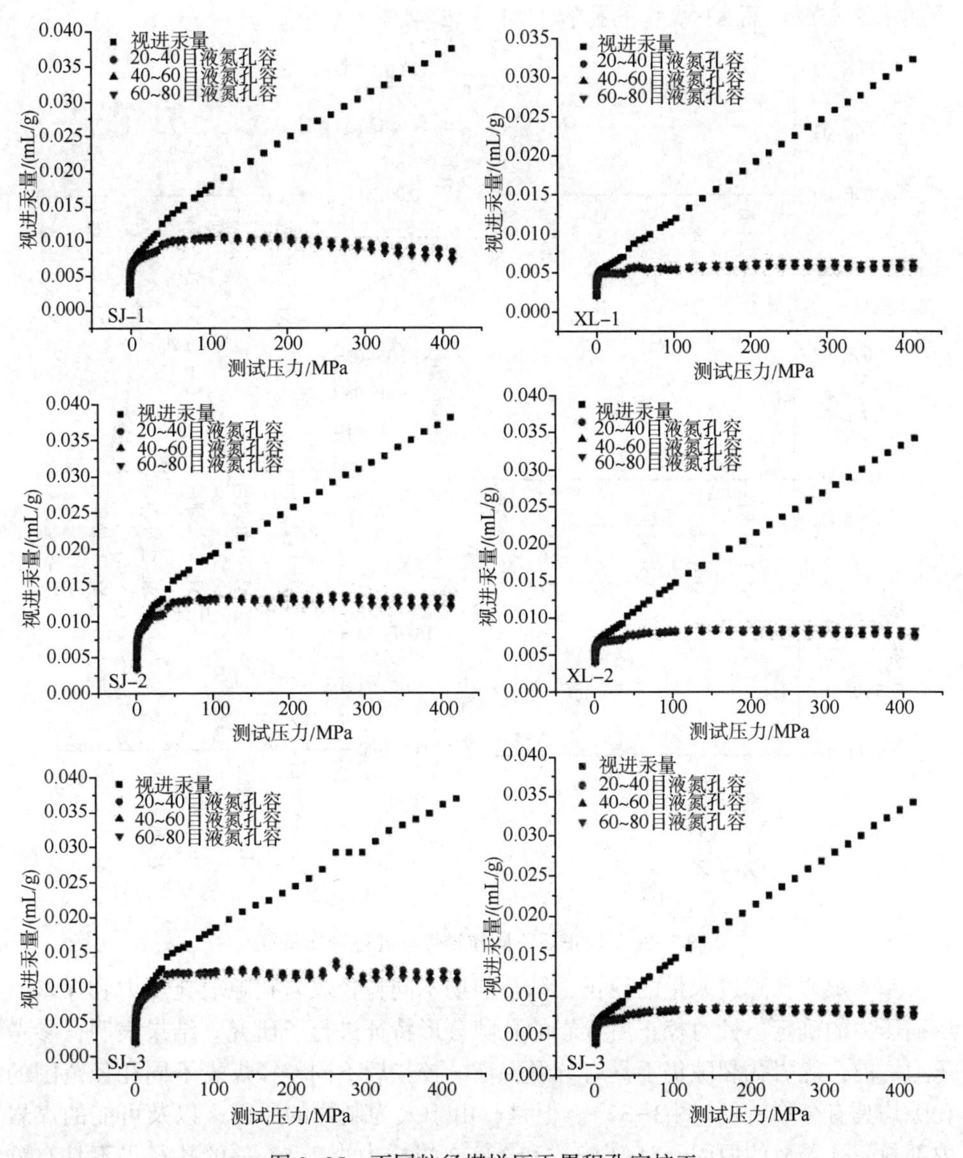

图3-35 不同粒径煤样压汞累积孔容校正

基于煤基质收缩系数，对高压下煤岩孔隙进汞量进行了校正。由于高压条件下，煤岩进汞量主要是由煤基质体积收缩造成的，因此，本次校正并未对微孔孔容进行校正，而仅校正了煤岩孔隙中的大孔、中孔和过渡孔，总孔容的计算也是基于三者之和获得的。结果表明，不同粒径煤样的大孔孔容几乎未发生变化，而煤样中中孔和过渡孔孔容则有了比较显著的减少，尤其是过渡孔孔容。此外，煤样总孔容随着煤岩粒径的减少而呈现逐渐增加的趋势(图 3-36)，SJ 煤样的孔容增加了 5.45%，而 XL 煤样的孔容增加了 12.41%。

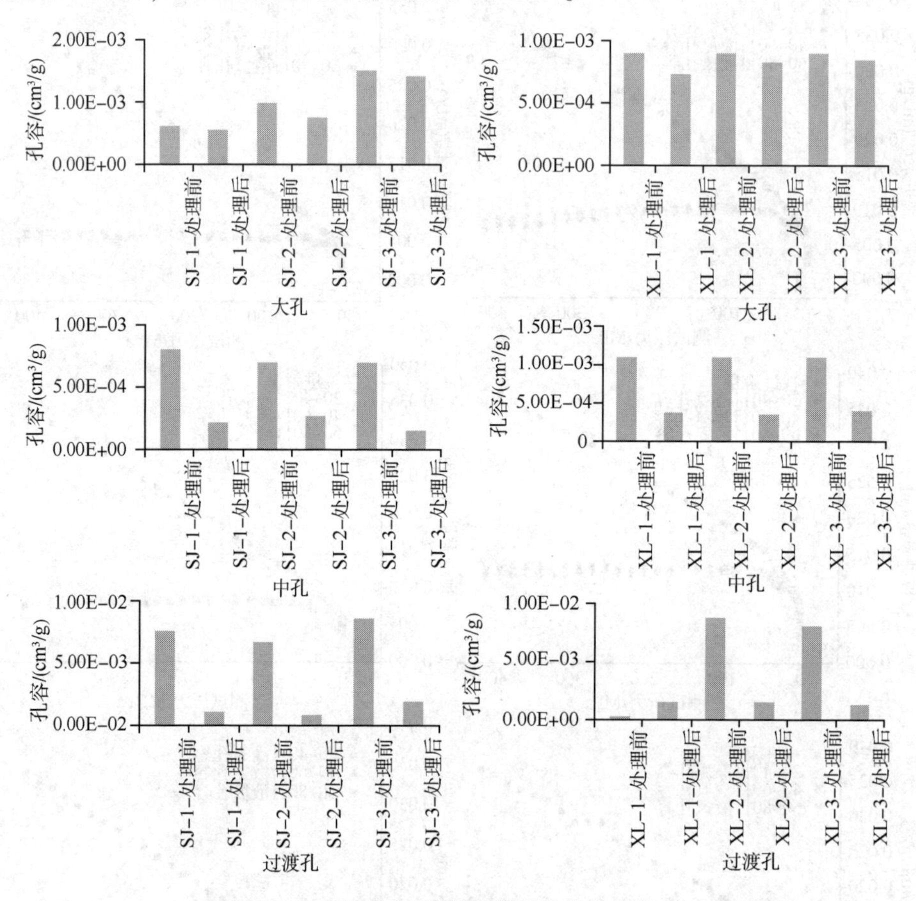

图 3-36　校正后不同粒径煤样孔隙分布特征

基于煤岩孔隙进汞量的校正，结合前期不同粒径煤岩孔隙填充压力和煤基质压缩压力的确定，针对校正后煤岩的孔隙分形特征进行了研究。结果表明，参考压力之前，煤岩孔裂隙仍不具有分形特征，校正后不同粒径煤岩不同孔径范围的孔隙均具有分形特征(图 3-37)。但是，由于人为制样的原因，以及可能的煤岩内部封闭孔释放的原因，SJ-1 煤样和 XL-3 煤样中小于 52nm 的孔径仍不具有分形特征(图 3-37)。

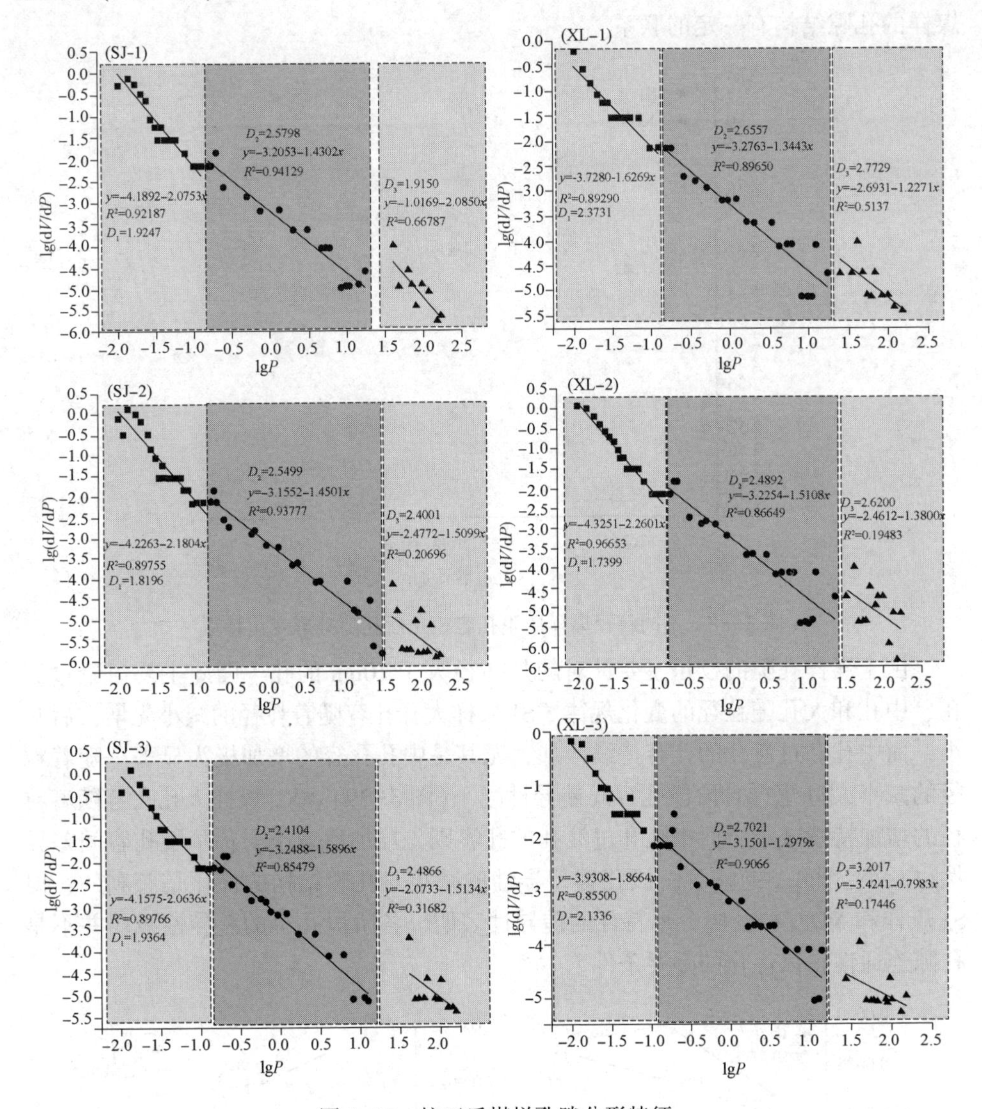

图 3-37　校正后煤样孔隙分形特征

3.3.6　不同粒径煤样孔隙结构变化

通过对不同粒径煤样的压汞孔容进行校正，对校正后煤样的孔隙分形进行研究表明，SJ 煤样和 XL 煤样孔隙分形分维值具有明显不同的特征(图 3-38)。SJ 煤样随着煤颗粒粒径的减小，压汞孔隙分形分维值呈逐渐增大的趋势，表明煤样中孔隙结构趋于复杂。XL 煤样随着煤颗粒粒径的减小，压汞孔隙分形分维值则趋向于减小，表明煤样中孔隙结构趋于相近。煤样压汞孔隙分形特征的差异性与煤样的孔隙结构有一定的联系。

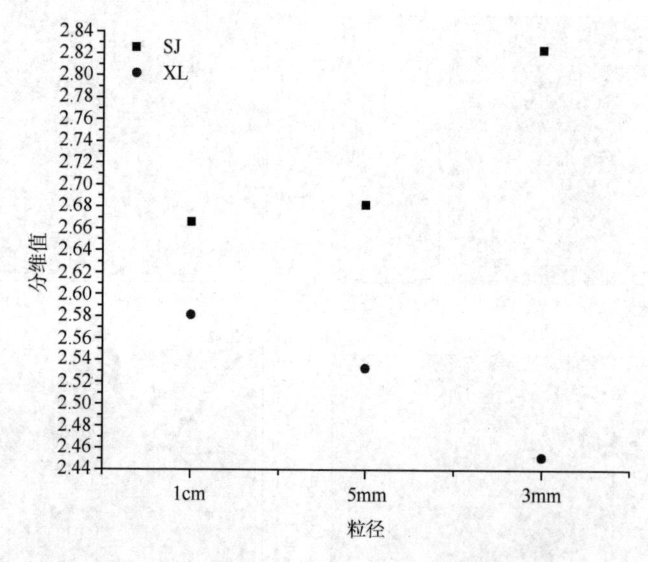

图 3-38　不同粒径煤样压汞孔容校正后孔隙分形变化特征

由于煤样孔隙的校正主要针对的是孔径大于 10nm 的孔，因此主要讨论过渡孔、中孔和大孔随粒径的变化规律。SJ 煤样大孔孔容随着粒径的减小先增大后减小，而中孔和过渡孔的孔容持续增加，尤其是中孔孔容的增加极为显著。随着粒径的减小，SJ 煤样各阶段孔容间差异性减小(图 3-39)。XL 煤样大孔孔容随着粒径的增加持续减小，而中孔和过渡孔的孔容则先增加后减小，各阶段孔容间差异性也减小(图 3-39)。各阶段孔容差异性的减小对孔隙结构的优化是有利的，但 SJ 煤样和 XL 煤样孔隙分形特征的差异性表明，各阶段孔容的差异性减弱并不是孔隙连通性得以优化的必要条件。

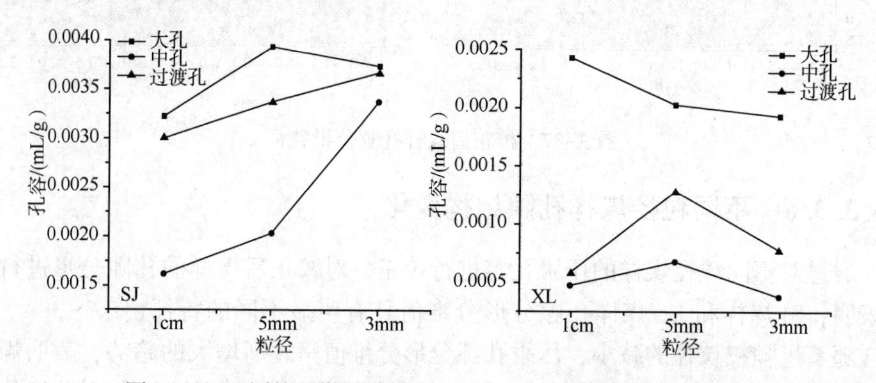

图 3-39　不同粒径煤样压汞孔容校正后不同孔径孔容变化特征

随着煤样粒径的减小，SJ 煤样阶段孔容的双峰形态得以削弱，直至粒径为 3mm 时呈现单峰状态。在孔径大于 100nm，即中孔和大孔阶段，随着孔径的增加，不同孔径孔隙的孔容呈现波动增加的状况，且随着粒径的减小，同一孔径下阶段孔容有一定程度的提升，这也表明中孔和大孔段的孔径结构得到优化。然而，SJ 煤样的过渡孔则出现了过渡集中的现象，即随着粒径的减小，过渡孔孔容主要集中在孔径为 20nm 的孔隙附近，这也导致了 SJ 煤样煤岩孔隙结构复杂性的增加(图 3-40)。

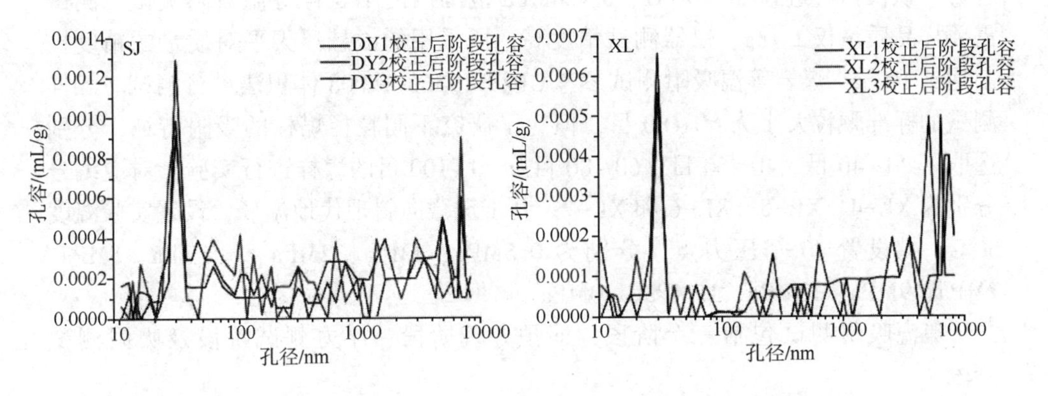

图 3-40　不同粒径煤样压汞孔容校正后不同孔径阶段孔容变化特征

随着粒径的减小，XL 煤样阶段孔容的双峰形态也趋于减弱。在孔径大于 100nm 的中孔和大孔段，阶段孔容持续增加。与 SJ 煤样不同，XL 煤样在过渡孔孔径 20nm 附近孔容持续减小，而孔径 20nm 附近的其他阶段孔容则有小幅度的提升，这在一定程度上优化了过渡孔的孔径结构，最终也使煤样整体孔径结构得到优化(图 3-40)。

对于珠藏向斜内煤层气主力生产层位 21 号煤和 16 号煤而言，随着煤样变形破坏，破坏区煤岩颗粒粒径减小，但煤样的总孔容有一定程度的提高(图 3-39)。前期针对煤样孔裂隙面容率与渗透率之间的关系分析也表明，较大的煤样孔裂隙面容率对煤样渗透率的提高是有益的，即一定的破坏程度对煤层物性的改善是有益的；但是，煤样孔裂隙面容率的提升并不一定意味着煤岩物性的良性改善，而与煤岩孔隙结构的优化密切相关。21 号煤随着煤岩破坏的增加，其孔隙结构优化不明显，对煤储层物性的优化效果可能较差；但是，上覆 16 号煤随着煤岩的变形破坏，其孔隙结构得到了优化，这在一定程度上促进了 16 煤储层物性的改善。

3.4 煤矿采动影响下煤岩吸附特征

3.4.1 煤样的等温吸附测试

对实验前后及不同粒径煤样等温吸附特征的研究主要基于 XL 煤样展开，采用中国矿业大学煤层气资源与成藏过程教育重点实验室磁悬浮重量法等温吸附仪进行。该仪器可进行 30~90℃、0~28MPa 范围内的干燥样等温吸附测试，测试需要样品质量仅 1~3g。仪器测试精度高，所采用的磁悬浮天平对质量的精度控制达到 10^{-5}g。煤岩等温吸附测试参考 GB/T 19560—2008 体积法进行测试。煤样测试的标准颗粒大小为 60~80 目，但为了研究不同粒径煤样的吸附特征，分别选取了 20~40 目、40~60 目、60~80 目及 80~100 目的煤样进行实验，对应编号分别为 XL-4、XL-5、XL-6 和 XL-7。基于珠藏向斜现代地温场，设置实验温度 30℃，共设置 10 个压力点，分别为 0.5MPa、1MPa、2MPa、3.5MPa、5MPa、7MPa、9MPa、12MPa、15MPa、20MPa。

等温吸附测试包括三个阶段，即预处理阶段、浮力测试阶段及吸附测试阶段。

(1)预处理阶段。

将测试样品放入测试桶，利用油浴保持样品在纯 He、105℃条件下干燥 3h。随后，抽真空干燥样品，保持样品处于真空条件下，恒温 75℃，干燥处理 2d。对样品进行预处理，保证样品在进入下一阶段处理时保持干燥状态。

(2)浮力测试阶段。

该阶段测试在纯 He、30℃条件下进行，测试不同压力下对样品+样品桶质量、体积以及干燥样品质量，为后期吸附测试准备数据。其中，不同压力指 0.5MPa、1MPa、1.5MPa、2MPa、2.5MPa、3MPa、3.5MPa、4MPa、4.5MPa、5MPa、5.5MPa、6MPa 和 7.5MPa。在浮力测试阶段，根据质量平衡原理可得：

$$m_{c+s}g = F_1 + \rho_{He} g V_{c+s} = m_1 g + \rho_{He} g V_{c+s} \tag{3-16}$$

式中 m_{c+s}——样品+样品桶的质量，g；

ρ_{He}——30℃、不同压力点下 He 密度，g/cm³；

V_{c+s}——测试体积，cm³；

F_1——浮力测试阶段天平的拉力，该部分可以用 m_1g 表示，m_1 指浮力测试阶段磁悬浮天平显示重量，g；

g——重力加速度，N/kg。

对式(3-16)进行简化得:

$$m_{c+s}=m_1+\rho_{He}V_{c+s} \tag{3-17}$$

式中 m_1、ρ_{He}——在测试过程中由电脑自动记录，单位分别为 g、g/cm^3。

测试同一温度、13 个压力点下式中 m_1 和 ρ_{He}，通过线性拟合，即可得到实验温度测试条件下 m_{c+s} 和 V_{c+s}。在该阶段要求拟合系数 $R^2\geqslant 0.99$。

$$m_s=m_{c+s}-m_c \tag{3-18}$$

式中 m_{c+s}——样品+样品桶的质量，g;

m_c——样品桶的质量，g;

m_s——干燥样品的质量，g。

通过式(3-18)计算，即可得到干燥样品质量。

(3)吸附测试阶段。

该阶段测试在纯 CH_4、30℃条件下进行，测试不同压力下样品对 CH_4 的吸附量。

根据质量平衡原理，在吸附阶段:

$$(m_{c+s}+\Delta m)g=F_2+\rho_{CH_4}gV_{c+s}=m_2g+\rho_{CH_4}gV_{c+s} \tag{3-19}$$

式中 Δm——30℃、不同压力下样品吸附甲烷的质量，g;

ρ_{CH_4}——30℃、不同压力下 CH_4 密度，g/cm^3;

F_2 指吸附测试阶段天平的拉力，该部分可以用 m_2g 表示，m_2 指吸附测试阶段天平显示重量，单位为 g;

其他物理量意义参考公式(3-16)。

对式(3-19)进行简化得:

$$m_{c+s}+\Delta m=m_2g+\rho_{CH_4}V_{c+s} \tag{3-20}$$

式中 m_2、ρ_{CH_4}——在测试过程中由电脑自动记录，单位分别为 g、g/cm^3;

m_{c+s}、V_{c+s}——在浮力测试中已经获得，即能得到 30℃、不同压力点下样品吸附甲烷的质量及体积，单位分别为 g、cm^3。

$$V=(V_{CH_4}\cdot\Delta m/M_{CH_4})/m_s \tag{3-21}$$

式中 V——样品吸附量，cm^3/g;

V_{CH_4}——标准情况下 CH_4 的摩尔体积，10^3cm^3/mol;

M_{CH_4}——CH_4 的摩尔质量，g/mol;

其他物理量意义同公式(3-18)和公式(3-20)。

利用公式(3-21)即可换算得到 30℃、不同压力点下煤样的吸附量。在吸附测试阶段，当样品吸附甲烷质量平衡阶段质量变化小于 0.001g 认为达到吸附平衡。

3.4.2 等温吸附测试中的不确定因素

等温吸附测试过程中往往存在许多不确定因素，会对最终测试结果产生干扰。这些不确定因素主要包括 He 的吸附、温度和压力的控制、平衡状态、样品体积的计算、测试气体的纯度、气体的压缩和溶解以及测试过程中样品质量的动态变化等。

在浮力测试阶段，He 通常被用作参考气体。尽管 He 在多孔介质表面能够产生一定的吸附，但是相对于 CH_4 等的吸附，He 的吸附可以忽略不计。煤样中的水分会降低煤的吸附能力，而且在高温高压下这些水分会影响测试气体的纯度。在本次研究过程中，不考虑 He 的吸附作用。此外，在等温吸附测试前的预处理阶段，煤样已进行了干燥处理，且不同粒径煤样的前处理流程相同，尽量避免水分的存在对煤岩吸附的影响。本次研究所使用的 He 和 CH_4 纯度高达 99.999%，可以避免气体纯度对测试结果的影响。在整个吸附测试过程中，温度的变化范围控制在 ±0.2℃，压力的变化范围控制在 ±0.1bar（1bar = 0.1MPa）。

3.4.3 等温吸附测试前的空白测试

在进行煤样的等温吸附测试前，开展了空白测试，测试气体为 He。空白测试的目的：一方面可以检验天平的工作状态，另一方面可以查清等温吸附仪的系统误差。为与后期等温吸附测试保持一致，在空白测试阶段，共设置压力点 13 个，分别为 0.5MPa、1MPa、1.5MPa、2MPa、2.5MPa、3MPa、3.5MPa、4MPa、4.5MPa、5MPa、5.5MPa、6MPa 和 7.5MPa。

对样品桶的空白测试表明，样品桶的体积和质量在测试过程中并不是一成不变的。样品桶的体积随着测试压力的增加呈指数形式递减，且在高压下有逐渐趋于稳定的趋势。样品桶的质量随着测试压力的增加而逐渐递减，质量的波动多在小数点后五位，但是在测试压力为 4MPa 时，样品桶的质量出现了明显的波动（图 3-41）。基于等温吸附的空白测试，后续样品的测试均以此数据进行校正和分析，以确保测试结果的准确性。

3.4.4 模拟实验前后煤样的等温吸附

对相似物理模拟实验前后 XL 煤样的孔隙结构研究表明，实验后煤样中的大孔孔容增加，而微孔、过渡孔和中孔的孔容略有减少。微孔和过渡孔是甲烷吸附的主要场所，微孔和过渡孔孔容的减少对其吸附性有一定的负面影响。等温吸附结果显示，实验前后 XL 煤样等温吸附曲线几乎重合，均在测试压力超过 8MPa

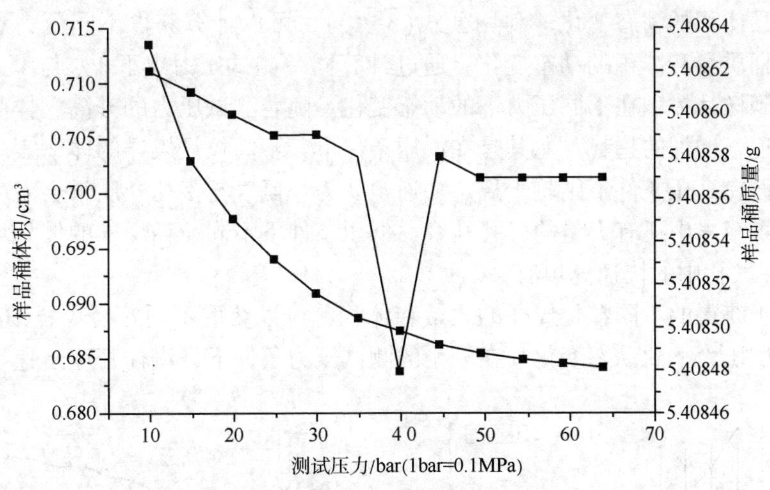

图 3-41 等温吸附测试中的空白测试

后开始表现出过量吸附，未表现出明显差异(图 3-42)，表明微孔和过渡孔孔容微弱的减少对其吸附特性影响不大。

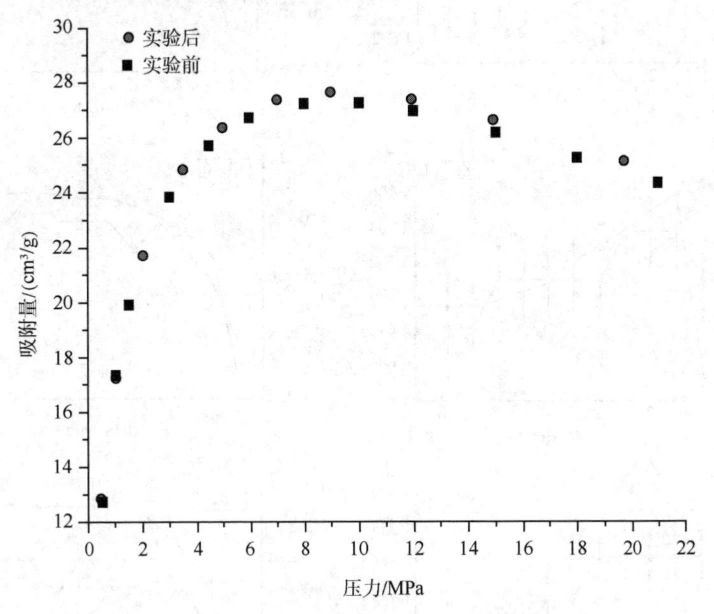

图 3-42 实验前后 XL 煤样等温吸附曲线

3.4.5 不同粒径煤样的等温吸附

(1)不同粒径煤样浮力测试特征。

不同粒径煤样 V_{c+s} 随着测试压力的增加呈现出逐渐降低的趋势，并在高压条件下趋于稳定(图 3-43)。由于样品桶的体积在高压条件下不断的减小，V_{c+s} 无法反映样品体积的动态变化。利用公式(3-17)，可以计算获得不同压力点下样品与样品桶质量和体积的动态变化，通过计算同一测试压力点下 V_{c+s} 与 V_c 的差值，可以得到样品体积在不同压力下的动态变化。随着测试压力的升高，样品的体积呈现出逐渐增加的趋势，尤其是在低压条件下，不同粒径煤样的体积表现为快速增加，而在高压条件下则趋于稳定。通常认为，氦气与多孔介质不会发生吸附作用，高煤级煤中还有大量的微孔孔容，低压条件下不同粒径煤样的体积增加可能与 He 在微孔中的快速充填有关。

基于获得的不同粒径煤样的质量和体积，可以获取不同粒径煤样 He 密度在不同测试压力下的动态变化。在较小的测试压力条件下，煤样密度迅速下降，随

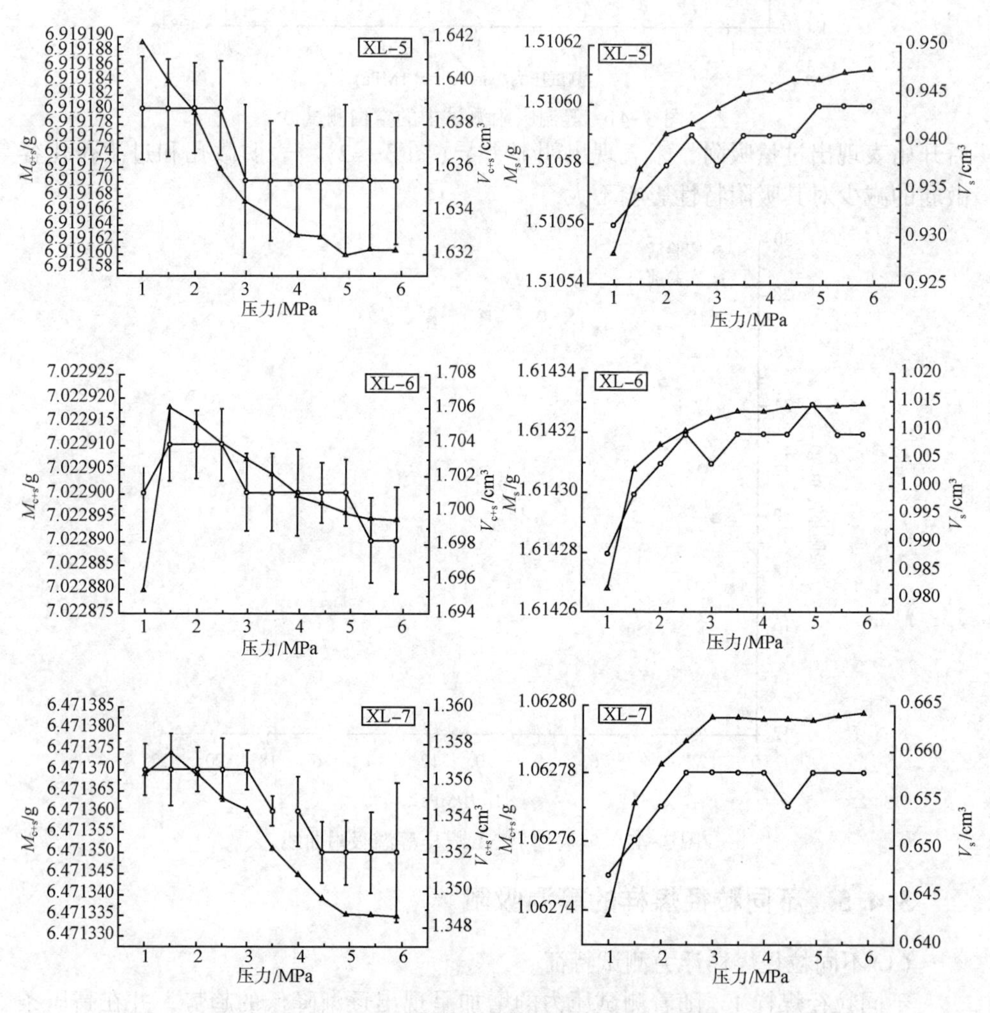

图 3-43　不同粒径煤样质量、体积动态变化

后趋于稳定，并基本保持一致。XL-7 煤样表现出最大的密度，XL -6 煤样表现出最小的密度，而 XL -5 煤样的密度则介于二者之间(图 3-44)。随着煤岩粒径的减小，煤岩的显微组分类型及矿物质含量会发生变化，矿物质的含量会有一定程度的增加。XL 煤样中灰分产率不高，矿物质主要为黄铁矿和黏土矿物，且黏土矿物的含量远高于黄铁矿。黄铁矿的硬度较大，而黏土矿物硬度小，在研磨过程中黏土矿物更容易形成一些细小的颗粒，可能造成 XL-6 煤样中含有较多的黏土矿物而导致其密度较小。随着研磨的持续，较小的黄铁矿颗粒逐渐富集起来，而黏土矿物被研磨为更细小的颗粒，而导致 XL-7 煤样具有较高的密度。

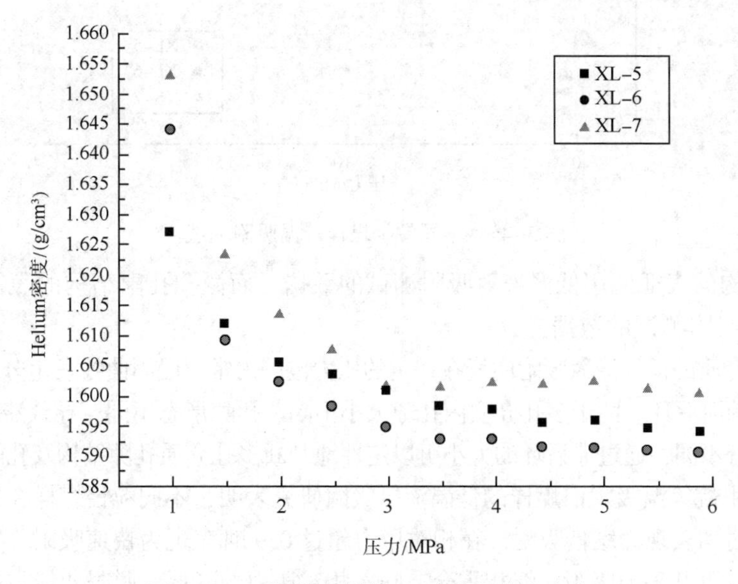

图 3-44 不同粒径煤样 He 密度的动态变化

(2) 不同粒径煤样甲烷吸附特征。

实验测试获得的不同粒径煤样的吸附量均为过剩吸附量。在低压条件下(<5MPa)，不同粒径煤样的吸附量快速上升，且煤样粒径越小，吸附量和吸附速率均较大。但是，不同粒径煤样的吸附量差异在逐渐减小。在测试压力达到 8MPa 时，不同粒径煤样的过剩吸附量均达到最大值，此时 XL-6 和 XL-7 煤样的吸附量接近相同，略大于 XL-5 煤样。随着测试压力的进一步增大，不同粒径煤样的吸附量呈现出逐渐下降的趋势，且 XL-7 煤样的下降速率较为明显(图 3-45)。不同粒径煤样等温吸附曲线并无明显差异，即在最大吸附量和吸附速率上有差异，这与煤样的孔隙结构，尤其是微孔的孔隙结构密切相关。

(3) 甲烷等温吸附前后煤岩孔隙结构特征。

煤岩孔隙结构的分类采用 IUPAC 的分类方法，即将孔径小于 2nm 的孔隙分为微孔，2~50nm 孔径的孔隙为微孔，孔径大于 50nm 的孔隙为大孔。介孔和大

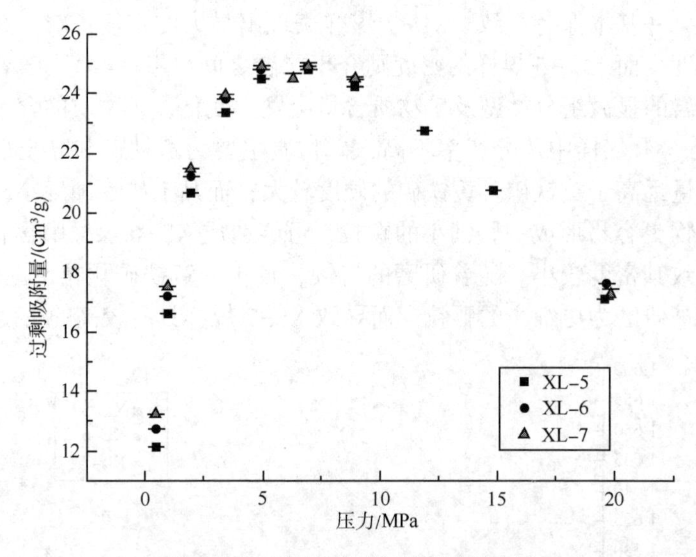

图 3-45　不同粒径煤样等温吸附曲线

孔孔隙结构的表征使用低温液氮吸附测试的数据，而微孔孔隙结构的表征则使用低温 CO_2 吸附测试的数据。

多孔介质的低温液氮吸附曲线在一定的压力范围内常与脱附曲线发生分离，从而形成一定的滞后环。由于多孔介质内孔隙大小不同、孔隙形态不同，导致滞后环形态及大小也有不同，通过滞后环的大小可以定性地判断多孔介质孔隙结构及孔隙形态。

针对甲烷等温吸附前煤样的低温液氮吸附研究表明，不同粒径煤样在相对压力小于 0.9 时均表现为缓慢吸附，在相对压力超过 0.9 时表现为快速吸附。脱附曲线在高压条件下几乎与吸附曲线相重合，随着相对压力的降低，脱附曲线与吸附曲线的分离越发明显。在相对压力达到 0.5 时，脱附曲线存在一个明显的拐点，吸附量迅速下降，吸附曲线和脱附曲线近乎平行或重合(图 3-46)。XL-5 煤样的滞后环明显大于 XL-6 和 XL-7 煤样，表明 XL-5 煤样的孔隙结构相对比较复杂。

多孔介质低温液氮吸附可以利用开尔文方程计算孔径分布。根据开尔文公式可知，在相对压力为 0.4 时，对应的煤岩孔径约为 3.3nm，XL 煤样在孔径小于 3.3nm 时主要以一端开放的半封闭孔为主，毛细管的孔隙形状和大小变化比较大。XL-5 煤样吸附曲线的吸附量增加率明显快于 XL-6 和 XL-7，表明 XL-5 煤样孔径更加细小。在相对压力为 0.5 时，对应的煤样孔径约为 4nm，孔径在 3.3~4nm的范围内 XL 煤样存在一定数量的墨水瓶孔和细瓶颈孔，XL-5 煤样该类型孔隙不仅数量多，而且孔径也更加细小。在相对压力达到 0.8 时，煤岩孔隙直径为 10nm，XL 煤样主要以两端开放的圆柱形孔为主；而孔径大于 10nm 的孔隙，则主要以两端平行板状孔和四面开放孔为主。XL-5 煤样粒径较 XL-6 和 XL

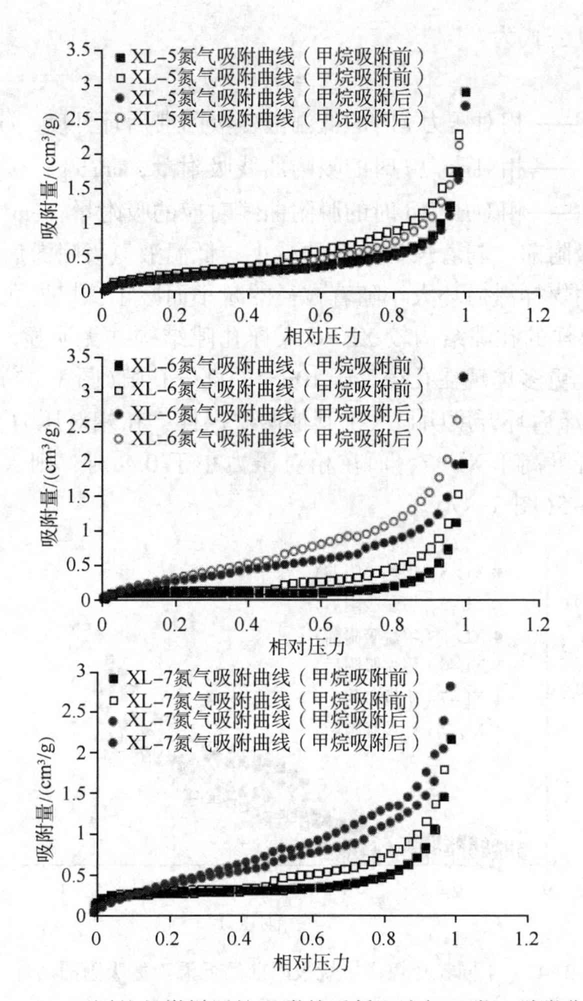

图 3-46 不同粒径煤样甲烷吸附前后低温液氮吸附—脱附曲线

-7 煤样粒径大，在粒径减小的过程中，煤样中原本发育的墨水瓶状孔有可能被破坏，导致粒径较小煤样的吸附滞后环不显著，煤岩孔隙结构也相对简单。

甲烷吸附后不同粒径煤样低温液氮吸附表明，不同粒径煤样吸附—脱附曲线较吸附前有明显不同。XL-5 煤样滞后环明显减小，表明煤岩内部墨水瓶孔和细瓶颈孔的数量有所减少，煤岩孔隙连通性有所改善。XL-6 和 XL-7 煤样在低压条件下的吸附速率有了较为显著的提高，吸附曲线和脱附曲线在相对压力小于 0.2 时才趋于闭合，表明两块煤样的孔隙结构已经发生了变化(图 3-46)。

为了更好地表征甲烷吸附前后煤岩孔隙结构的变化程度，在此定义低温液氮吸附滞后环开度这一概念，滞后环开度值越大，表明相同压力下，脱附曲线吸附量较吸附曲线吸附量更大，滞后环开度越大，孔隙结构越复杂。低温液氮吸附滞后环开度的计算公式为：

$$d'_{(qde-qad)}=q_{de(i)}-q_{ad(i)} \tag{3-22}$$

式中 $d'_{(qde-qad)}$——相对压力 i 时的低温液氮吸附滞后环开度，cm^3/g；

$q_{de(i)}$——相对压力 i 时的吸附曲线吸附量，cm^3/g；

$q_{ad(i)}$——相对压力 i 时的脱附曲线对应的吸附量，cm^3/g。

甲烷等温吸附前，随着煤样粒径的减小，低温液氮吸附滞后环开度呈逐渐减小的趋势，表明煤样滞后环大小随着粒径的减小而减小，煤岩孔隙结构也趋于简单，但 XL-7 煤样的孔隙结构较 XL-6 煤样孔隙结构并无明显改善。XL-7 煤样孔隙结构的优化更多体现在孔径大于 10nm 的部分孔隙(图 3-47)。甲烷等温吸附后，XL-6 煤样滞后环开度明显大于其他两块煤样，在相对压力 0.8 以上，XL-5 煤样的滞后环开度高于 XL-7；而在相对压力小于 0.8 时，则 XL-7 煤样的滞后环开度高于 XL-5(图 3-47)。

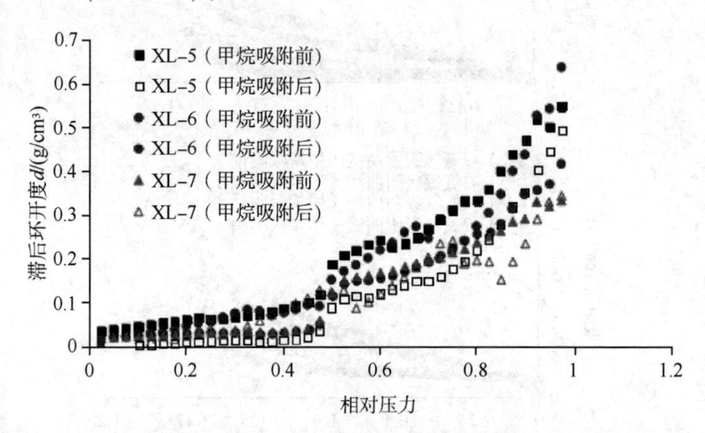

图 3-47 不同粒径煤样甲烷吸附前后低温液氮吸附滞后环开度

甲烷吸附后，XL-5 煤样低温液氮吸附滞后环开度明显下降，表明 XL-5 煤样的孔隙结构得以优化。与 XL-5 煤样不同的是，XL-6 煤样低温液氮吸附滞后环呈现明显增加，表明 XL-6 煤样的孔隙结构趋于复杂。XL-7 煤样低温液氮吸附滞后环开度则更为复杂，表现出明显的阶段性，即以相对压力 0.3、0.5 和 0.7 为界限，呈现出先减小后增大，再减小后增大的变化趋势，孔隙结构复杂度明显增加(图 3-47)。

不同粒径煤样 CO_2 低温吸附特征表现为对数形式增长，随着相对压力的增加，煤样的吸附量呈现出逐渐增加的趋势。甲烷等温吸附后，XL-5 煤样吸附量较甲烷吸附前吸附量有所下降，而 XL-6 和 XL-7 煤样的 CO_2 吸附量则有了一定程度的增加(图 3-48)。

不同粒径煤样低温 CO_2 吸附曲线形态与煤在高压条件下甲烷吸附曲线特征较为类似。因此，参考朗格缪尔方程，煤样 CO_2 吸附量与相对压力之间应该存在以下关系，即：

$$V=\frac{V_{\mathrm{L}}(p/p_0)}{\left(\frac{p}{p_0}\right)+p_{\mathrm{L}}} \tag{3-23}$$

式中 V——相对压力为 p/p_0 时 CO_2 的吸附量，cm^3/g；

p/p_0——相对压力；

V_{L}——最大吸附量，cm^3/g；

p_{L}——达到最大吸附量一半时对应的相对压力。

张政等(2013)在研究高阶煤等温吸附特征时，提出使用等效解吸率这一概念对煤层气不同排采阶段压力点进行求取，本次研究借用这一概念，对不同粒径煤样 CO_2 的吸附特征进行研究。

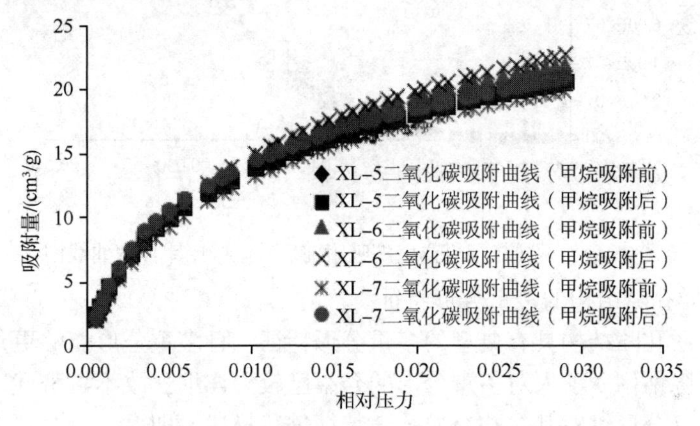

图 3-48 不同粒径煤样甲烷吸附前后低温 CO_2 吸附曲线图

对式(3-23)进行一阶求导，可以获得任意相对压力点下煤样的等效吸附率：

$$V'=\frac{\mathrm{d}V}{\mathrm{d}\left(\frac{p}{p_0}\right)}=\frac{V_{\mathrm{L}}p_{\mathrm{L}}}{\left[\left(\frac{p}{p_0}\right)+p_{\mathrm{L}}\right]^2} \tag{3-24}$$

等效吸附率的变化可用等效吸附率—相对压力曲线的曲率 K 衡量：

$$K=\frac{\dfrac{6V_{\mathrm{L}}p_{\mathrm{L}}}{\left[\left(\frac{p}{p_0}\right)+p_{\mathrm{L}}\right]^4}}{\left\{1+\left[\dfrac{2V_{\mathrm{L}}p_{\mathrm{L}}}{\left(\frac{p}{p_0}+p_{\mathrm{L}}\right)^3}\right]^2\right\}^{3/2}} \tag{3-25}$$

甲烷等温吸附前后，随着煤样粒径的减小，同一相对压力下，等效吸附率曲率呈现出先减小后增大的V形特征。等效吸附率曲率反映了任意相对压力下吸附量的变化率，而这在一定程度上反映了不同粒径煤岩微孔的相对集中程度，XL-7煤样微孔孔隙结构以微弱改善为主，而XL-5和XL-6煤样微孔孔隙结构在甲烷吸附后影响较为显著，且XL-5煤样微孔以明显的优化改善为主，而XL-6煤样则有一定程度的变差(图3-49)。

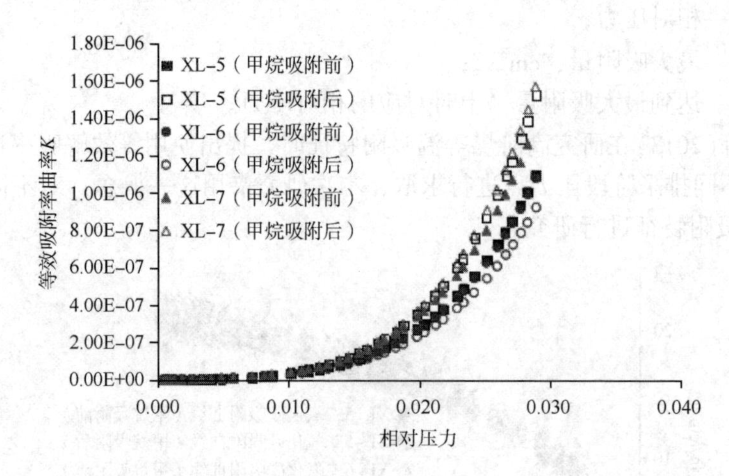

图3-49　不同粒径煤样甲烷吸附前后等效吸附率曲率曲线图

(4)煤样孔隙结构的多重分形特征。

多孔介质孔隙结构具有典型的多重分形特征，且多重分形能够更加精细地表征煤岩的孔隙结构。前人对多重分形的介绍已较为详细，故不再赘述。多重分形中可以用广义分形维对其多孔介质孔隙特征进行描述，即：

$$D_{\mathrm{q}} = \lim_{\varepsilon \to 0} \frac{1}{q-1} \frac{\ln[\chi(q,\ \varepsilon)]}{\ln(\varepsilon)} = \lim_{\varepsilon \to 0} \frac{1}{q-1} \frac{\ln\left[\sum_{i=1}^{N(\varepsilon)} p_{\mathrm{i}}^{\mathrm{q}}(\varepsilon)\right]}{\ln(\varepsilon)} \tag{3-26}$$

式中　D_{q}——广义分形维；

ε——划分的尺度；

q——统计矩的阶数，本文q的范围为-10~10；

$\chi(q,\ \varepsilon)$——配分函数；

$N(\varepsilon)$——尺寸为ε的孔隙数目；

$p_{\mathrm{i}}^{\mathrm{q}}(\varepsilon)$——质量概率。

不同粒径煤样甲烷吸附前后，低温液氮吸附、低温CO_2吸附测试获得的均ln(ε)与ln[$\chi(q,\ \varepsilon)$]呈现很好的线性关系，说明微孔、介孔和大孔的孔体积在不同孔径阶段范围内均满足分形特征(图3-50)。

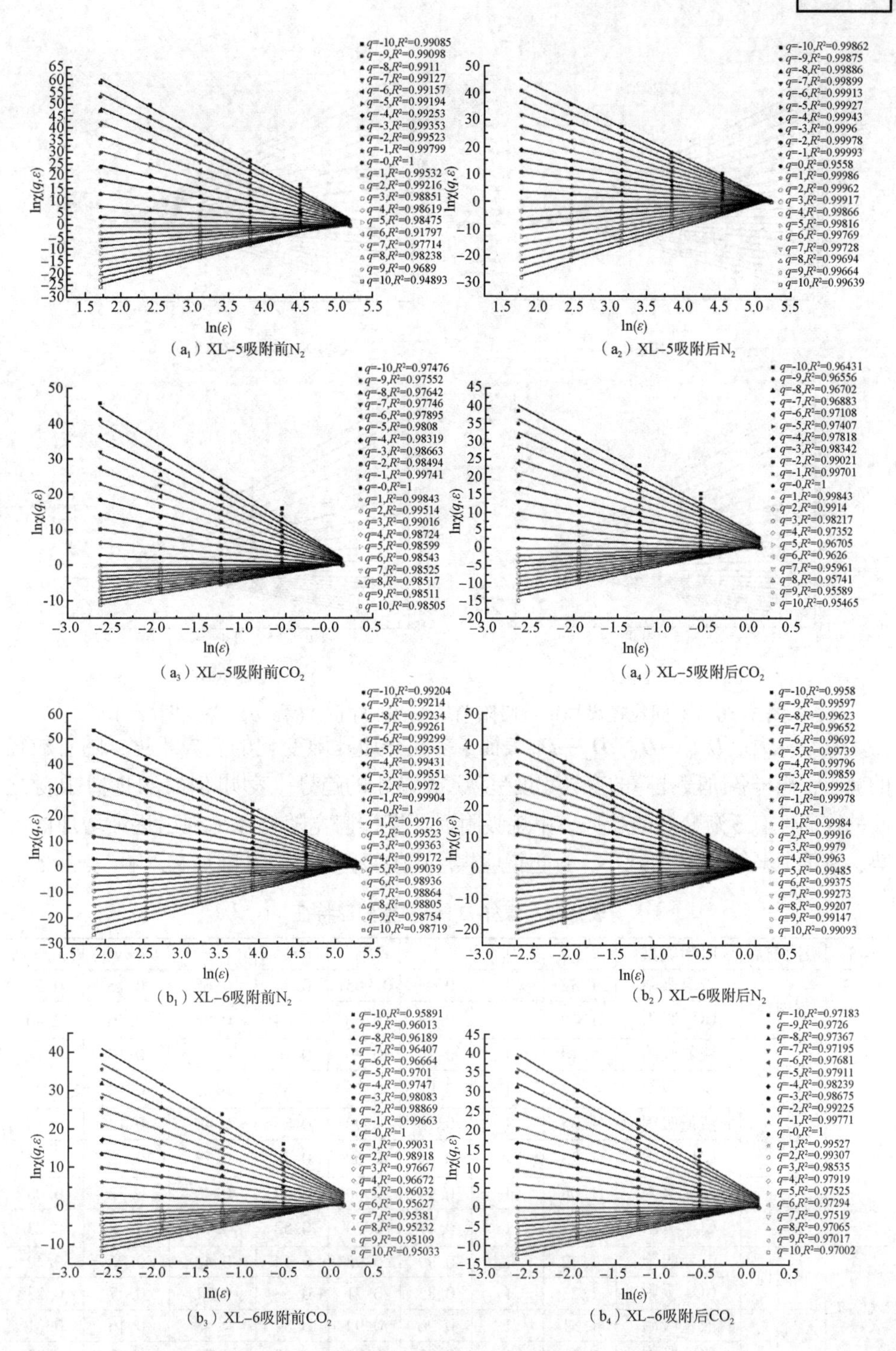

图 3-50 不同粒径煤样甲烷吸附前后 $\ln(\varepsilon)$ 与 $\ln[\chi(q, \varepsilon)]$ 关系图

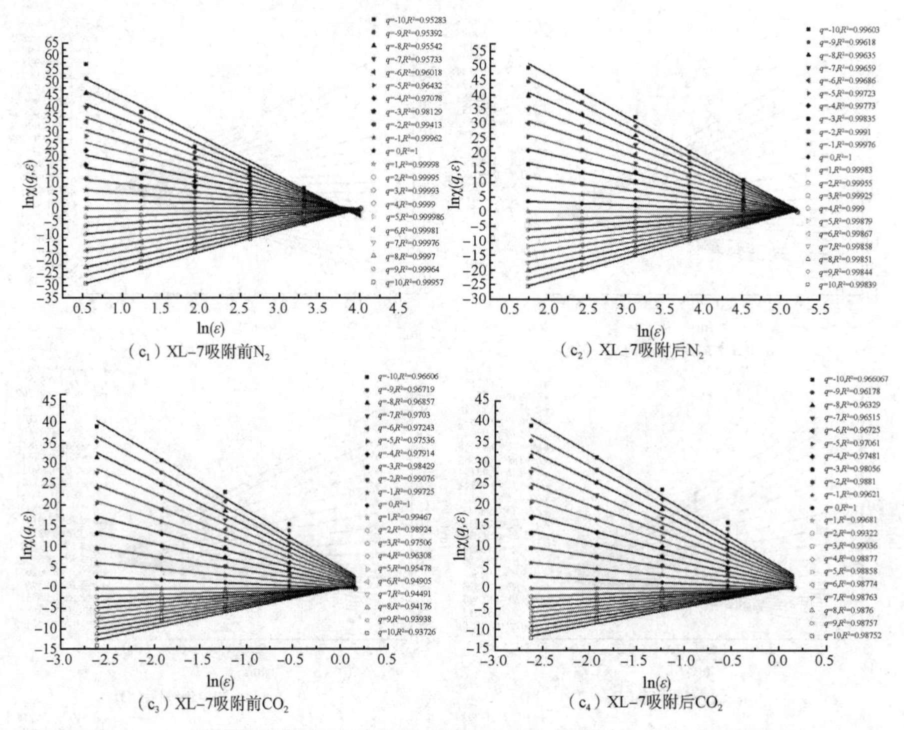

（c_1）XL-7吸附前N_2　（c_2）XL-7吸附后N_2

（c_3）XL-7吸附前CO_2　（c_4）XL-7吸附后CO_2

图 3-50　不同粒径煤样甲烷吸附前后 ln(ε) 与 ln[χ(q, ε)] 关系图(续)

D_{-10}—D_{10}、D_{-10}—D_0、D_0—D_{10}表征了多孔介质孔隙变化的变异程度，随着粒径的减小，煤样各阶段孔隙的变异程度呈现逐渐减小的趋势，表明随粒径的减小孔隙之间的连通性有逐渐变好的趋势。甲烷吸附后，煤样谱宽随粒径呈现出逐渐增加的趋势，表明其均质性有所减小，这也说明煤层甲烷吸附对所有孔隙均有影响(表 3-2)。

表 3-2　煤样 D_q 谱多重分形特征

样品	吸附前后	吸附类型	D_{-10}	D_0	D_1	D_2	D_{10}	D_{-10}—D_{10}	D_0—D_{10}	D_{-10}—D_0
XL-5	吸附前	液氮吸附	1.52	1	0.95	0.9051	0.84	0.68	0.16	0.52
		CO_2 吸附	1.40	1	0.83	0.66	0.44	0.96	0.56	0.40
	吸附后	液氮吸附	1.18	1	0.98	0.96	0.90	0.27	0.10	0.18
		CO_2 吸附	1.22	1	0.88	0.75	0.58	0.65	0.42	0.22
XL-6	吸附前	液氮吸附	1.35	1	0.96	0.92	0.86	0.49	0.14	0.35
		CO_2 吸附	1.23	1	0.85	0.69	0.50	0.73	0.50	0.23
	吸附后	液氮吸附	1.08	1	0.94	0.88	0.68	0.40	0.32	0.08
		CO_2 吸附	1.23	1	0.87	0.73	0.52	0.70	0.48	0.23
XL-7	吸附前	液氮吸附	1.42	1	0.99	0.98	0.94	0.48	0.06	0.42
		CO_2 吸附	1.23	1	0.85	0.71	0.53	0.71	0.47	0.23
	吸附后	液氮吸附	1.31	1	0.96	0.92	0.84	0.48	0.16	0.31
		CO_2 吸附	1.23	1	0.85	0.71	0.48	0.75	0.52	0.23

D_1 是多重分形的信息维数，反映的是各阶段孔隙分布的均衡程度，该值越小，反映不同孔径孔隙分布的均衡程度越低。D_2 为多重分形的关联维数，反映了空间变量之间的相关程度。

煤样甲烷吸附前，介孔和大孔的 D_1 和 D_2 随着粒径的减小呈现出逐渐增加的趋势，表明粒径越小，介孔和大孔之间分布更为均衡，介孔和大孔的孔隙连通性越好，这与甲烷吸附前液氮吸附滞后环所得的结果一致。煤样甲烷吸附后，随着粒径的减小，D_1 和 D_2 均呈现出先减小后增大的趋势。DY-5 煤样介孔和大孔的均衡度有所降低，但其连通性有所优化；DY-6 和 DY-7 煤样均衡度有所提升，但连通性有所下降(表 3-2)。对大粒径煤样而言，甲烷的吸附作用主要优化介孔和大孔的连通性，而对小粒径煤样则使孔隙分布更为集中，这可能与高压作用下对介孔和大孔的孔隙改造作用有关。

煤层甲烷吸附前，随粒径的减小，煤样微孔的 D_1 呈现出逐渐减小的趋势，而微孔的 D_2 呈现出逐渐增加的趋势，微孔的均衡度和连通性随粒径的减小而逐渐变好。煤层甲烷吸附后，D_1 和 D_2 则与吸附前表现出完全相反的趋势(表 3-2)。这一结果表明，煤层甲烷的吸附作用对微孔的改造作用较为强烈，且改造作用更多地体现在对微孔连通性的改造方面。对比同一粒径煤样煤层甲烷吸附前后的 D_1 和 D_2 发现，煤层甲烷吸附后，微孔的分布更加均衡，且连通性较吸附前提升显著，尤其是大粒径煤样。

3.4.6 基于 Langmuir 吸附模型的煤样等温吸附校正

煤的吸附量达到最大后，出现下降，本质上是煤的过量吸附现象。页岩和低煤阶煤等温吸附中的过量吸附现象已被观测到。采用体积法测得的过量吸附与自由体积的计算密切相关，而重量法等温吸附测试过程中的过量吸附则与测试体积密切相关。若以未出现过量吸附的最后一个数据点的等温吸附气量平行于压力轴做一个平行线，把此平行线之下各压力值的视吸附量对称到此平行线之上，可对过量吸附进行校正。然而，这种校正方法不具有任何物理意义。高温高压下过量吸附现象的发生，主要是由于不同温度下气相密度随压力增加的速率不同，且不同温度下吸附相密度有所差异。

利用公式(3-17)进行煤样浮力测试时，通常以最大压力点下最终测得的样品桶和样品的质量及体积作为其最终结果，但是在实际测试过程中，样品桶和样品的质量及体积是动态变化的。通常，煤岩浮力测试的最大压力为 5MPa，测试点压力分别为 1MPa、2MPa、3MPa、4MPa 和 5MPa，而本次研究时对浮力测试的压力点进行了加密，据此可以研究非吸附状态下煤岩体积和质量的动态变化。对不同测试压力下不同粒径煤样体积的动态变化研究发现，在低压条件下煤岩的体积快速增加，但煤样体积实际增加量并不显著，在测试压力超过 3.5MPa 后，煤样体积趋于稳定(图 3-51)。

煤样体积的增加可能与低压条件下 He 的快速充填有关。由于煤样体积的动态变化，利用公式(3-17)计算的煤样质量也发生动态变化，但煤样质量的变化通常在小数点后第五位。利用浮力测试计算得到的样品质量和体积最终用于计算煤样的吸附量，很显然，浮力测试阶段不同最大测试压力下测得的样品桶和样品的质量及体积对最终煤样吸附量以及吸附曲线的形态均会产生巨大的影响。

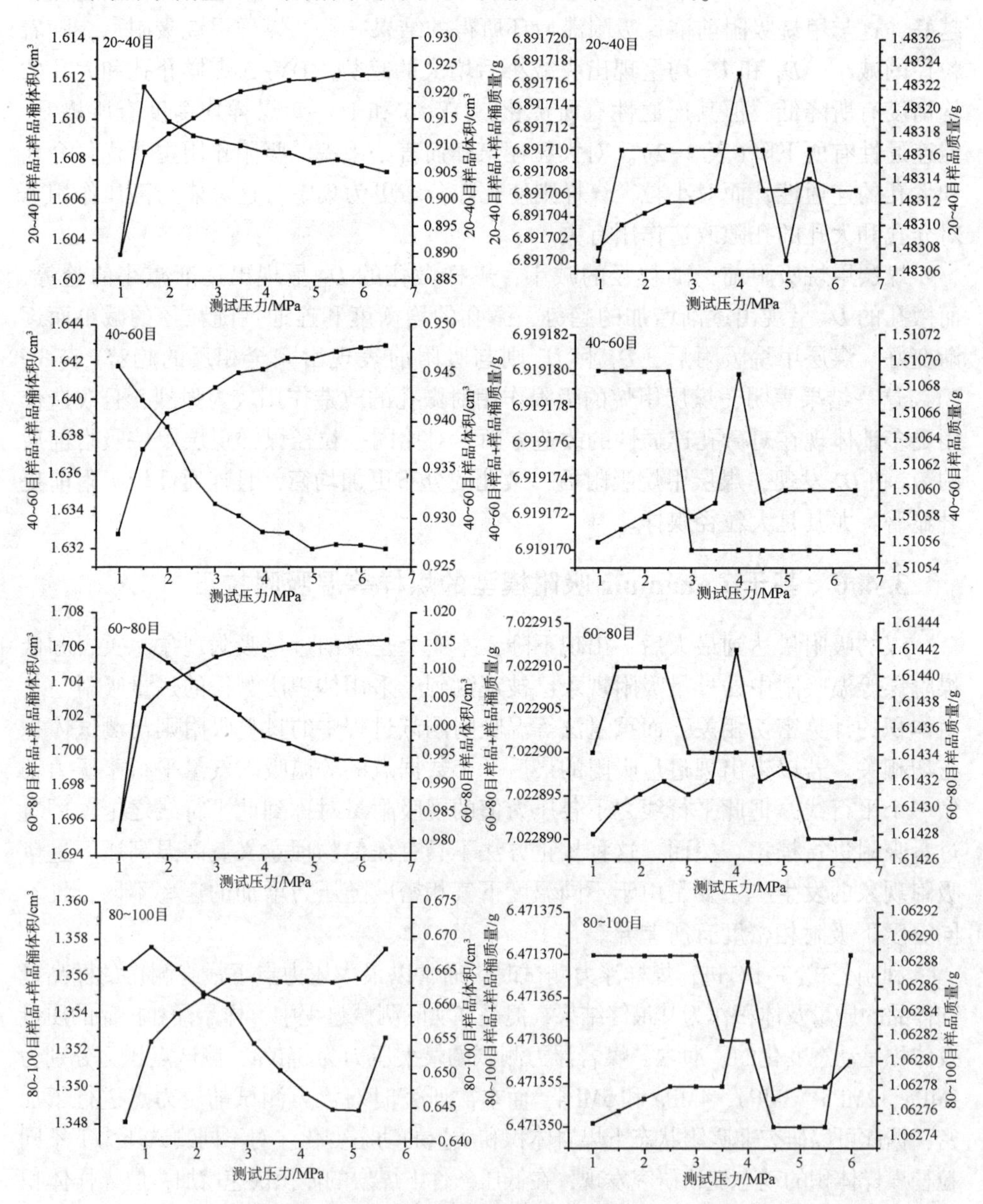

图 3-51　不同粒径煤样质量和体积随测试压力的动态变化

在不考虑吸附作用的情况下，煤颗粒之间由于存在一定的孔隙，在测试压力增加的情况下，煤岩体积会发生动态变化。前面对煤岩孔隙特征的研究表明，在压力超过 10MPa 时，煤基质会发生收缩，且煤基质收缩效应随着测试压力的增加而增加。本次等温吸附最大测试压力达到了 20MPa，因此煤基质的收缩效应同样会引起煤样体积的变化。在 CH_4 吸附过程中，吸附相甲烷会占据一定的体积，有学者研究表明，煤岩吸附甲烷引起的体积应变 ε_s 与压力 p 的关系满足 Langmuir 类型曲线，即：

$$\varepsilon_s=\varepsilon_L\frac{p}{p+p_L} \tag{3-27}$$

式中 ε_L——孔隙压力无限大时的体积应变常数；

p_L——当体应变等于 $0.5\varepsilon_L$ 时的孔隙压力。

实验测得的吸附量均为过量吸附，需要利用公式(3-23)将其校正为绝对吸附。但吸附相密度通常无法直接通过实验获得，研究人员多采用近似方法或者将吸附相密度作为未知参数参与拟合，常见的吸附相密度如表 3-3 所示。

$$V_{ad}=V_{ex}/(1-\rho_g/\rho_{ad}) \tag{3-28}$$

式中 V_{ad}——平衡压力下的甲烷绝对吸附量，cm^3/g；

V_{ex}——平衡压力下的甲烷吸附量，cm^3/g；

ρ_g——实验温度、压力下气相密度，g/cm^3；

ρ_{ad}——实验温度、压力下吸附相密度，g/cm^3。

基于吸附相密度，利用公式(3-29)可以计算吸附过程中，吸附相甲烷体积的动态变化。利用不同吸附相密度计算获得的吸附相甲烷体积不同，在本次研究过程中选取 0.375mg/L 作为吸附相的密度。

$$V=\frac{V_{ad}M}{22400\rho_{ad}} \tag{3-29}$$

式中 V——平衡压力下的吸附相体积，cm^3/g。

表 3-3 常用甲烷吸附相密度

序号	公 式	数 据 来 源
1	0.42g/mL	Sudibandriyo 等，2003；Day 等，2008；Harpalani 等，2006
2	$\rho_{ad}=(8Mp_c)/(RT_c)$	Dubinin，1960
3	$\rho_{ad}=\rho_b\exp[-0.0025\times(T-T_b)]$	Ozawa 等，1976
4	0.375g/mL	Cui 等，2005
5	与吸附质、吸附相的厚度有关	Murata 等，2002

注：M 为甲烷分子摩尔质量，g/mol；p_c 为甲烷的临界压力，MPa；T_c 为甲烷的临界温度，K；R 为气体常数，取 8.3144J/(mol · K)；ρ_b 为甲烷的沸点密度，g/cm^3；T_b 为甲烷的沸点温度，K；T 为测试温度，K。

基于煤样体积的动态变化、高压下煤基质的收缩效应以及吸附过程中吸附相体积的动态变化，对公式(3-20)进行修正，并基于此进行了不同粒径煤样等温吸附的校正。由于煤样 0.5MPa 和 1MPa 下测得的测试体积存在一定的计算误差，采用外延法估算 0.5MPa 和 1MPa 下不同粒径煤样的体积。在压力超过 6.5MPa 后，煤的体积趋于稳定。因此，在压力超过 6.5MPa 后，认为煤的体积不发生变化。

$$m_{c+s}+\Delta m=m_2+\rho_{CH_4}[V_{(c+s)i}-\Delta V_{ci}+\Delta V_i] \quad (3-30)$$

式中 $V_{(c+s)i}$——不同压力下样品真实测试体积，cm^3；

ΔV_i——不同压力下吸附相甲烷体积，cm^3；

ΔV_{ci}——压力超过 10MPa 后不同压力下煤基质的收缩量，cm^3。

据此，可以获得校正后不同压力点下煤岩吸附甲烷的质量为：

$$\Delta m=m_2+\rho_{CH_4}[V_{(c+s)i}-\Delta V_{ci}+\Delta V_i]-m_{c+s} \quad (3-31)$$

利用公式(3-31)，结合公式(3-21)即可获得不同压力点下煤岩的甲烷吸附量：

$$V=\{V_{CH_4}\cdot[m_2+\rho_{CH_4}(V_{(c+s)i}-\Delta V_{ci}+\Delta V_i)-m_{c+s}]/M_{CH_4}\}/m_s \quad (3-32)$$

校正后，煤样的等温吸附曲线接近于吸附 I 型曲线，且随着煤样粒径的减小，煤样的吸附量逐渐增加(图 3-52)，而这与煤岩孔隙结构的改善有一定的关系。

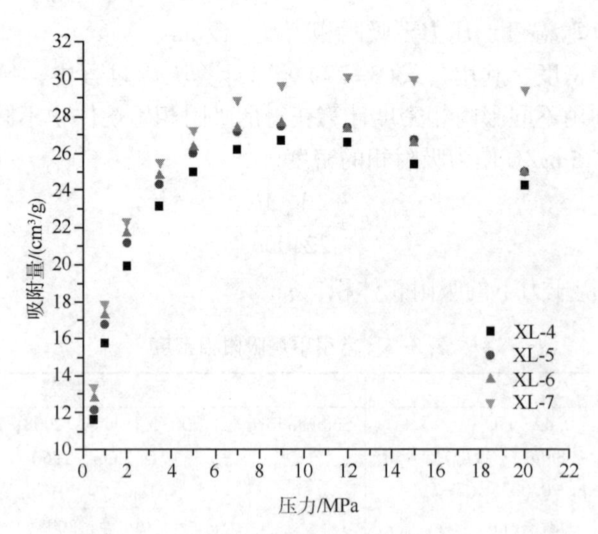

图 3-52 校正的不同粒径煤样等温吸附曲线

4 黔西珠藏向斜储层复杂程度

珠藏向斜主要煤层平面上具有相似的变化规律，储层空间展布特征以成煤期基底形态及地壳不均匀沉降为背景，后期构造运动对其进行改造，且受构造控制明显，主要体现在褶皱和断层两个方面。珠藏向斜西北部还发育有地贵背斜，东南部发育有老邦寨向斜、屯上背斜等褶皱构造，在这些大型褶皱构造附近还伴生有其他次级褶皱构造。珠藏向斜断裂也较为发育，如在红梅井田等，其断层密度较大，而其他井田除地表出露断层外，还发育有大量的隐伏断层。这些构造因素势必会影响煤层气后期开采，因此有必要查清构造控制下储层的复杂程度，在此基础上研究其对产能的贡献，制定合理的煤层气井型井网，提高煤层气单井产能。

在分析收集到的地质资料的基础上，选取断层倾角、断层落差、断层延展长度、断层密度及构造曲率五个因素来判断黔西珠藏向斜构造控制下储层的复杂程度。

4.1 网格划分

前人对构造复杂程度的定量评价有较为丰富的研究，通常采用统计综合定性评价、模糊综合定量评价、灰色模糊理论、神经网络定量评价、数学地质定量评价、等性块段定性评价以及等性块段—模糊理论半定性—半定量评价等多种方法。构造复杂程度的定量评价因其能够更为清晰地反映构造情况而受到青睐。因此，采用定量评价方法对珠藏向斜构造控制下储层复杂程度进行研究。在研究之前，首先对珠藏向斜进行网格划分，采用边长 2km×2km 的正方形对珠藏向斜进行了网格划分，共划分网格 43 个，如图 4-1 所示。

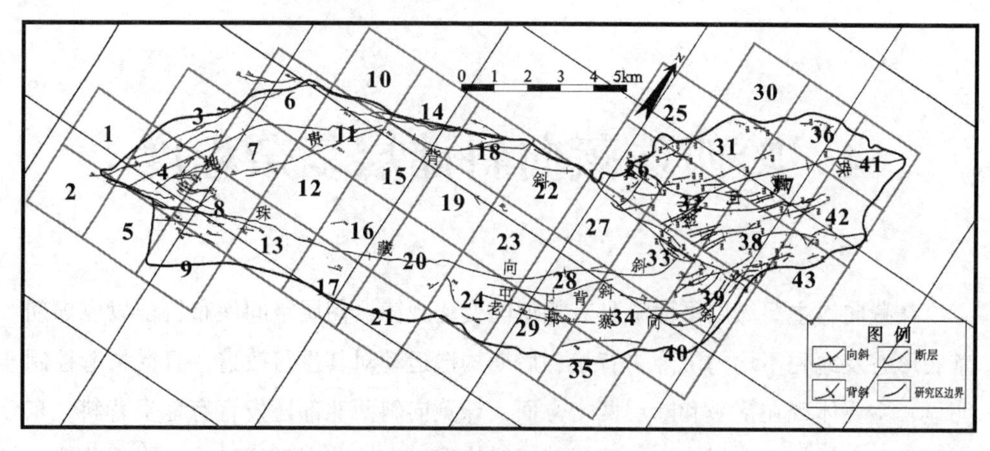

图 4-1　珠藏向斜网格划分示意图

4.2　珠藏向斜断裂构造特征

4.2.1　珠藏向斜断层倾角特征

断层倾角是指断层一盘岩层面上的真倾斜线与其在水平面上投影的夹角。断层带部位通常会伴生牵引褶皱，在一定程度上会改变煤储层的厚度。在珠藏向斜划分的网格中，部分网格内仅存一条断层，另一部分网格内存在多条断层。在统计过程中，网格内存在一条断层的，该网格断层倾角为该断层倾角；网格内存在多条断层的，取网格内影响程度最大的断层倾角为该网格断层倾角。依据此统计原理，绘制了珠藏向斜断层倾角等值线图，如图 4-2 所示。

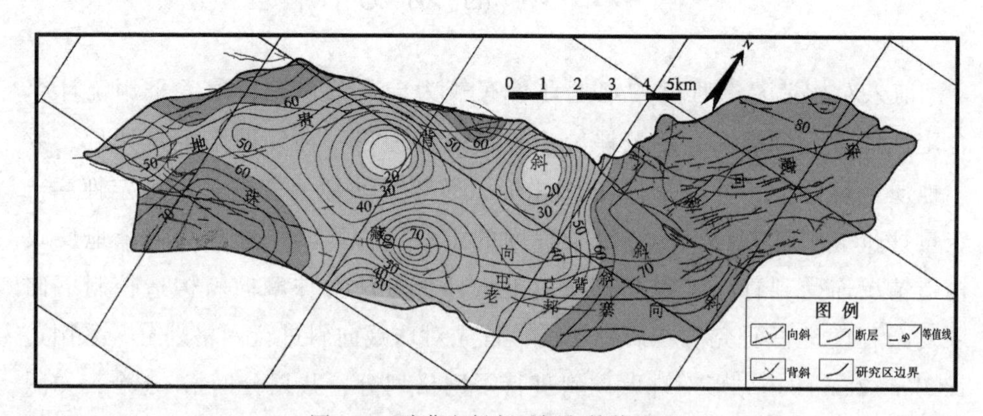

图 4-2　珠藏向斜断层倾角等值线图

珠藏向斜内断层倾角为40°~87°，平均值为65°，整体上断层倾角较大。珠藏向斜断层倾角高值区主要位于北部的红梅井田，在肥田一号井田西北部及肥田二号井田断层倾角也较大。红梅井田南部发育有大型边界断层，这些边界断层对整个红梅井田内其他断层发育具有控制作用，造成红梅井田内整体断层倾角较大。在肥田一号井田西北部，发育有大型边界断层，而在肥田一号井田内部，断层发育较少，其断层倾角普遍较低。

4.2.2 珠藏向斜断层落差特征

断层落差是断层倾向断距的铅直分量。在断层带两侧，储层形态发生一定程度的变化，断层落差越大，断层两盘储层厚度变化也越大。在统计过程中，网格内存在一条断层的，该网格落差为该断层落差；网格内存在多条断层的，取网格内影响程度最大的断层落差为该网格断层落差。依据此统计原理，绘制了珠藏向斜断层落差等值线图，如图4-3所示。

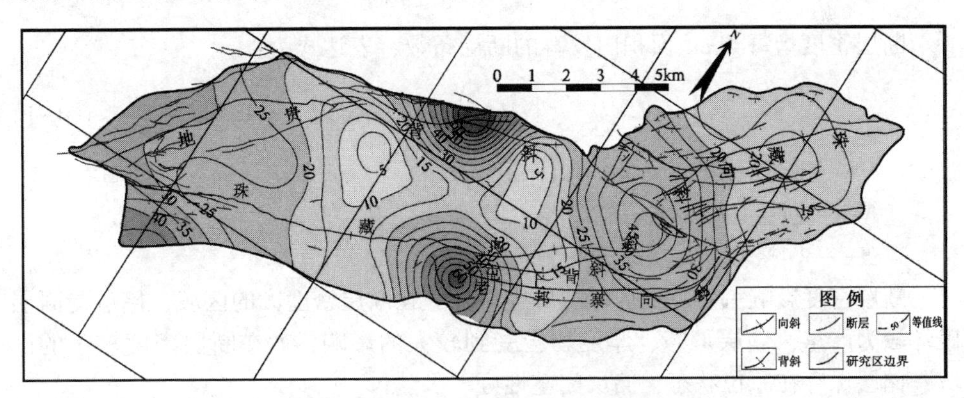

图4-3 珠藏向斜断层落差等值线图

珠藏向斜内断层落差为5~80m，平均值为26m。该区内断层落差高值区分布在红梅井田南部、肥田一号井田西北部以及肥田三号井田东南部。红梅井田南部发育有若干条大型边界断层，断层的累加效应造成该区域断层落差较大；肥田一号井田西北部除发育有边界断层外，地贵背斜的发育造成该区域断层落差增大；在肥田三号井田内，断层落差的高值区受到断层、珠藏向斜、老邦寨向斜及屯上背斜的共同叠加作用，断层落差较大。

珠藏向斜内断层落差小于40m时，随着断层落差的增加，断层的密度及断层延展长度均有一定程度的增加；而当断层落差大于40m后，二者关系较为离散(图4-4)。分析认为，在落差小于40m时，随着断层落差的增加，断层逐渐由小断层向大中型断层发育，大中型断层的发育通常伴生有新产生的小型断层，导致一定范围内断层密度、断层延展距离相对增大；而当断层落差大于40m时，多发育大型边界断层，且在珠藏向斜内边界断层附近伴生小断层不明显，导致二者关系较为离散。

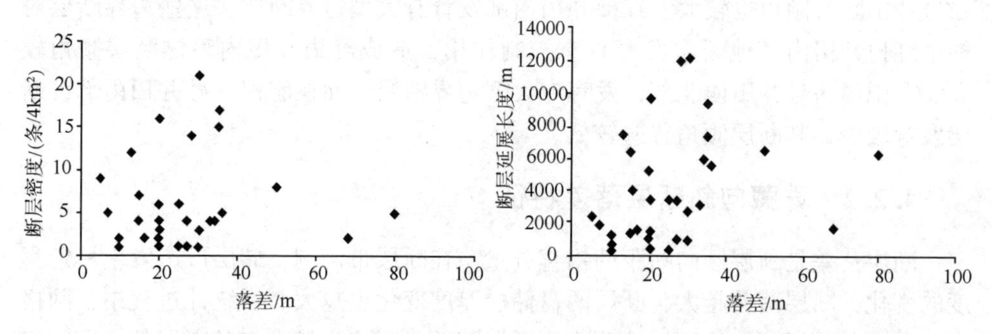

图 4-4　珠藏向斜断层落差与断层密度、断层延展长度关系图

4.2.3　珠藏向斜断层密度特征

断层密度指每 $4km^2$ 面积内发育的断层条数，表达式为：

$$M=\frac{N}{S} \tag{4-1}$$

式中　M——断层密度，条/$4km^2$；

N——断层条数，条；

S——网格面积，$4km^2$。

断层密度影响一定范围内储层的完整性，在断层密度大的区域，储层受断层破坏较为严重，储层形态、厚度均会受到较大的影响，而在断层密度较小的区域，储层保存在原位状态，储层完整性好。

珠藏向斜内断层密度差异性较大，最大可达到 21 条/$4km^2$，一般为 5 条/$4km^2$。断层密度高值区位于红梅井田南部、肥田一号井田西南部以及肥田二号井田南部(图 4-5)，这些区域断层密度普遍较高，煤层受损程度可能较高。

4.2.4　珠藏向斜断层延展长度特征

断层延展长度指每 $4km^2$ 面积内发育的断层延展总长度，表达式为：

$$L=\sum_{i=1}^{N} L_{\mathrm{i}} \tag{4-2}$$

式中　L——断层延展长度，m；

N——断层条数，条；

L_{i}——单条断层延展长度，m。

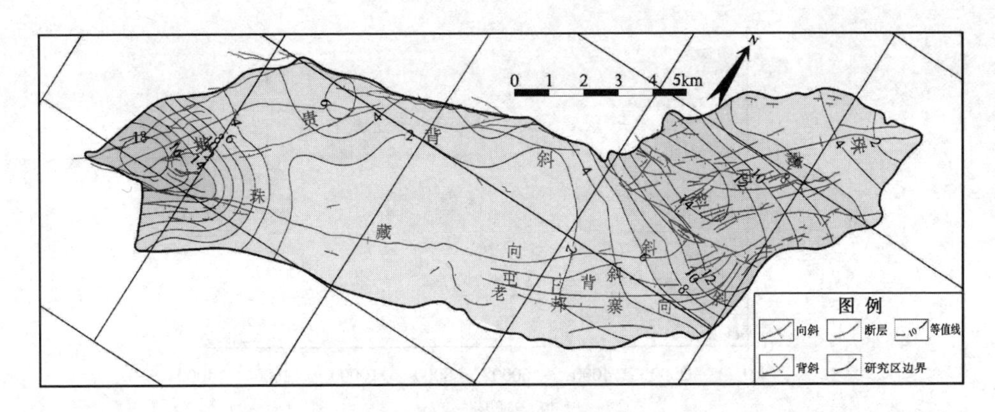

图 4-5 珠藏向斜断层密度等值线图

断层延展长度同断层密度一样，影响一定范围内储层的完整性。珠藏向斜内断层延展长度差异性较大，延展长度为 82.77～12253.15m，平均为 3719.74m。断层延展长度高值区位于红梅井田南部、肥田一号井田西南部以及肥田二号井田南部(图 4-6)，与断层密度高值区基本重叠，意味二者之间存在某种相关性。

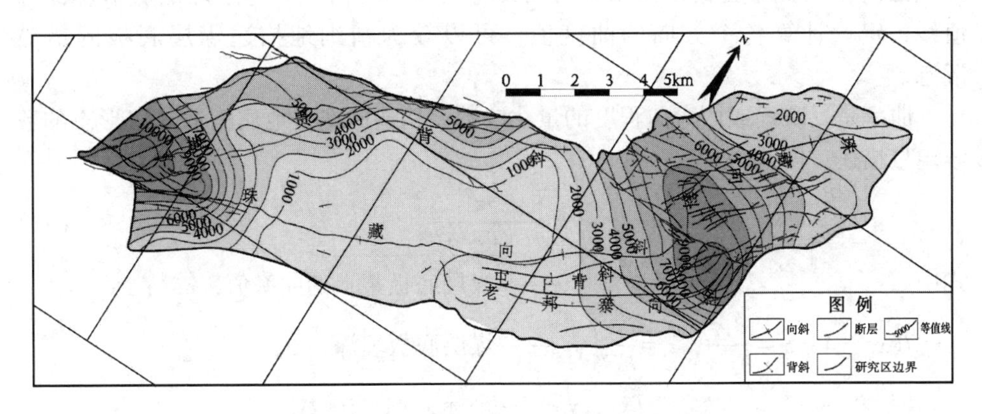

图 4-6 珠藏向斜断层延展长度等值线图

由图 4-7 可以发现，断层密度与断层延展长度二者相关性较好。以断层密度平均值 5 条/4km^2 为界发现，在平均密度之下，断层延展长度普遍小于 6000m，这在珠藏向斜内表现为断层多为大型边界断层及中型断层附近伴生部分小型断层；而在断层密度大于 5 条/4km^2 的范围内，断层延展距离迅速增加，这主要是由于网格内断层数目较多造成的。

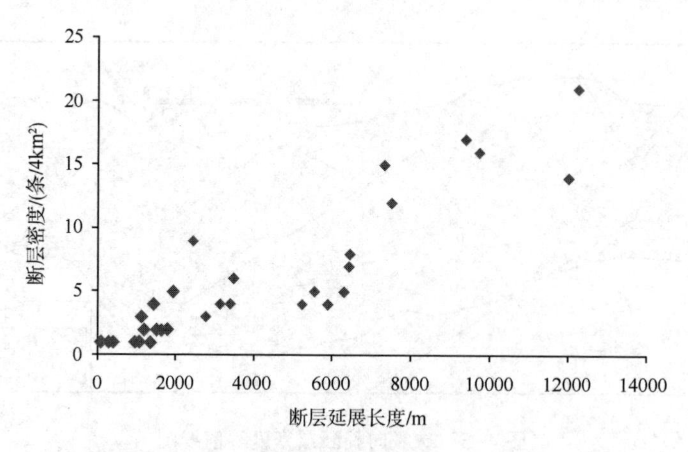

图 4-7　珠藏向斜断层延展长度与断层密度关系图

4.3　珠藏向斜储层构造曲率特征

珠藏向斜内各井田勘查程度普遍达到精查，各勘探线数据可靠，据此绘制出该区内各主要煤层底板埋深等值线具有较高的可信性。基于煤层底板埋深等值线，定量计算各个方向的曲度值，可以较为精细地描述煤层底板的褶皱形态。

曲率是反映线或面弯曲程度的量化参数，构造曲率是地质构造几何形态的数学定量描述，即：

$$k=\frac{z''}{(1+z'^2)^{3/2}} \tag{4-3}$$

式中　k——煤层底板某点的曲率值，m^{-1}；

$z=f(x,\ y)$，$z'=\frac{\partial f}{\partial\ 'x}$，$z''=\frac{\partial\ ^2f}{\partial\ ''x}$，$z$——煤层底板埋深，m；

$f(x,\ y)$——坐标 x，y 的函数。

按照公式(4-4)、公式(4-5)对煤层底板埋深等值线进行差分，对于 BI 方向(图 4-8)得：

$$z'=\frac{f(x_{i+1},\ y_j)-f(x_{i-1},\ y_j)}{2\Delta h} \tag{4-4}$$

$$z''=\frac{2f(x_i,\ y_j)-[f(x_{i+1},\ y_j)+f(x_{i-1},\ y_j)]}{\Delta h^2} \tag{4-5}$$

将式(4-4)、式(4-5)差分结果代入式(4-3)计算出曲率值。对于 BI 方向，可以计算出 F 点一个方向曲率值 k_{BI}，同理可以分别计算出 AJ、EG、CH 方向的曲率

值 k_{AJ}、k_{EG}、k_{CH}(图 4-8)，因为煤层总是在曲率值最大的地方受到最大拉张或挤压作用，因此取 F 点的最大曲率值作为该点的最终曲率，用数学表达式表示为：

$$k_F = \max(k_{BI}, k_{AJ}, k_{EG}, k_{CH}) \tag{4-6}$$

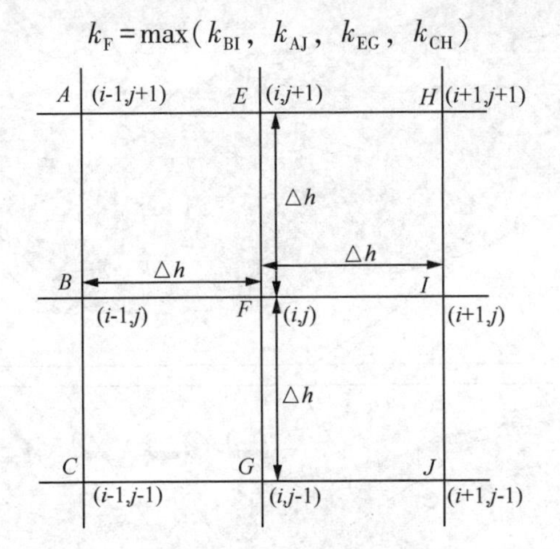

图 4-8　网格差分示意图

基于此原理，绘制了珠藏向斜主要煤层构造曲率等值线图(图 4-9)。

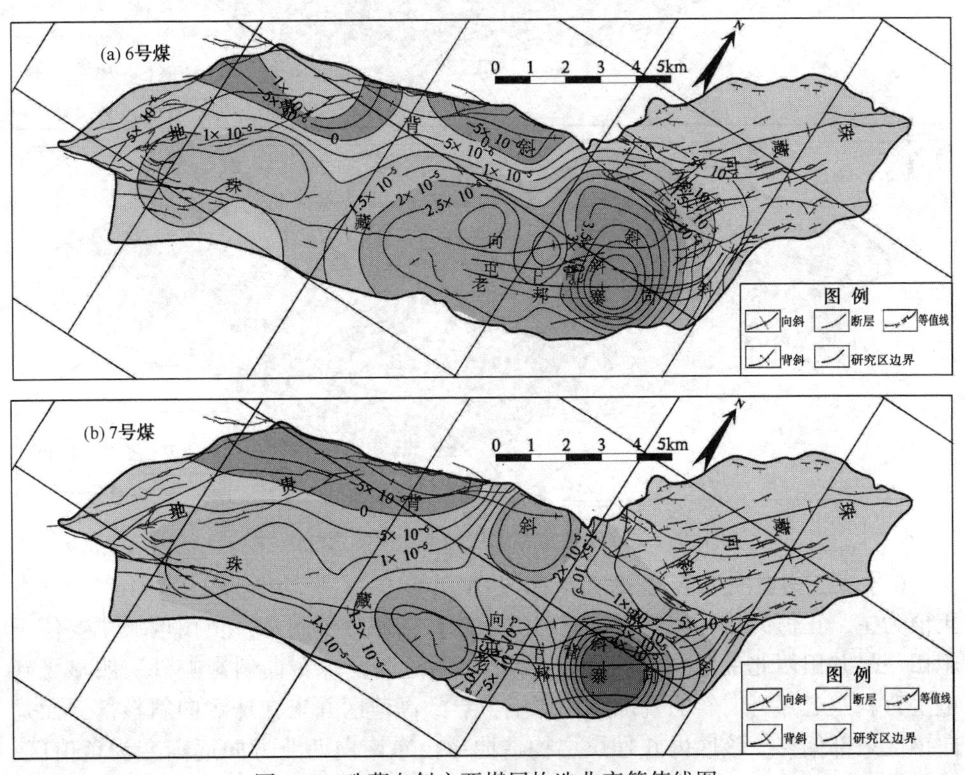

图 4-9　珠藏向斜主要煤层构造曲率等值线图

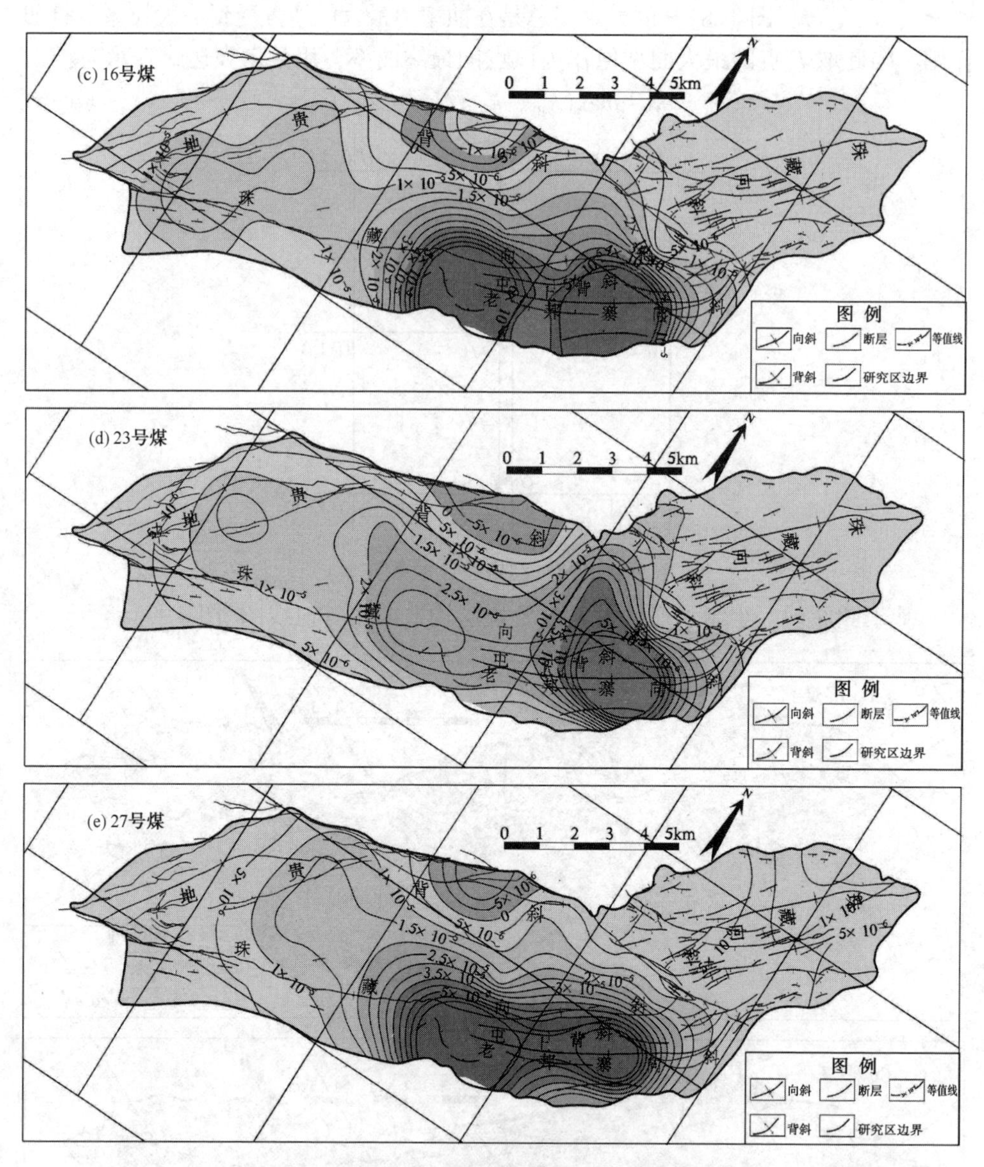

图 4-9　珠藏向斜主要煤层构造曲率等值线图(续)

6 号煤层构造曲率值为$-2.24\times10^{-5}\sim6.99\times10^{-5}$，平均值为 1.07×10^{-5}，且以正值为主，正值高值区位于肥田三号井田珠藏向斜核部附近，负值区域主要位于肥田一号井田西北部。6 号煤层正值高值区附近除受珠藏向斜影响外，明显受到屯上背斜及老邦寨向斜的叠加作用影响，导致高值区并未在珠藏向斜核部，而是向该区东部偏移。该区内 6 号煤层构造曲率由东南向西北方向逐渐变为负值区，分析认为该区内构造主要受珠藏向斜控制，但在该区西北部发育的地贵背斜在一定程度上抵消了珠藏向斜的控制作用，且在西北边界部分地贵背斜的控制作用要明显强于珠藏向斜。

7 号煤层构造曲率值为$-1.58\times10^{-5}\sim7.89\times10^{-5}$，平均值为$9.51\times10^{-6}$。7 号煤层同 6 号煤层一样，构造曲率正值高值区位于珠藏向斜核部附近，而负值区则向西南方向偏移，且其负值极值要高于 6 号煤层，即 7 号煤层弯曲程度要小于 6 号煤层，这在一定程度上表明 7 号煤层很可能是该区的构造中和面。

16 号煤层构造曲率值为$-2.79\times10^{-5}\sim1.21\times10^{-4}$，平均值为$1.62\times10^{-5}$。16 号煤层正值高值区范围进一步增大，表明珠藏向斜对该区储层形态的控制进一步加强，而构造曲率负值区域面积则进一步缩小。16 号煤层较 7 号煤层构造曲率平均值明显增大，表明此时该区构造曲率受珠藏向斜控制进一步增大，而地贵背斜的构造控制作用进一步减弱。

23 号煤层构造曲率值为$-1.52\times10^{-5}\sim1.17\times10^{-4}$，平均值为$1.42\times10^{-5}$；27 号煤层构造曲率值为$-2.03\times10^{-5}\sim1.07\times10^{-4}$，平均值为$1.56\times10^{-5}$。23 号、27 号煤层构造曲率分布规律与 16 号煤相似。

综上发现，珠藏向斜各主要煤层构造曲率分布具有相似的规律，即构造曲率正值高值区位于东部珠藏向斜核部附近，向西北方向构造曲率逐渐减小，并开始由正值向负值转变，说明由西南向东北方向，构造曲率受珠藏向斜的控制作用逐渐减弱。各主要煤层随着层位的降低，构造曲率平均值出现先减小后增大的趋势，且 16 号煤、23 号煤及 27 号煤构造曲率平均值相似，表明珠藏向斜褶皱中和面可能位于 7 号煤与 16 号煤之间的某个位置。6 号煤和 7 号煤构造曲率正值极值数量级为10^{-5}，而 16 号煤、23 号煤及 27 号煤构造曲率正值极值数量级可达到10^{-4}，说明低层位煤层在个别区域弯曲程度较大，这一方面是褶皱的影响，另一方面可能与深大断裂的发育有关。

4.4 珠藏向斜构造控制下储层复杂程度的定量评价

4.4.1 层次分析法简介

如前所述，前人在研究构造复杂程度时采用了多种方法，并取得了良好的效果。本文研究构造控制下储层复杂程度时采用层次分析法进行定量评价。

层次分析法(Analytic Hierarchy Process Method，AHP 方法)是 20 世纪 70 年代美国著名运筹学学家 Satty 提出的，该方法是在对复杂决策问题的本质、影响因素及其内在关系等进行深入分析之后，构建一个层次结构模型，利用较少的定量信息，使思维过程数学化，从而求解多准则或无结构特性的复杂问题。层次分析法大体可以分为以下六个步骤：(1)明确问题，建立层次结构。(2)两两比较，建立判断矩阵。(3)层次单排序及其一致性检验。(4)层次总排序及其一致性检验。(5)根据分析计算结果，确定各准则权重。

1. 递阶层次结构的建立

一般来说，可以将层次分为三种类型：

(1)最高层：只包含一个元素，表示决策分析的总目标，也称为总目标层。

(2)中间层：包含若干层元素，表示实现总目标所涉及的各子目标，包含各种准则、约束等，也称为目标层。

(3)最底层：表示实现各目标的可行方案、措施等，也称为方案层。

典型的递阶层次结构如图 4-10 所示。

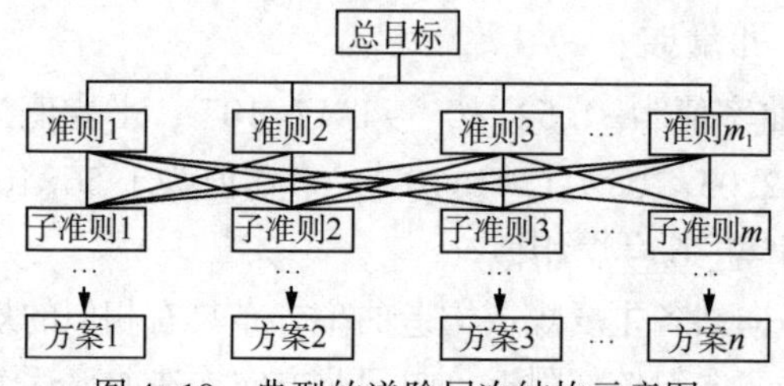

图 4-10　典型的递阶层次结构示意图

2. 构造比较判断矩阵

设有 m 个目标(方案或元素)，根据某一准则，将这 m 个元素两两进行比较，把第 i 个目标($i=1, 2, \cdots, m$)对第 j 个目标的相对重要性记为 a_{ij}($j=1, 2, \cdots, m$)，这样构造的 m 阶矩阵用于求解各个目标关于某准则的优先权重，称为权重解析判断矩阵，简称判断矩阵，记作 $A=(a_{ij})_{m\times m}$。

Satty 于 1980 年根据一般人的认知习惯和判断能力给出了属性间相对重要性登记表(表 4-1)，利用该表取 a_{ij}的值，称为 1~9 标度方法。

表 4-1　目标重要性判断矩阵 A 中元素的取值

相对重要性	定　义	说　明
1	同等重要	两个目标同样重要
3	略微重要	由经验或判断，认为一个目标比另一个略微重要
5	相当重要	由经验或判断，认为一个目标比另一个重要
7	明显重要	深感一个目标比两个重要，且这种重要性已有实践证明
9	绝对重要	强烈地感到一个目标比另一个重要得多
2，4，6，8	两个相邻判断的中间值	需要折中时采用

若能够准确估计 a_{ij}($j=1, 2, \cdots, m$)，则有：

$$a_{ij}=1/a_{ji}$$

$$a_{ij}=a_{ik}\cdot a_{kj}$$

$$a_{ii}=1$$

3. 单准则下的排序

层次分析法的信息基础是比较判断矩阵。由于每个准则都支配下一层若干因素，这样对于每一个准则及它所支配的因素都可以得到一个判断矩阵。因此根据比较判断矩阵如何取得各因素 w_1、w_2、…、w_m对于准则 A 的相对排序权重的过程称为单准则下的排序。这里设 $A=(a_{ij})_{m\times m}$，$A>0$。

(1)本征向量法。

利用 $Aw=\lambda w$ 求出所有的 λ 值，其中 λ_{max} 为 λ 的最大值，求出对应的特征向量 w^*，然后把特征向量 w^* 归一化为向量 w，则 $w=[w_1, w_2, \cdots, w_m]^T$ 为各个目标的权重。求 λ 需要解 m 次方程，可以用 matlab 求解。

(2)判断矩阵的近似解法。

判断矩阵是主观判断的定量描述，通常采用和法近似求解判断矩阵。

将 A 的元素按列做归一化处理，得矩阵 $Q=(q_{ij})_{m\times m}$。其中，$q_{ij}=a_{ij}/\sum_{k=1}^{m}a_{kj}$。

将 Q 的元素按行相加，得向量 $\alpha=[\alpha_1, \alpha_2, \cdots, \alpha_m]^T$。其中，$\partial_i=\sum_{j=1}^{m}q_{ij}$。

对向量 α 做归一化处理，得权重向量 $w=[w_1, w_2, \cdots, w_m]^T$。其中，$w_i=\partial_i/\sum_{k=1}^{m}\partial_k$。

求出最大特征值 $\lambda_{max}=\frac{1}{m}\sum_{i=1}^{m}\frac{(AW)_I}{w_i}$。

4. 单准则下的一致性检验

由于客观事物的复杂性，会使人们的判断带有主观性和片面性，完全要求每次比较判断的思维标准一致是不太可能的。因此在构造比较判断矩阵时，并不要求 $n(n-1)/2$ 次比较全部一致。但这可能出现甲与乙相比明显重要，乙与丙相比极端重要，丙与甲相比明显重要，这种比较判断会出现严重不一致的情况。虽然不要求判断具有一致性，但一个混乱的、经不起推敲的比较判断矩阵有可能导致判断的失败，所以希望在判断时应大体一致。而上述计算权重的方法，当判断矩阵过于偏移一致性时，其可靠程度也就值得怀疑了。因此，对于每一层做单准则排序时，均需要做一致性检验。

一致性指标(Consistency Index，CI)：$CI=\frac{\lambda_{max}-m}{m-1}$。

随机指标(Random Index，RI)。

一致性比率(Consistency Rate，CR)：$CR=CI/RI$。

当 CR 取 0.1 时，最大特征值 $\lambda'_{max}=CI\cdot(m-1)+m=0.1\cdot RI\cdot(m-1)+m$。

表中当 $n=1$，2 时，$RI=0$，这是因为 1，2 阶判断矩阵总是一致的。

当 $n \geqslant 3$ 时，若 $CR<0.1$，即 λ_{max} 小于 λ'_{max}，认为比较判断矩阵的一致性可以接受，否则应对判断矩阵作适当的修正，直到 λ_{max} 小于 λ'_{max}，通过一致性检验时，求得的 W 才有效(表 4-2)。

表 4-2　随机指标 RI、λ'_{max} 取值表

m	1	2	3	4	5	6	7	8	9
RI	0	0	0.58	0.90	1.12	1.24	1.32	1.41	1.45
λ'_{max}			3.116	4.27	5.45	6.62	7.79	8.99	10.16

5. 层次总排序

计算同一层次中所有元素对最高层(总目标)的相对重要性标度(又称权重向量)称为层次总排序。

层次总排序的步骤为：

(1)计算同一层次所有因素对最高层相对重要性的权重向量，这一过程是自上而下逐层进行。

(2)设已计算出第 k-1 层上有 $n_{(k-1)}$ 个元素相对总目标的权重向量为 $w^{(k-1)}=[w_1^{(k-1)}, w_2^{(k-1)}, \cdots, w_{n(k-1)}^{(k-1)}]^T$。

(3)第 k 层上有 n_k 个元素，它们对于上一层次(第 k-1 层)的某个元素 j 的单准则权重向量为 $p_j^{(k)}=[w_{1j}^{(k)}, w_{2j}^{(k)}, \cdots, w_{nkj}^{(k)}]^T$(对于与 k-1 层第 j 个元素无支配关系的对应 w_{ij} 取值为 0)。

(4)第 k 层相对总目标的权重向量为 $w^{(k)}=(p_1^{(k)}, p_2^{(k)}, \cdots, p_{k-1}^{(k)})\cdot w^{(k-1)}$。

人们在对各层元素作比较时，尽管每一次中所用的尺度基本一致，但各层之间仍可能有所差异，而这种差异将随着层次总排序的逐渐计算而累加起来，因此需要从模型的总体上来检验这种差异尺度的累积是否显著，检验的过程称为层次总排序的一致性检验。

第 k 层的一致性检验指标为 $CI_k=[CI_1^{(k-1)}, CI_1^{(k-1)}, \cdots, CI_{nk}^{(k-1)}]w^{(k-1)}$，$RI_k=[RI_1^{(k-1)}, RI_1^{(k-1)}, \cdots, RI_{nk}^{(k-1)}]w^{(k-1)}$，$CR^k=CR^{k-1}+CI^k/RI^k(3\leqslant k\leqslant n)$，当 $CR^k<0.1$ 时，可认为评价模型在第 k 层水平上整个达到局部满意一致性。

4.4.2　层次分析法定量评价珠藏向斜储层复杂程度

在利用层次分析法分析两个元素间相对重要性时，为科学有效的对比，在此引入单因素构造控制下储层厚度分异系数来进行比较。其计算公式为：

$$\gamma=\frac{S}{\overline{M}} \tag{4-7}$$

$$S=\sqrt{\frac{\sum_{i=1}^{n}(M_i-\overline{M})^2}{n-1}} \tag{4-8}$$

式中 S——煤厚标准差，m；

$\overline{M}$——煤厚平均值，m；

M_{i}——某点实测煤厚，m；

n——见煤点数量；$i=1，2，\cdots，n$。

在计算珠藏向斜各主要煤层单因素构造控制下储层厚度分异系数时，统计并绘制了该区各构造因素对储层厚度的控制变化图，各主要煤层在单构造因素控制下，厚度变化具有明显的分区性(图 4-11)。在此，以典型的 6 号煤为例，进行说明。

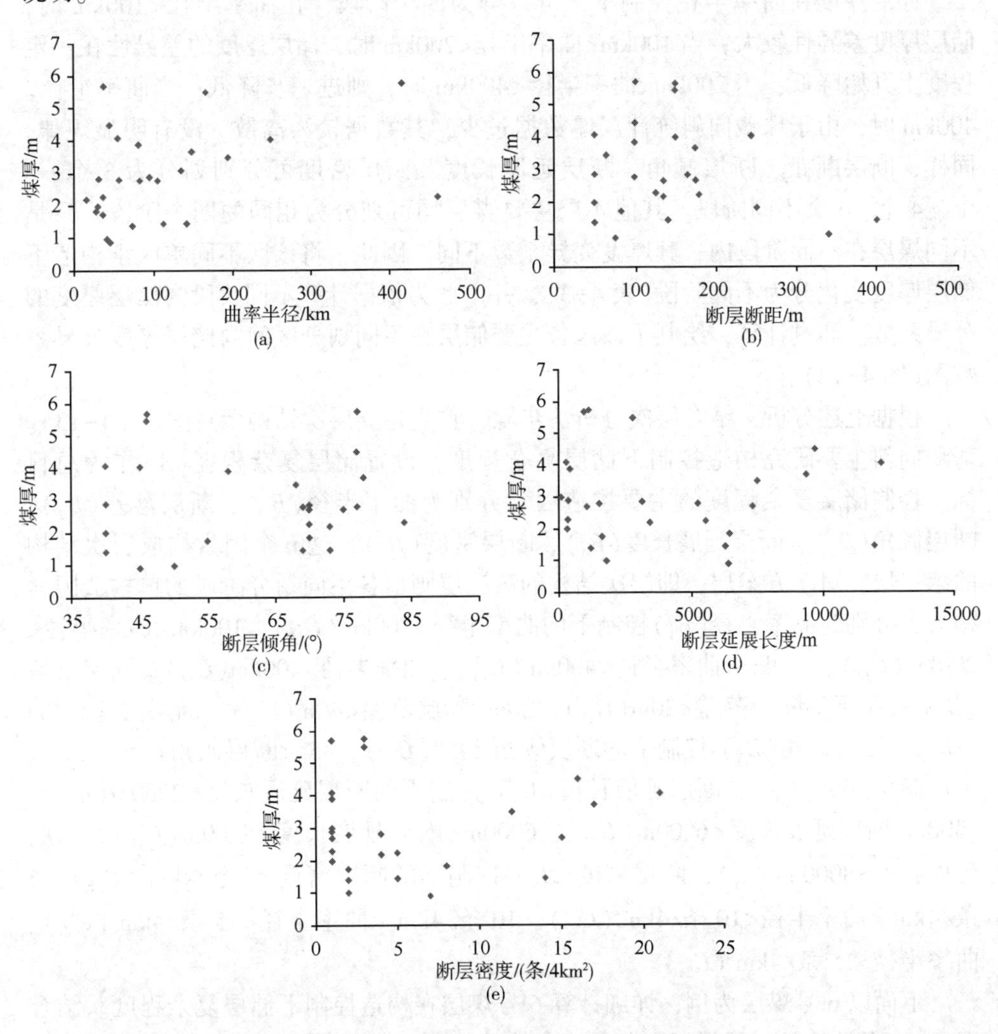

图 4-11 珠藏向斜 6 号煤在单构造因素控制下煤层厚度关系图

表 4-3　珠藏向斜单因素构造控制下储层厚度阶段划分表

曲率半径/km	断层断距/m	断层倾角/(°)	断层延展长度/m	断层密度/(条/4km^2)
<100	<20	<45	<2000	<5
100~200	20~40	45~65	2000~6000	5~10
200~400	>40	>65	6000~8000	10~15
>400			>8000	>15

储层厚度在曲率半径控制下，可以分为四个阶段，在曲率半径<100km 时，储层厚度差异性较大；当 100km<曲率半径<200km 时，储层厚度的差异性在一定程度上开始降低；当 200km<曲率半径<400km 时，则进一步降低；当曲率半径>400km 时，由于珠藏向斜统计煤厚数据过少，其数据较为离散，没有明显规律。同样，断层断距、断层倾角、断层延展长度及断层密度可分别划分为 3 个、3 个、4 个、4 个不同阶段。其他 4 层主要煤层均可划分为相同的四个阶段，只是不同煤层在不同阶段内，其厚度变异系数不同。因此，将该区不同单因素构造下储层厚度变化分为不同阶段(表 4-3)，并以此为依据计算不同阶段内储层厚度的分异系数。通过计算，绘制了该区各主要储层在不同划分区间内储层厚度分异系数图(图 4-12)。

根据上述分析，结合层次分析法步骤，首先建立层次结构示意图(图 4-13)。珠藏向斜主要研究构造控制下储层复杂程度，设置储层复杂程度(A)作为总目标。控制储层复杂程度的主要构造因素分别为曲率半径(B_1)、断层落差(B_2)、断层倾角(B_3)、断层延展长度(B_4)、断层密度(B_5)，这五个因素构成层次结构的第二层。对于方案层，即层次结构的第三层则由各不同划分阶段的单构造因素构成，分别为曲率半径(B_1)控制下的曲率半径<100km(C_{11})、100km<曲率半径<200km(C_{12})、200km<曲率半径<400km(C_{13})、曲率半径>400km(C_{14})；断层落差(B_2) 控制下的断层落差<20m(C_{21})、20m<断层落差<40m(C_{22})、断层落差>40m(C_{23})；断层倾角(B_3) 控制下的断层倾角<45°(C_{31})、45°<断层倾角<65°(C_{32})、断层倾角>65°(C_{33})；断层延展长度(B_4) 控制下的断层延展长度<2000m(C_{41})、2000m<断层延展长度<6000m(C_{42})、6000m<断层延展长度<8000m(C_{43})、断层延展长度>8000m(C_{44})；断层密度(B_5) 控制下的断层密度<5 条/4km^2(C_{51})、5 条/4km^2<曲率半径<10 条/4km^2(C_{52})、10 条/4km^2<曲率半径<15 条/4km^2(C_{53})、曲率半径>15 条/4km^2(C_{54})。

下面以 6 号煤层为例，详细计算 6 号煤层在构造控制下储层复杂程度。结合图 4-12 及计算的 6 号煤层在各单因素构造控制下储层厚度分异系数(图 4-14)，得到曲率半径(B_1)、断层断距(B_2)、断层倾角(B_3)、断层延展长度(B_4)、断层

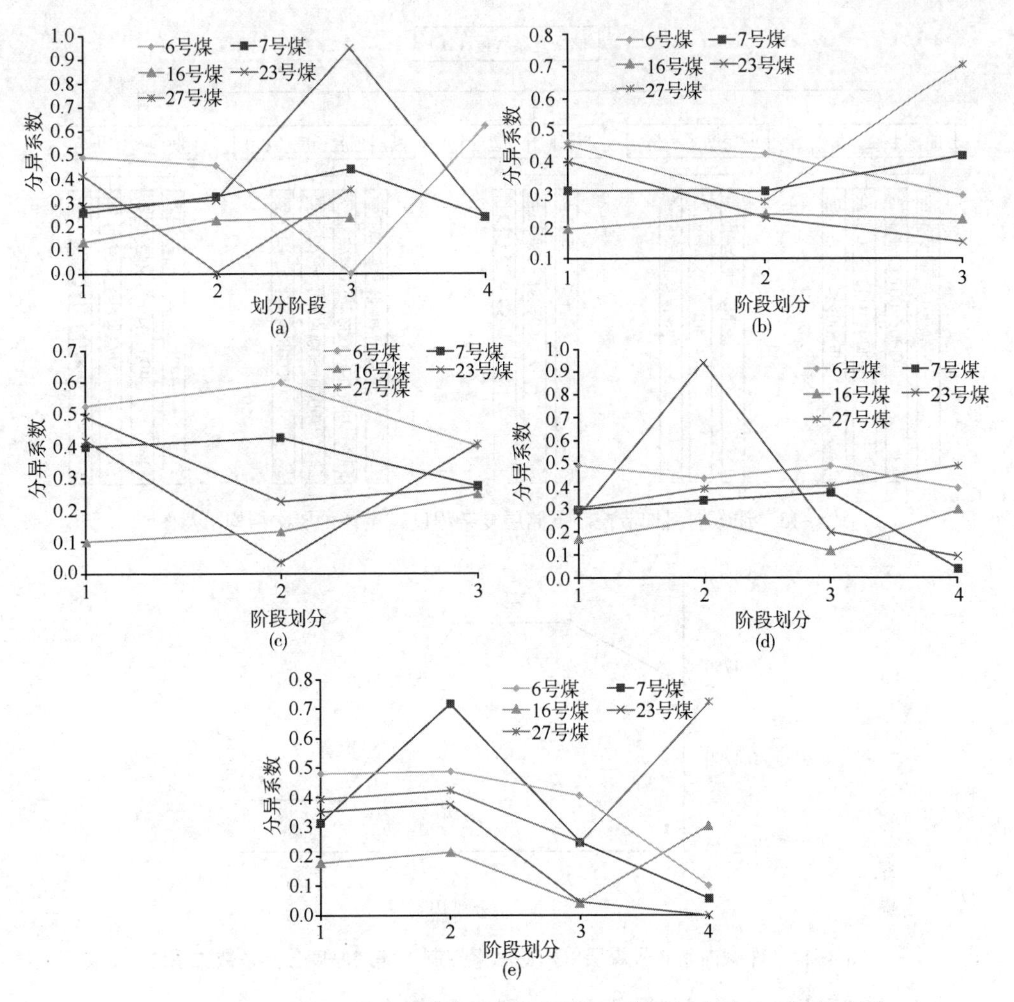

图 4-12 珠藏向斜主要煤层在单构造因素控制下煤层厚度分异系数关系图

密度(B_5)五个因素间相互比较关系，如下所述：

B_1 与 B_2 相比，B_2 显得略微重要，则 b_{12}取值 1/3；

B_1 与 B_3 相比，B_3 显得略微重要，则 b_{13}取值 1/3；

B_1 与 B_4 相比，B_1 显得相当重要，则 b_{14}取值 5；

B_1 与 B_5 相比，B_1 显得相当重要，则 b_{15}取值 5；

B_2 与 B_3 相比，B_2 显得同等重要，则 b_{23}取值 1；

B_2 与 B_4 相比，B_2 显得明显重要，则 b_{24}取值 7；

B_2 与 B_5 相比，B_2 显得明显重要，则 b_{25}取值 7；

B_3 与 B_4 相比，B_3 显得明显重要，则 b_{34}取值 7；

B_3 与 B_5 相比，B_3 显得明显重要，则 b_{35}取值 7；

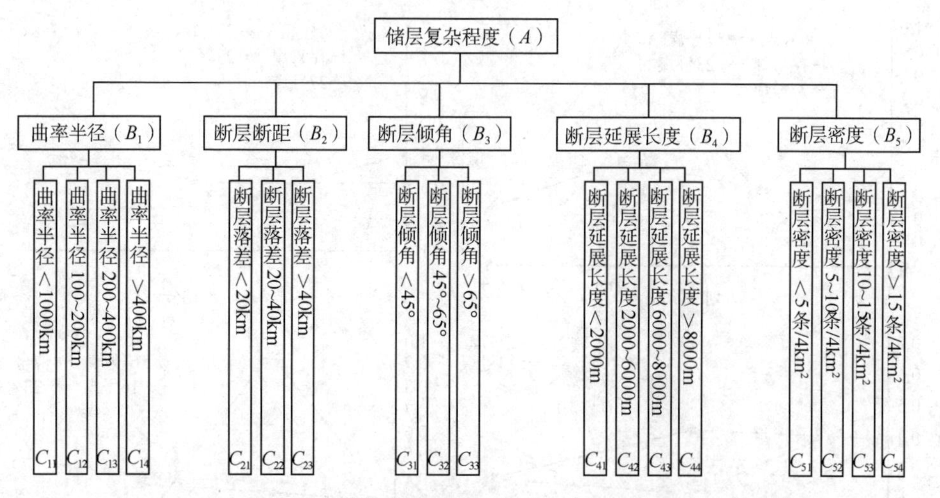

图 4-13　珠藏向斜构造控制下储层复杂程度定量评价层次结构示意图

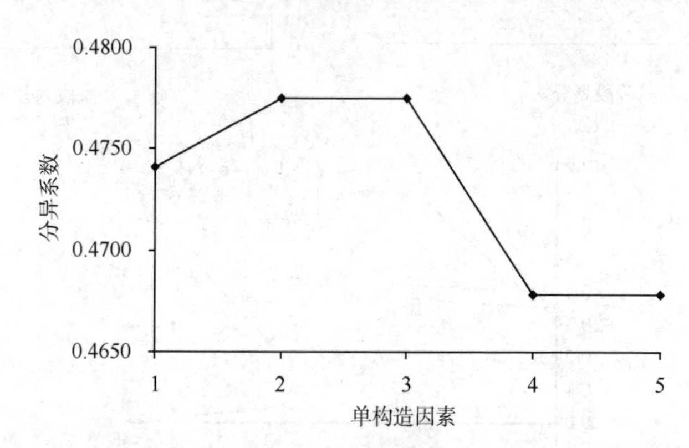

图 4-14　珠藏向斜 6 号煤层单构造因素控制下储层厚度分异系数关系图

B_4 与 B_5 相比，B_4 显得同等重要，则 b_{45} 取值 1。

据此，可以建立因素 B 相对于总目标 A 的判断矩阵 A：

A	B_1	B_2	B_3	B_4	B_5
B_1	1	1/3	1/3	5	5
B_2	3	1	1	7	7
B_3	3	1	1	7	7
B_4	1/5	1/7	1/7	1	1
B_5	1/5	1/7	1/7	1	1

对矩阵 A 进行列向量归一化得到矩阵 A'：

A'	B_1'	B_2'	B_3'	B_4'	B_5'
B_1'	0.1351	0.1273	0.1273	0.2381	0.2381
B_2'	0.4054	0.3818	0.3818	0.3333	0.3333
B_3'	0.4054	0.3818	0.3818	0.3333	0.3333
B_4'	0.0270	0.0545	0.0545	0.0476	0.0476
B_5'	0.0270	0.0545	0.0545	0.0476	0.0476

对矩阵 A' 进行行向量求和归一化得到因素 B 相对于总目标 A 的权向量 $w_1 = [0.1732, 0.3671, 0.3671, 0.0463, 0.0463]^T$。利用最大特征值公式 $Aw=\lambda w$，可以求得矩阵 A 的最大特征值为 $\lambda_{max}=5.0951$。

接下来需要对矩阵 A 进行单准则下一致性检验，$CI=(\lambda_{max}-m)/(m-1)=0.0238$，则 $CR=CI/CR=0.0212<0.1$。据此，认为判断矩阵 A 通过检验，则各构造因素相对于矩阵 A 的权重为 $w_1=[0.1732, 0.3671, 0.3671, 0.0463, 0.0463]^T$。

接下来，分别建立构造因素曲率半径(B_1)、断层落差(B_2)、断层倾角(B_3)、断层延展长度(B_4)、断层密度(B_5)相对于各自评价因素的判断矩阵，并计算各自权重，如下所示：

B_1	C_{11}	C_{12}	C_{13}	C_{14}
C_{11}	1	2	7	1/3
C_{12}	1/2	1	6	1/4
C_{13}	1/7	1/6	1	1/9
C_{14}	3	4	9	1

B_1'	C_{11}'	C_{12}'	C_{13}'	C_{14}'	权向量 $w_2^{(1)}$
C_{11}'	0.2154	0.2791	0.3043	0.1967	0.2489
C_{12}'	0.1077	0.1395	0.2609	0.1475	0.1639
C_{13}'	0.0308	0.0233	0.0435	0.0656	0.0408
C_{14}'	0.6462	0.5581	0.3913	0.5902	0.5464

矩阵 B_1 的最大特征值为 $\lambda_{max}=4.1375$，对矩阵 B_1 进行单准则下一致性检验，$CI=(\lambda_{max}-m)/(m-1)=0.0458$，则 $CR=CI/CR=0.0509<0.1$，认为判断矩阵 B_1 通过检验，则各构造因素相对于矩阵 B_1 的权重为 $w_2^{(1)}=[0.2489, 0.1639, 0.0408, 0.5464]^T$。

B_2	C_{21}	C_{22}	C_{23}
C_{21}	1	2	5
C_{22}	1/2	1	3
C_{23}	1/5	1/3	1

B_2'	C_{21}'	C_{22}'	C_{23}'	权向量 $w_2^{(2)}$
C_{21}'	0.5882	0.6000	0.5556	0.5813
C_{22}'	0.2941	0.3000	0.3333	0.3092
C_{23}'	0.1176	0.1000	0.1111	0.1096

矩阵 B_2 的最大特征值为 $\lambda_{max}=3.0037$，对矩阵 B_2 进行单准则下一致性检验，$CI=(\lambda_{max}-m)/(m-1)=0.0018$，则 $CR=CI/CR=0.0032<0.1$，认为判断矩阵 B_2

通过检验，则各构造因素相对于矩阵 B_2 的权重为 $w_2^{(2)}=[0.5813, 0.3092, 0.1096]^T$。

B_3	C_{31}	C_{32}	C_{33}
C_{31}	1	1/3	4
C_{32}	3	1	6
C_{33}	1/4	1/6	1

B_3'	C_{31}'	C_{32}'	C_{33}'	权向量 $w_2^{(3)}$
C_{31}'	0.2353	0.2222	0.3636	0.2737
C_{32}'	0.7059	0.6667	0.5455	0.6393
C_{33}'	0.0588	0.1111	0.0909	0.0869

矩阵 B_3 的最大特征值为 $\lambda_{max}=3.054$，对矩阵 B_3 进行单准则下一致性检验，$CI=(\lambda_{max}-m)/(m-1)=0.027$，则 $CR=CI/CR=0.0466<0.1$，认为判断矩阵 B_3 通过检验，则各构造因素相对于矩阵 B_3 的权重为 $w_2^{(3)}=[0.2737, 0.6393, 0.0869]^T$。

B_4	C_{41}	C_{42}	C_{43}	C_{44}
C_{41}	1	3	1/2	6
C_{42}	1/3	1	1/4	5
C_{43}	2	4	1	7
C_{44}	1/6	1/5	1/7	1

B_4'	C_{41}'	C_{42}'	C_{43}'	C_{44}'	权向量 $w_2^{(4)}$
C_{41}'	0.2857	0.3659	0.2642	0.3158	0.3079
C_{42}'	0.0952	0.1220	0.1321	0.2632	0.1531
C_{43}'	0.5714	0.4878	0.5283	0.3684	0.4890
C_{44}'	0.0476	0.0244	0.0755	0.0526	0.0500

矩阵 B_4 的最大特征值为 $\lambda_{max}=4.1564$，对矩阵 B_4 进行单准则下一致性检验，$CI=(\lambda_{max}-m)/(m-1)=0.0521$，则 $CR=CI/CR=0.0579<0.1$，认为判断矩阵 B_4 通过检验，则各构造因素相对于矩阵 B_4 的权重为 $w_2^{(4)}=[0.3079, 0.1531, 0.489, 0.05]^T$。

B_5	C_{51}	C_{52}	C_{53}	C_{54}
C_{51}	1	1/2	3	7
C_{52}	2	1	4	8
C_{53}	1/3	1/4	1	6
C_{54}	1/7	1/8	1/6	1

B_5'	C_{51}'	C_{52}'	C_{53}'	C_{54}'	权向量 $w_2^{(5)}$
C_{51}'	0.2877	0.2667	0.3673	0.3182	0.3100
C_{52}'	0.5753	0.5333	0.4898	0.3636	0.4905
C_{53}'	0.0959	0.1333	0.1224	0.2727	0.1561
C_{54}'	0.0411	0.0667	0.0204	0.0455	0.0434

矩阵 B_5 的最大特征值为 $\lambda_{max}=4.1687$，对矩阵 B_5 进行单准则下一致性检验，$CI=(\lambda_{max}-m)/(m-1)=0.0562$，则 $CR=CI/CR=0.0625<0.1$，认为判断矩阵 B_4 通过检验，则各构造因素相对于矩阵 B_5 的权重为 $w_2^{(5)}=[0.31, 0.4905, 0.1561, 0.0434]^T$。

可见，矩阵 B 均通过单层次一致性检验，接下来需要进行层次总排序，根据计算公式可得 $CR=0.0354<0.1$，即总层次排序通过一致性检验。

对于珠藏向斜其他几层主要煤层，不在列出具体计算过程，仅列出计算结果，如下所示：

1 号、7 号煤层：

A	B_1	B_2	B_3	B_4	B_5	A'	B_1'	B_2'	B_3'	B_4'	B_5'	权向量 w_1
B_1	1	7	7	4	4	B_1'	0. 5600	0. 4667	0. 4667	0. 6000	0. 6000	0. 5387
B_2	1/7	1	1	1/3	1/3	B_2'	0. 0800	0. 0667	0. 0667	0. 0500	0. 0500	0. 0627
B_3	1/7	1	1	1/3	1/3	B_3'	0. 0800	0. 0667	0. 0667	0. 0500	0. 0500	0. 0627
B_4	1/4	3	3	1	1	B_4'	0. 1400	0. 2000	0. 2000	0. 1500	0. 1500	0. 1680
B_5	1/4	3	3	1	1	B_5'	0. 1400	0. 2000	0. 2000	0. 1500	0. 1500	0. 1680

B_1	C_{11}	C_{12}	C_{13}	C_{14}	B_1'	C_{11}'	C_{12}'	C_{13}'	C_{14}'	权向量 $w_2^{(1)}$
C_{11}	1	1/5	1/8	2	C_{11}'	0. 0690	0. 0268	0. 0891	0. 1250	0. 0775
C_{12}	5	1	1/6	4	C_{12}'	0. 3448	0. 1342	0. 1188	0. 2500	0. 2120
C_{13}	8	6	1	9	C_{13}'	0. 5517	0. 8054	0. 7129	0. 5625	0. 6581
C_{14}	1/2	1/4	1/9	1	C_{14}'	0. 0345	0. 0336	0. 0792	0. 0625	0. 0524

B_2	C_{21}	C_{22}	C_{23}	B_2'	C_{21}'	C_{22}'	C_{23}'	权向量 $w_2^{(2)}$
C_{21}	1	2	1/5	C_{21}'	0. 1538	0. 2222	0. 1463	0. 1741
C_{22}	1/2	1	1/6	C_{22}'	0. 0769	0. 1111	0. 1220	0. 1033
C_{23}	5	6	1	C_{23}'	0. 7692	0. 6667	0. 7317	0. 7225

B_3	C_{31}	C_{32}	C_{33}	B_3'	C_{31}'	C_{32}'	C_{33}'	权向量 $w_2^{(3)}$
C_{31}	1	1/3	5	C_{31}'	0. 2381	0. 2258	0. 3846	0. 2828
C_{32}	3	1	7	C_{32}'	0. 7143	0. 6774	0. 5385	0. 6434
C_{33}	1/5	1/7	1	C_{33}'	0. 0476	0. 0968	0. 0769	0. 0738

B_4	C_{41}	C_{42}	C_{43}	C_{44}	B_4'	C_{41}'	C_{42}'	C_{43}'	C_{44}'	权向量 $w_2^{(4)}$
C_{41}	1	1/3	1/5	7	C_{41}'	0. 1094	0. 0964	0. 1104	0. 2800	0. 1490
C_{42}	3	1	1/2	8	C_{42}'	0. 3281	0. 2892	0. 2761	0. 3200	0. 3033
C_{43}	5	2	1	9	C_{43}'	0. 5469	0. 5783	0. 5521	0. 3600	0. 5093
C_{44}	1/7	1/8	1/9	1	C_{44}'	0. 0156	0. 0361	0. 0613	0. 0400	0. 0383

B_5	C_{51}	C_{52}	C_{53}	C_{54}	B_5'	C_{51}'	C_{52}'	C_{53}'	C_{54}'	权向量 $w_2^{(5)}$
C_{51}	1	1/3	2	8	C_{51}'	0.2162	0.1967	0.2800	0.3200	0.2532
C_{52}	3	1	4	9	C_{52}'	0.6486	0.5902	0.5600	0.3600	0.5397
C_{53}	1/2	1/4	1	7	C_{53}'	0.1081	0.1475	0.1400	0.2800	0.1689
C_{54}	1/8	1/9	1/7	1	C_{54}'	0.0270	0.0656	0.0200	0.0400	0.0382

矩阵 A 的最大特征值为 $\lambda_{max1}=5.0467$，$CI_1=0.0118$，$CR_1=0.0104<0.1$，各构造因素相对于矩阵 A 的权重为 $w_1=[0.5387, 0.0627, 0.0627, 0.168, 0.168]^T$。

矩阵 B_1 的最大特征值为 $\lambda_{max2}^{(1)}=4.2581$，$CI_2^{(1)}=0.086$，$CR_2^{(1)}=0.0956<0.1$，各构造因素相对于矩阵 B_1 的权重为 $w_2^{(1)}=[0.0775, 0.212, 0.6581, 0.0524]^T$。

矩阵 B_2 的最大特征值为 $\lambda_{max2}^{(2)}=3.0293$，$CI_2^{(2)}=0.0146$，$CR_2^{(2)}=0.0252<0.1$，各构造因素相对于矩阵 B_2 的权重为 $w_2^{(2)}=[0.1741, 0.1033, 0.7225]^T$。

矩阵 B_3 的最大特征值为 $\lambda_{max2}{}^{(3)}=3.0655$，$CI_2^{(3)}=0.0328$，$CR_2^{(3)}=0.0565<0.1$，各构造因素相对于矩阵 B_3 的权重为 $w_2^{(3)}=[0.2828, 0.6434, 0.0738]^T$。

矩阵 B_4 的最大特征值为 $\lambda_{max2}{}^{(4)}=4.2097$，$CI_2^{(4)}=0.0699$，$CR_2^{(4)}=0.0777<0.1$，各构造因素相对于矩阵 B_4 的权重为 $w_2^{(4)}=[0.149, 0.3033, 0.5093, 0.0383]^T$。

矩阵 B_5 的最大特征值为 $\lambda_{max2}{}^{(5)}=4.1772$，$CI_2^{(5)}=0.0591$，$CR_2^{(5)}=0.0656<0.1$，各构造因素相对于矩阵 B_5 的权重为 $w_2^{(5)}=[0.2532, 0.5397, 0.1689, 0.0382]^T$。

层次总排序 $CR=0.0825<0.1$，即总层次排序通过一致性检验。

2号、16号煤层：

A	B_1	B_2	B_3	B_4	B_5	A'	B_1'	B_2'	B_3'	B_4'	B_5'	权向量 w_1
B_1	1	1/2	1/2	1/2	1/2	B_1'	0.1111	0.1111	0.1111	0.1111	0.1111	0.1111
B_2	2	1	1	1	1	B_2'	0.2222	0.2222	0.2222	0.2222	0.2222	0.2222
B_3	2	1	1	1	1	B_3'	0.2222	0.2222	0.2222	0.2222	0.2222	0.2222
B_4	2	1	1	1	1	B_4'	0.2222	0.2222	0.2222	0.2222	0.2222	0.2222
B_5	2	1	1	1	1	B_5'	0.2222	0.2222	0.2222	0.2222	0.2222	0.2222

B_1	C_{11}	C_{12}	C_{13}	C_{14}	B_1'	C_{11}'	C_{12}'	C_{13}'	C_{14}'	权向量 $w_2^{(1)}$
C_{11}	1	1/3	1/5	7	C_{11}'	0.1094	0.0964	0.1104	0.2800	0.1490
C_{12}	3	1	1/2	8	C_{12}'	0.3281	0.2892	0.2761	0.3200	0.3033
C_{13}	5	2	1	9	C_{13}'	0.5469	0.5783	0.5521	0.3600	0.5093
C_{14}	1/7	1/8	1/9	1	C_{14}'	0.0156	0.0361	0.0613	0.0400	0.0383

B_2	C_{21}	C_{22}	C_{23}	B_2'	C_{21}'	C_{22}'	C_{23}'	权向量 $w_2^{(2)}$
C_{21}	1	1/4	1/3	C_{21}'	0.1250	0.1429	0.1000	0.1226
C_{22}	4	1	2	C_{22}'	0.5000	0.5714	0.6000	0.5571
C_{23}	3	1/2	1	C_{23}'	0.3750	0.2857	0.3000	0.3202

B_3	C_{31}	C_{32}	C_{33}	B_3'	C_{31}'	C_{32}'	C_{33}'	权向量 $w_2^{(3)}$
C_{31}	1	1/3	1/8	C_{31}'	0.0833	0.0455	0.0968	0.0752
C_{32}	3	1	1/6	C_{32}'	0.2500	0.1364	0.1290	0.1718
C_{33}	8	6	1	C_{33}'	0.6667	0.8182	0.7742	0.7530

B_4	C_{41}	C_{42}	C_{43}	C_{44}	B_4'	C_{41}'	C_{42}'	C_{43}'	C_{44}'	权向量 $w_2^{(4)}$
C_{41}	1	1/3	2	1/5	C_{41}'	0.1053	0.0597	0.1538	0.1237	0.1106
C_{42}	3	1	4	1/4	C_{42}'	0.3158	0.1791	0.3077	0.1546	0.2393
C_{43}	1/2	1/4	1	1/6	C_{43}'	0.0526	0.0448	0.0769	0.1031	0.0694
C_{44}	5	4	6	1	C_{44}'	0.5263	0.7164	0.4615	0.6186	0.5807

B_5	C_{51}	C_{52}	C_{53}	C_{54}	B_5'	C_{51}'	C_{52}'	C_{53}'	C_{54}'	权向量 $w_2^{(5)}$
C_{51}	1	1/2	7	1/5	C_{51}'	0.1228	0.1081	0.2800	0.1216	0.1581
C_{52}	2	1	8	1/3	C_{52}'	0.2456	0.2162	0.3200	0.2027	0.2461
C_{53}	1/7	1/8	1	1/9	C_{53}'	0.0175	0.0270	0.0400	0.0676	0.0380
C_{54}	5	3	9	1	C_{54}'	0.6140	0.6486	0.3600	0.6081	0.5577

矩阵 A 的最大特征值为 $\lambda_{\max1}=5$，$CI_1=0$，$CR_1=0<0.1$，各构造因素相对于矩阵 A 的权重为 $w_1=[0.1111, 0.2222, 0.2222, 0.2222, 0.2222]^T$。

矩阵 B_1 的最大特征值为 $\lambda_{\max2}^{(1)}=4.2097$，$CI_2^{(1)}=0.0699$，$CR_2^{(1)}=0.0777<0.1$，各构造因素相对于矩阵 B_1 的权重为 $w_2^{(1)}=[0.149, 0.3033, 0.5093, 0.0383]^T$。

矩阵 B_2 的最大特征值为 $\lambda_{\max2}^{(2)}=3.0183$，$CI_2^{(2)}=0.0092$，$CR_2^{(2)}=0.0158<0.1$，各构造因素相对于矩阵 B_2 的权重为 $w_2^{(2)}=[0.1226, 0.5571, 0.3202]^T$。

矩阵 B_3 的最大特征值为 $\lambda_{\max 2}^{(3)}=3.0749$，$CI_2^{(3)}=0.0374$，$CR_2^{(3)}=0.0646<0.1$，各构造因素相对于矩阵 B_3 的权重为 $w_2^{(3)}=[0.0752,\ 0.1718,\ 0.753]^{\mathrm{T}}$。

矩阵 B_4 的最大特征值为 $\lambda_{\max 2}^{(4)}=4.1377$，$CI_2^{(4)}=0.0459$，$CR_2^{(4)}=0.051<0.1$，各构造因素相对于矩阵 B_4 的权重为 $w_2^{(4)}=[0.1106,\ 0.2393,\ 0.0694,\ 0.5807]^{\mathrm{T}}$。

矩阵 B_5 的最大特征值为 $\lambda_{\max 2}^{(5)}=4.2078$，$CI_2^{(5)}=0.0693$，$CR_2^{(5)}=0.077<0.1$，各构造因素相对于矩阵 B_5 的权重为 $w_2^{(5)}=[0.1581,\ 0.2461,\ 0.038,\ 0.5577]^{\mathrm{T}}$。

层次总排序 $CR=0.0697<0.1$，即总层次排序通过一致性检验。

3 号、23 号煤层：

A	B_1	B_2	B_3	B_4	B_5	A'	B_1'	B_2'	B_3'	B_4'	B_5'	权向量 w_1
B_1	1	4	4	3	3	B_1'	0.4615	0.4000	0.4000	0.5000	0.5000	0.4523
B_2	1/4	1	1	1/2	1/2	B_2'	0.1154	0.1000	0.1000	0.0833	0.0833	0.0964
B_3	1/4	1	1	1/2	1/2	B_3'	0.1154	0.1000	0.1000	0.0833	0.0833	0.0964
B_4	1/3	2	2		1	B_4'	0.1538	0.2000	0.2000	0.1667	0.1667	0.1774
B_5	1/3	2	2	1	1	B_5'	0.1538	0.2000	0.2000	0.1667	0.1667	0.1774

B_1	C_{11}	C_{12}	C_{13}	C_{14}	B_1'	C_{11}'	C_{12}'	C_{13}'	C_{14}'	权向量 $w_2^{(1)}$
C_{11}	1	1/3	1/7	2	C_{11}'	0.0870	0.0500	0.0973	0.1429	0.0943
C_{12}	3	1	1/5	3	C_{12}'	0.2609	0.1500	0.1363	0.2143	0.1904
C_{13}	7	5	1	8	C_{13}'	0.6087	0.7500	0.6813	0.5714	0.6528
C_{14}	1/2	1/3	1/8	1	C_{14}'	0.0435	0.0500	0.0852	0.0714	0.0625

B_2	C_{21}	C_{22}	C_{23}	B_2'	C_{21}'	C_{22}'	C_{23}'	权向量 $w_2^{(2)}$
C_{21}	1	3	5	C_{21}'	0.6522	0.6667	0.6250	0.6479
C_{22}	1/3	1	2	C_{22}'	0.2174	0.2222	0.2500	0.2299
C_{23}	1/5	1/2	1	C_{23}'	0.1304	0.1111	0.1250	0.1222

B_3	C_{31}	C_{32}	C_{33}	B_3'	C_{31}'	C_{32}'	C_{33}'	权向量 $w_2^{(3)}$
C_{31}	1	5	4	C_{31}'	0.6897	0.6250	0.7273	0.6806
C_{32}	1/5	1	1/2	C_{32}'	0.1379	0.1250	0.0909	0.1179
C_{33}	1/4	2	1	C_{33}'	0.1724	0.2500	0.1818	0.2014

B_4	C_{41}	C_{42}	C_{43}	C_{44}	B_4'	C_{41}'	C_{42}'	C_{43}'	C_{44}'	权向量 $w_2^{(4)}$
C_{41}	1	1/4	2	8	C_{41}'	0.1778	0.1601	0.2456	0.3200	0.2259
C_{42}	4	1	5	9	C_{42}'	0.7111	0.6406	0.6140	0.3600	0.5814
C_{43}	1/2	1/5	1	7	C_{43}'	0.0889	0.1281	0.1228	0.2800	0.1550
C_{44}	1/8	1/9	1/7	1	C_{44}'	0.0222	0.0712	0.0175	0.0400	0.0377

B_5	C_{51}	C_{52}	C_{53}	C_{54}	B_5'	C_{51}'	C_{52}'	C_{53}'	C_{54}'	权向量 $w_2^{(5)}$
C_{51}	1	1/3	6	8	C_{51}'	0.2330	0.2100	0.4138	0.4000	0.3142
C_{52}	3	1	7	9	C_{52}'	0.6990	0.6300	0.4828	0.4500	0.5654
C_{53}	1/6	1/7	1	2	C_{53}'	0.0388	0.0900	0.0690	0.1000	0.0745
C_{54}	1/8	1/9	1/2	1	C_{54}'	0.0291	0.0700	0.0345	0.0500	0.0459

矩阵 A 的最大特征值为 $\lambda_{max1}=5.0264$，$CI_1=0.0066$，$CR_1=0.0059<0.1$，各构造因素相对于矩阵 A 的权重为 $w_1=[0.4523, 0.0964, 0.0964, 0.1774, 0.1774]^T$。

矩阵 B_1 的最大特征值为 $\lambda_{max2}^{(1)}=4.1137$，$CI_2^{(1)}=0.0379$，$CR_2^{(1)}=0.0421<0.1$，各构造因素相对于矩阵 B_1 的权重为 $w_2^{(1)}=[0.0943, 0.1904, 0.6528, 0.0625]^T$。

矩阵 B_2 的最大特征值为 $\lambda_{max2}^{(2)}=3.0037$，$CI_2^{(2)}=0.0018$，$CR_2^{(2)}=0.0032<0.1$，各构造因素相对于矩阵 B_2 的权重为 $w_2^{(2)}=[0.6479, 0.2299, 0.1222]^T$。

矩阵 B_3 的最大特征值为 $\lambda_{max2}^{(3)}=3.0247$，$CI_2^{(3)}=0.0124$，$CR_2^{(3)}=0.0213<0.1$，各构造因素相对于矩阵 B_3 的权重为 $w_2^{(3)}=[0.6806, 0.1179, 0.2014]^T$。

矩阵 B_4 的最大特征值为 $\lambda_{max2}^{(4)}=4.2634$，$CI_2^{(4)}=0.0878$，$CR_2^{(4)}=0.0975<0.1$，各构造因素相对于矩阵 B_4 的权重为 $w_2^{(4)}=[0.2259, 0.5814, 0.155, 0.0377]^T$。

矩阵 B_5 的最大特征值为 $\lambda_{max2}^{(5)}=4.1416$，$CI_2^{(5)}=0.0472$，$CR_2^{(5)}=0.0524<0.1$，各构造因素相对于矩阵 B_5 的权重为 $w_2^{(5)}=[0.3142, 0.5654, 0.0745, 0.0459]^T$。

层次总排序 $CR=0.0511<0.1$，即总层次排序通过一致性检验。

4 号、27 号煤层：

A	B_1	B_2	B_3	B_4	B_5	A'	B_1'	B_2'	B_3'	B_4'	B_5'	权向量 w_1
B_1	1	1/3	1/3	1/5	1/5	B_1'	0.0588	0.0400	0.0400	0.0698	0.0698	0.0557
B_2	3	1	1	1/3	1/3	B_2'	0.1765	0.1200	0.1200	0.1163	0.1163	0.1298
B_3	3	1	1	1/3	1/3	B_3'	0.1765	0.1200	0.1200	0.1163	0.1163	0.1298
B_4	5	3	3	1	1	B_4'	0.2941	0.3600	0.3600	0.3488	0.3488	0.3424
B_5	5	3	3	1	1	B_5'	0.2941	0.3600	0.3600	0.3488	0.3488	0.3424

B_1	C_{11}	C_{12}	C_{13}	C_{14}	B_1'	C_{11}'	C_{12}'	C_{13}'	C_{14}'	权向量 $w_2^{(1)}$
C_{11}	1	8	2	9	C_{11}'	0.5760	0.4848	0.6120	0.4500	0.5307
C_{12}	1/8	1	1/7	2	C_{12}'	0.0720	0.0606	0.0437	0.1000	0.0691
C_{13}	1/2	7	1	8	C_{13}'	0.2880	0.4242	0.3060	0.4000	0.3546
C_{14}	1/9	1/2	1/8	1	C_{14}'	0.0640	0.0303	0.0383	0.0500	0.0456

B_2	C_{21}	C_{22}	C_{23}	B_2'	C_{21}'	C_{22}'	C_{23}'	权向量 $w_2^{(2)}$
C_{21}	1	5	1/3	C_{21}'	0.2381	0.3846	0.2258	0.2828
C_{22}	1/5	1	1/7	C_{22}'	0.0476	0.0769	0.0968	0.0738
C_{23}	3	7	1	C_{23}'	0.7143	0.5385	0.6774	0.6434

B_3	C_{31}	C_{32}	C_{33}	B_3'	C_{31}'	C_{32}'	C_{33}'	权向量 $w_2^{(3)}$
C_{31}	1	8	2	C_{31}'	0.6154	0.5000	0.6364	0.5839
C_{32}	1/8	1	1/7	C_{32}'	0.0769	0.0625	0.0455	0.0616
C_{33}	1/2	7	1	C_{33}'	0.3077	0.4375	0.3182	0.3545

B_4	C_{41}	C_{42}	C_{43}	C_{44}	B_4'	C_{41}'	C_{42}'	C_{43}'	C_{44}'	权向量 $w_2^{(4)}$
C_{41}	1	1/3	1/4	1/5	C_{41}'	0.0714	0.0526	0.0667	0.0984	0.0723
C_{42}	3	1	1/2	1/3	C_{42}'	0.2143	0.1579	0.1333	0.1639	0.1674
C_{43}	5	2	1	1/2	C_{43}'	0.3571	0.3158	0.2667	0.2459	0.2964
C_{44}	5	3	2	1	C_{44}'	0.3571	0.4737	0.5333	0.4918	0.4640

B_5	C_{51}	C_{52}	C_{53}	C_{54}	B_5'	C_{51}'	C_{52}'	C_{53}'	C_{54}'	权向量 $w_2^{(5)}$
C_{51}	1	1/2	3	1/5	C_{51}'	0.1200	0.1053	0.2000	0.1193	0.1361
C_{52}	2	1	4	1/3	C_{52}'	0.2400	0.2105	0.2667	0.1989	0.2290
C_{53}	1/3	1/4	1	1/7	C_{53}'	0.0400	0.0526	0.0667	0.0852	0.0611
C_{54}	5	3	7	1	C_{54}'	0.6000	0.6316	0.4667	0.5966	0.5737

矩阵 A 的最大特征值为 $\lambda_{max1}=5.056$，$CI_1=0.014$，$CR_1=0.0125<0.1$，各构造因素相对于矩阵 A 的权重为 $w_1=[0.0557, 0.1298, 0.1298, 0.3424, 0.3424]^T$。

矩阵 B_1 的最大特征值为 $\lambda_{max2}^{(1)}=4.0821$，$CI_2^{(1)}=0.0274$，$CR_2^{(1)}=0.0304<0.1$，各构造因素相对于矩阵 B_1 的权重为 $w_2^{(1)}=[0.5307, 0.0691, 0.3546, 0.0456]^T$。

矩阵 B_2 的最大特征值为 $\lambda_{max2}^{(2)}=3.0655$，$CI_2^{(2)}=0.0328$，$CR_2^{(2)}=0.0565<0.1$，各构造因素相对于矩阵 B_2 的权重为 $w_2^{(2)}=[0.2828, 0.0738, 0.6434]^T$。

矩阵 B_3 的最大特征值为 $\lambda_{max2}^{(3)}=3.0351$，$CI_2^{(3)}=0.0175$，$CR_2^{(3)}=0.0302<0.1$，各构造因素相对于矩阵 B_3 的权重为 $w_2^{(3)}=[0.5839, 0.0616, 0.3545]^T$。

矩阵 B_4 的最大特征值为 $\lambda_{max2}^{(4)}=4.114$，$CI_2^{(4)}=0.038$，$CR_2^{(4)}=0.0422<0.1$，各构造因素相对于矩阵 B_4 的权重为 $w_2^{(4)}=[0.0723, 0.1674, 0.2964, 0.464]^T$。

矩阵 B_5 的最大特征值为 $\lambda_{max2}^{(5)}=4.0681$，$CI_2^{(5)}=0.0227$，$CR_2^{(5)}=0.0252<0.1$，各构造因素相对于矩阵 B_5 的权重为 $w_2^{(5)}=[0.1361, 0.229, 0.0611, 0.5737]^T$。

层次总排序 $CR=0.0327<0.1$，即总层次排序通过一致性检验。

在计算出各层次相对于总目标的权重后，取煤层复杂程度取值范围为[0, 100]，对煤层复杂程度的影响通过权重来表示，将储层复杂程度评价满分定为100分，即煤层最复杂，0分时煤层最简单。将煤层按复杂程度划分为4类，具体划分类型及标准如表4-4所示。

表4-4 煤层复杂程度划分类型及标准

煤层复杂程度	简单	复杂	较复杂	特复杂
复杂度评价值	<25	25~50	50~75	75~100

根据上述储层复杂程度划分类型及标准，计算了珠藏向斜各主要煤层储层复杂程度得分，6号煤层得分为10.78~51.98分，平均值为31.36分；7号煤层得分为5.22~58.06分，平均值为20.83分；16号煤层得分为10.79~60.07分，平均值为29.29分；23号煤层得分为9.91~53.61分，平均值为25.15分；27号煤层得分为11.85~45.77分，平均值为21.71分。整体而言随着煤层层位的降低，储层复杂程度得分平均值有降低的趋势，且珠藏向斜储层多数处于复杂状态，个别区域储层更为复杂。

6号煤层构造复杂区主要位于珠藏向斜北部红梅井田及肥田三号井田珠藏向斜核部附近，说明该区构造对浅部煤层的控制作用极为显著；7号煤层复杂区域主要位于肥田一号井田西北部，该区域主要受控于地贵背斜及一系列边界大断层，导致其储层较为复杂；16号煤层复杂区域仍位于肥田一号井田西北部，但其复杂程度明显降低，表明构造的控制作用开始减弱；23号煤、27号煤在全区内储层复杂性进一步降低，且复杂区多集中在边界区域，这与发育的边界断层有极大的联系(图 4-15)。综上发现，珠藏向斜浅部煤层复杂性主要受控于珠藏向斜及地贵背斜等大型褶皱，断层在一定程度上加剧了储层的复杂性，随着储层埋深的增大，褶皱的控制作用逐渐减弱，而大型边界断层的控制作用则得到了增强。利用逐层叠加的方法，即从 6 号煤到 7 号煤划分珠藏向斜煤储层构造简单区、复杂区的重复区域，向下逐步叠加 16 号煤、23 号煤、27 号煤构造简单区、复杂区的重复区域，并最终得到珠藏向斜构造控制下储层复杂程度简单区、复杂区(图 4-16)。

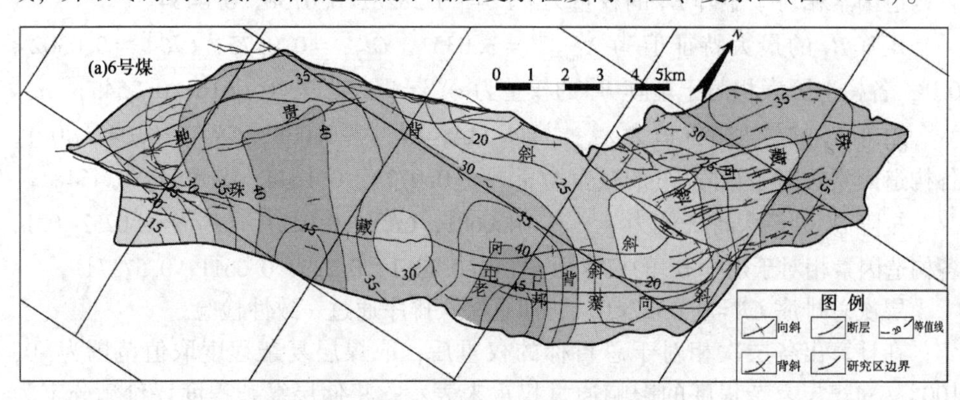

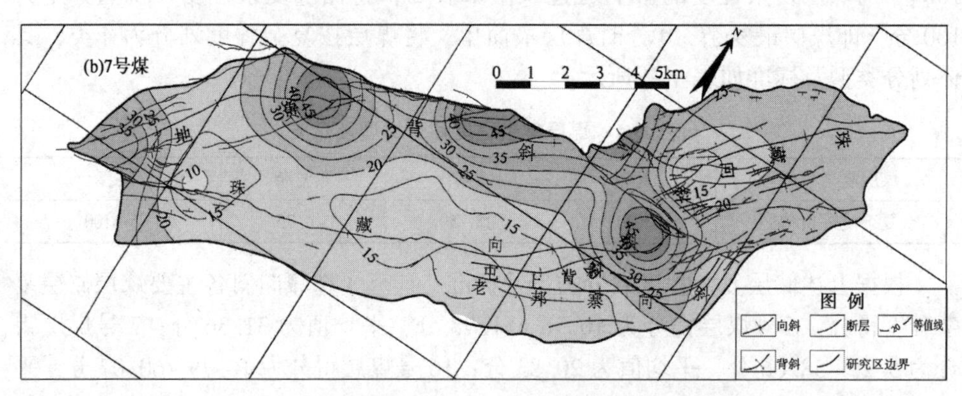

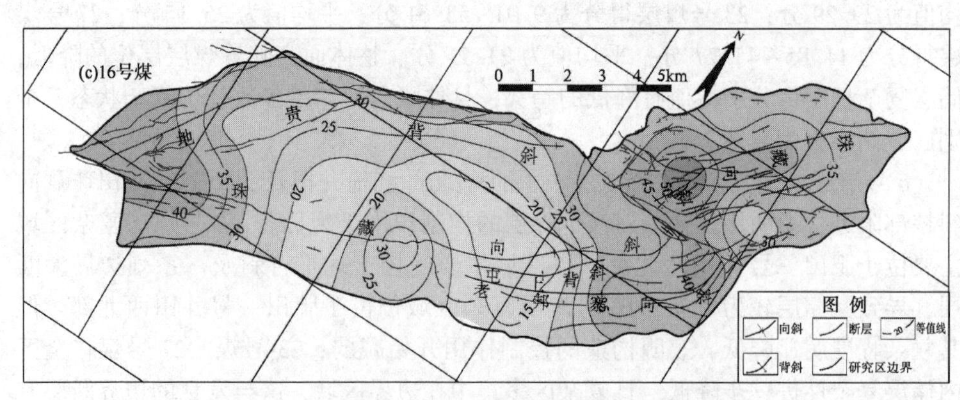

图 4-15 珠藏向斜各主要煤层储层复杂程度等值线图

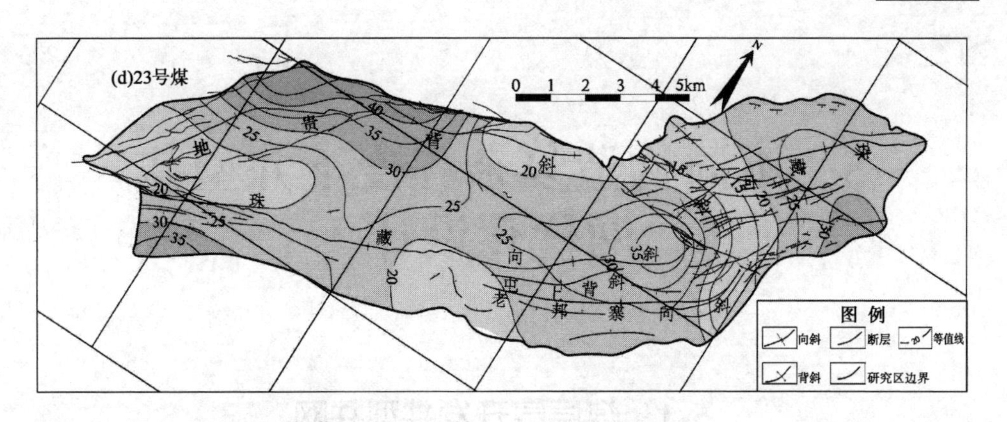

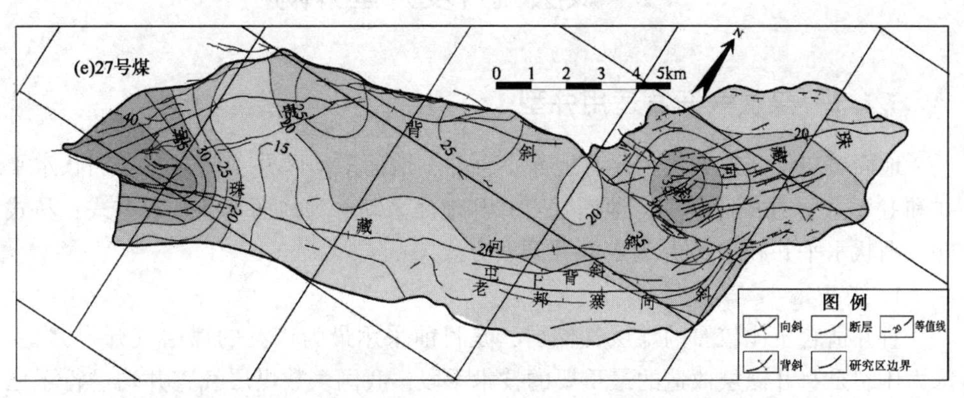

图 4-15 珠藏向斜各主要煤层储层复杂程度等值线图(续)

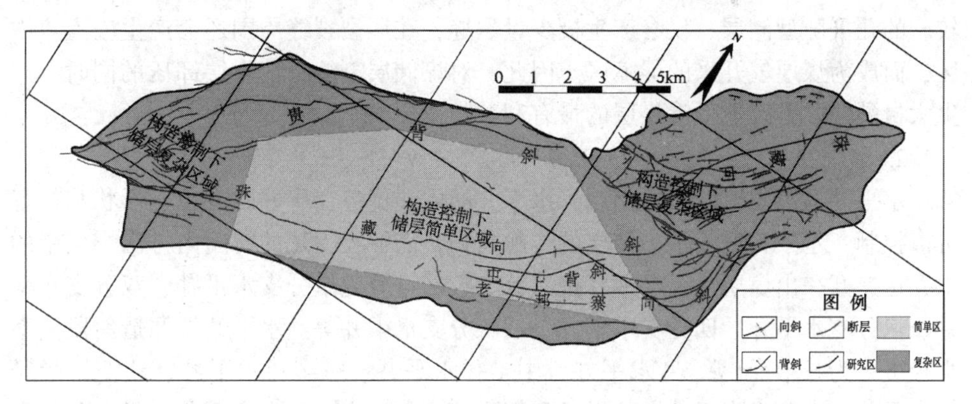

图 4-16 珠藏向斜构造控制下储层复杂程度分布示意图

5　不同构造复杂程度下井型井网优化设计

5.1　煤层气开发井型井网

5.1.1　煤层气开发适用井型

地面煤层气开发方式主要有地面垂直井、地面采动区井、丛式井、羽状水平井和U型井等方式。其中，地面垂直井和地面采动井为地面直井开发方式；丛式井、羽状水平井和U型井为定向井开发方式。

1. 直井

直井适合于比较厚的煤层气储层，是目前采用最为广泛的煤层气开发井型。水力压裂是直井储层改造的最重要的技术手段，我国多数煤层气直井均进行了压裂改造。而水力压裂技术仅适用于那些相对坚硬的裂缝性储层，对于煤储层这类较软的孔裂隙型储层，仅会产生极少量裂缝，在压裂裂缝周围还会产生应力集中区，而成为煤层气开采的屏障区。因此，对煤储层割缝，使煤层卸压的同时，产生大量裂缝，是改造低渗煤层的最有利技术方向。

2. 水平井

水平井适用于比较薄的储层，水平井的主要优势在于井眼方位、形状和位置可以控制。水平井增加了与储层的接触面积，能够在很短的时间内排出煤层中的水，迅速开采出煤层气。水平井按照分支数量可分为单分支水平井、双分支水平井、三分支水平井、四分支水平井、羽状分支水平井等；水平井按照造斜段曲率半径可分为长半径(常规)水平井、中半径水平井、短半径水平井、超短半径径向水平井；多分支水平井按水平段几何形态可分为集束分支水平井、径向分支水平井、反向分支水平井、叠状分支水平井、羽状分支水平井等。

3. 丛式井

丛式井是指在一个井场或平台上有若干口油气井，各井的井口相距数米，各井的井底则伸向不同方位的一种钻井方式。采用丛式井煤层气开发技术可以大大减少征用的土地，降低钻前工程量，简化地面集输流程，节约后期管理成本，降低产能建设投入，保护环境。井下复杂的地质情况以及直井段、造斜段、井与井之间的防碰施工是制约丛式井优快钻井的突出问题。前人研究认为通过开展钻井工程优化设计、根据地层实钻情况及时调整造斜点和井身剖面，根据地层造斜能力和方位自然漂移量及时改变钻具组合和调整钻井参数，采用低速螺杆缓解钻头快速磨损技术，可以迅速提高钻井速度。

4. 超短半径径向水平井

超短半径径向水平井是指曲率半径远比常规的短曲率半径水平井更短的一种水平井。采用超短半径径向水平井可以实现在 0.06m 半径的立井井段完成从垂直转向水平。1992 年 Bechtel 利用该技术钻井 1000 余口，并且能够在同一口井的同一深度向四周钻出多个径向水平井眼。我国自“九五”期间在老井、压裂效果不好的井中进行了试验，采用该技术改进后，单井产量一般提高 2 倍以上，有的甚至高达 5~20 倍。在实施超短半径径向水平井时，将欠平衡钻井和“边喷边洗”的喷射技术相结合，改进常规水力压裂措施，可有效提高煤层气井产能。然而，由于转向系统、水力破岩钻头等关键技术问题的限制，一直没有得到大面积广泛推广。

5. 羽状分支水平井

煤层气羽状分支水平井是指在一个主水平井眼两侧再侧钻出多个分支井眼作为泄气通道的一种新的钻井技术。煤层气羽状分支水平井主要是利用定向井、水平井钻井技术，但其难度和复杂程度远高于普通定向井和水平井。世界上第一口煤层气羽状分支水平井专利技术的应用是在美国落基山。我国第一口煤层气羽状分支水平井是中国石油天然气股份有限公司煤层气勘探项目经理部引进 CDX 国际公司的钻井专利技术在樊庄高煤阶区试验成功。

羽状分支水平井一般在煤层比较厚而且煤层分布连续的储层中能起到比较好的效果，特别是低渗透储层中。但是在排水孔隙特别发育的煤层中或煤层零星分布在砂岩或石灰岩的储层中开发效果并不太好。煤层气多分支水平井的产能主要受分支水平井长度、煤层厚度、水平分支数、煤层非均质性、水平段位置、分支水平井眼的方向、面割理方向等的控制。

6. U 型水平连通井

我国煤层气钻井技术从初期的直井、斜井、水平井、多分支水平井发展到 U 型井，煤层气井的开发成本不断降低，钻井效率显著提高，施工周期缩短，促进了我国煤层气的开发水平。2009 年 3 月 2 日中国石化进入煤层气领域的第一口 U 型井——和 1U 型井组投入排采，为我国实施 U 型井煤层气开发提供了宝贵的经验。

U 型水平连通井主要针对我国华北、华南、西北等高陡构造区煤层气资源。在高陡构造煤层气资源区，储层倾角大、渗透率高，受煤层气羽状井或多分支水平井技术特点限制，钻煤层气羽状井或多分支水平井意义并不大，设计成沿煤层的 U 型定向斜井，结合相应的 U 型井钻完井技术、欠平衡钻井工艺及地面采气技术，利用流体势能原理实现储层排水降压采气，能够合理优化钻井液排量，有效保护煤储层。同时，采用组合 U 型井钻采技术，可实现多口 U 型井共用一口直井排采，发挥一井多用的作用。

5.1.2 煤层气开采适用井网

煤层气井网优化与部署是煤层气开发方案的重要组成部分，也是开发工程中的关键环节，科学、合理的井网部署不仅可以保障煤层气开发的顺利实施，而且可以有效利用煤层气资源，提高煤层气采收率与经济效益。煤层气常见的布井方式有矩形布井法、三点式布井法、五点式布井法、梯形布井法、梅花形布井法、不规则法等。井网布置取决于地质条件和开发规模，如进行早期的开发试验，可以采用三点法或五点法；但是大规模开发时通常采用方形网格法。

煤层气生产井网布置取决于诸多因素，包括煤层渗透率、储层压力、煤层破裂压力、煤层闭合压力、煤层压力梯度、水动力条件等。井网中各井之间的井间干扰对煤层气的解吸非常有利，同时还需要考虑渗透率的各向异性。

随着煤层气研究的深入和计算机技术的发展，应用储层模拟技术进行井网优化已越来越多地被人们接受。

1. 井间干扰

煤层气开采需要进行区块整体排水降压，单井排采与井组合采相结合形成井间干扰可以迅速降低地层压力，人为形成补给边界，随压降漏斗在垂向上迅速加深，波及面积迅速增加，煤储层中甲烷气体大量解吸并产出，从而增加产气量，提高采收率。

单井排采时，单井形成的压降漏斗范围内，任意时刻某点的压力可以表示为：

$$P(r,\ t)=P_i-\frac{P_i-P_{wf}}{\ln\frac{r_i}{r_{wf}}}\ln\frac{r_i}{r} \tag{5-1}$$

多井排采时，相邻井的泄流区域重叠，就会形成叠加的压降漏斗，使两井中间区域的压力很快降到临界解吸压力以下。因此，煤层气的布井关键是研究如何优化井网类型、井距和井网密度，以使井间干扰最大化。存在井间干扰时，任意点的压力可以表示为：

$$P(x, y, t)=P_{\mathrm{i}}-\sum_{k=1}^{N_{\mathrm{w}}}\frac{P_{\mathrm{i}}-P_{\mathrm{wf}}}{\ln\frac{r_{\mathrm{ik}}}{r_{\mathrm{wf}}}}\ln\frac{r_{\mathrm{ik}}}{r_{\mathrm{k}}} \tag{5-2}$$

式(5-1)和式(5-2)中 $P(r, t)$，$P(x, y, t)$——油藏任意点在 t 时刻的压力，MPa；

P_{i}——泄流边缘处的压力，MPa；

P_{wf}——井底流压；

r_{i}——泄流半径，m；

r——任意点到井底的距离，m；

r_{ik}——第 k 井 t 时刻的泄流半径，m；

r_{k}——t 时刻从 (x, y) 点到第 k 井的距离，m。

2. 煤层的各向异性

煤层各向异性主要反映在裂缝系统的各向异性。煤层裂缝系统主要包括面割理和端割理两种，面割理连续分布，而端割理分布通常不连续，个别煤储层面割理($k_{\max}$)与端割理($k_{\min}$)的渗透率之比甚至大于20。在相同的井、排距下，煤层的各向异性程度越高，煤层气井产能越低。在仅考虑各向异性的情况下，如果 $k_{\max}: k_{\min}=a$，那么井网中的井距之比为 $\sqrt{a}$ 时，可以使产量达到最大值。

在不同的构造部位，由于储层压力的重分布，煤层气井的初始产气时间和产能也具有极大的差异性。掌握不同构造部位煤层气井产气能力、气产量的特点进行布井是煤层气井控制面积优化、采收率提高和经济效益提升的关键。

3. 井网密度

网格类型确定以后，确定井间距便成为井网布置的关键内容。井间距的确定常用地质类比法和储层模拟法。地质类比是一种简单易行的方法，储层模拟可以做到定量评价不同井间距的产气量和采收率。目前国内外主要煤层气田的开发井网情况如表5-1所示，在一定时间内采出的地质储量与井间距的大小相关，布井密度越小，在短时间内形成的压降漏斗就越大，产气高峰来的就越早。井距过大，两井间的压力没有叠加，相当于单井在排采；井距过小，虽然压降效果好，但井数过多会使区块的开发成本提高。因此，最佳井距的确定至关重要。

表5-1 国内外煤层气盆地储层特征以及开发井网对比

盆地	开采深度/m	渗透率/$10^{-3}\mu m^2$	含气量/(m^3/t)	井距	采收率/%
圣胡安	150~450	30~50	12.7~20	800m×800m	65
粉河	150~500	10~500	0.6~5	400m×400m~600m×600m	70
尤因塔	400~1370	5~20	4~13	800m×800m	50

续表

盆地	开采深度/m	渗透率/$10^{-3}\mu m^2$	含气量/(m^3/t)	井距	采收率/%
拉顿	150~2000	1~10	3~14	800m×800m	55
黑勇士	500~1200	6~20	6~20	400m×400m~600m×600m	50~60
阿尔伯特	200~800	20~30	2~14	600m×800m	55
苏拉特	200~800	10~25	3~9	600m×800m	50
沁水	250~1000	0. 01~3	5~27	300m×300m~400m×400m	54
阜新	550~850	0. 47	2. 3~16. 2	500m×450m	/

井网密度取决于储层的性质以及煤层气开发的规模。井网密度存在一个最佳井数值，超过这个数，井数再增加，对采收率的增长贡献已很小。

4. 井网类型

合理的井网类型可以提高煤层气产量，常见的布井方式有矩形布井法、三点式布井法、五点式布井法、梯形布井法、梅花形布井法、不规则法等。

矩形井网要求沿主渗透和垂直于主渗透两个方向垂直布井，且相邻的 4 口井呈矩形。该井网适用于渗透率在各个方向上相差不大的区块。

菱形井网要求沿主渗透方向和垂直于主渗透两个方向垂直布井，在 4 口井的中心位置，加密一口煤层气开发井。该井网是对矩形井网的一种补充或完善，在排水时，井与井之间的压力降比较均匀。菱形布井法多适用于褶皱发育区，在褶皱“中和面”之上，背斜部位储层渗透率相对较高，但煤层气资源量相对较少，向斜部位储层渗透率相对较低，煤层气资源量相对丰富，为实现单井控制面积内资源量有效开采的目的，通常使用倒梯形布井法。

五点式布井法适用于煤层倾角不大，储层后期受构造控制较小，水平最小主应力和水平最大主应力相差不大的区域。这些区域地层供液能力相差不大，渗透率在四个方向上差别不大，排采过程中压力传递速度几乎相等。

梅花形布井法适用于原始渗透率及压裂后水平最大主应力和最小主应力方向上渗透率相差较大的区域。在渗透率改造较好的方向上适当加大井距，而在改造后渗透率相对较差的区域缩小井距，以期最终形成井间干扰。

5. 井网方位

井网方位主要是根据地质研究时测定的面割理和端割理走向，以及压裂时裂缝监测测定的方向来确定。实际布井时，应保持矩形井网长边与面割理方向平行或与人工压裂裂缝方向平行。煤层中的天然裂隙是影响煤层渗透性的重要因素，裂隙的主要延伸方向往往是渗透性较好的方向。人工压裂裂缝可以改善天然裂缝，使其更好地沟通储层，压裂裂缝主导方位多沿垂直于现今最小主应力方向延伸。

裂缝长度、导流能力与井距关系密切。裂缝越长，导流能力越大，井距就越大，尤其是在渗透率较小时，裂缝参数对井距的影响更明显。在确定煤层气井距时，由于人工裂缝的影响，沿裂缝方向的井距可适当放大。裂缝穿透比的大小影响煤层气井的产能，裂缝穿透比增加，产气能力也会相应增加；导流能力越大，初期产气总体较高，产气峰值也越高，而导流能力对后期产能影响不大。裂缝长度与井距呈正相关关系，裂缝长度越长，井距则可适当放大，即沿裂缝方向，井距可适当放大，而垂直裂缝方向，井距应当适当缩小。同时，在压裂过程中，还应当注意顶板含水层对煤层气井网产能的影响。

煤层气开发井型有直井、丛式井、U 型井以及水平井等多种模式，但合理的井型选择应与地质、储层、地形等多种条件相匹配，不同的井型适用于不同的地质条件。在综合分析了不同开发方式可适应的地质条件后，在南方含煤盆地中，选择直井开发煤层气具有良好的地质适应性。针对贵州省薄—中厚煤层群地质特征，建立了薄—中厚煤层群煤层气开发地质模型，提出了 28 种煤层气资源开发类型。煤层气开发井网优化要素通常包括：井网样式(井间平面几何形态)、井网方位和井网密度等。井网密度大小可以通过同类煤层气田类比法、合理控制储量法、规定产能法、经济极限井距法、数值模拟法等方法进行反复论证确认。

5.1.3 多煤层合层排采层间干扰

常规油气藏领域一般认为，多储层条件下将所有产层全部射开，实施单井多层合采的方式，以及在同一井场相同层位加密生产井是实现高效开发的有效手段。合层开采方式可以大幅提高油藏的动用储量，然而合层开采过程中高低渗透层的生产相互干扰，导致合采过程中存在层间干扰。

合层开采过程中，各层纵向上不连通的多层气藏在井筒内连通，层间非均质性在合采过程中表现出严重的层间矛盾，影响着开采速度和采收率。而储层的非均质性与储层之间的平均渗透率、渗透级差、流体平均黏度、层数、单层厚度、井距、压力系数及供给区域的差异等参数具有极大的关系。储层之间渗透率级差越大，则两层之间干扰越强烈，渗透率大的储层抑制渗透率小的储层，导致渗透率小的储层产能差，甚至无产能。层间干扰程度随渗透率级差增大而增大，在渗透率级差增大到一定程度时，流体沿高渗层“单层突进”，低渗层则被“屏蔽”，从而严重影响采收率。在非均质储层内，高渗透层的渗透率越高，相对于低渗透层的渗透率差异越大，对低渗透层的屏蔽作用也就越大，层间干扰程度越强，而层间干扰对采收率影响最大的参数是平均渗透率。

油井的层间干扰随着各分层储层厚度的增加而加剧，增大生产压差可以有效地降低层间干扰、提高油井产能，但这仅适用于油井投产初期。一旦油井某一高渗透层见水，层间干扰会进一步加剧。合采过程中，各分层储层压力差异较大。若上部储层储层压力小于下部储层储层压力时，上部储层的产能受下部储层的抑制；上下储层压力接近时，各储层产能状况较好；上部储层储层压力大于下部储层储层压力时，下部储层的产能受上部储层抑制。不同储层之间压差较大，若压差大于某一气藏生产压差时，便会产生层间干扰。一旦发生层间干扰，完井方式上不能采用大段裸眼或衬管完井，在开采方式上应用不同井网来开采。层间渗透性及地层压力的差异主要影响合采气井早期各层的产量贡献，对气井相对长期的开采效果影响不大。

5.2 珠藏向斜储层产能特征

X-2 井位于织金县少普乡四角田村(图 5-1)，构造上位于珠藏向斜西北翼，为珠藏向斜内一口煤层气排采井。鉴于此，珠藏向斜内各储层产能特征均以此井为基础展开分析。

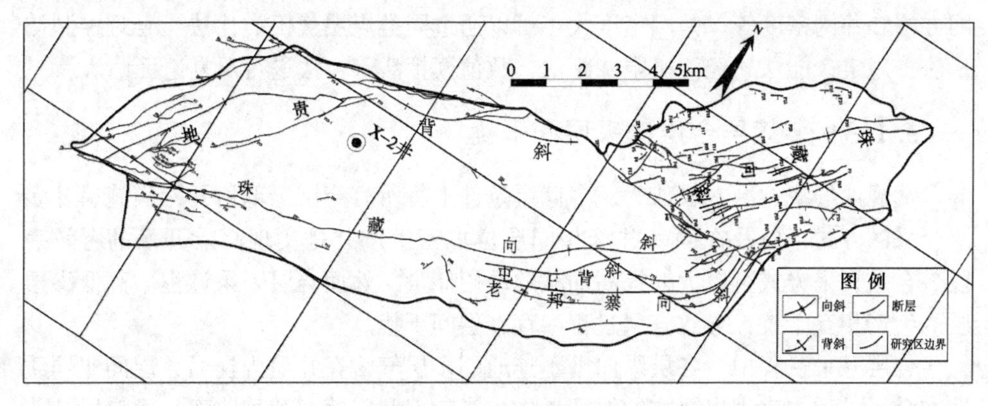

图 5-1　X-2 井位置示意图

5.2.1　X-2 井储层特征

1. 煤厚及埋深特征

X-2 井所处位置储层埋深较浅，6 号煤层埋深仅 240.4m，最深的 27 号煤埋深 464.6m。各主要储层的层间距差异较大，最小层间距为 18.55m，最大为 50.5m。16 号煤及 23 号煤厚度较大，分别为 2.5m、1.9m，27 号煤最薄，仅 0.86m。

2. 宏观煤岩特征

X-2 井各主要煤层宏观煤岩类型为光亮型煤，煤岩成分以亮煤为主，暗煤次之。7 号煤、16 号煤及 23 号煤呈碎裂结构，内生裂隙发育，以垂直裂缝为主，呈闭合状，无充填物。16 号煤受次生构造作用影响，部分煤岩呈粉煤，易捻搓成煤粉或煤尘，呈糜棱结构。

3. 含气性特征

X-2 井各主要储层含气量普遍较高，多数高于 $13m^3/t$；7 号煤含气量较低，仅为 $10.78m^3/t$(图 5-2)。各主要煤层气体组分以甲烷为主要成分，甲烷浓度普遍高于 98%，仅含有少量的 CO_2 和 N_2。

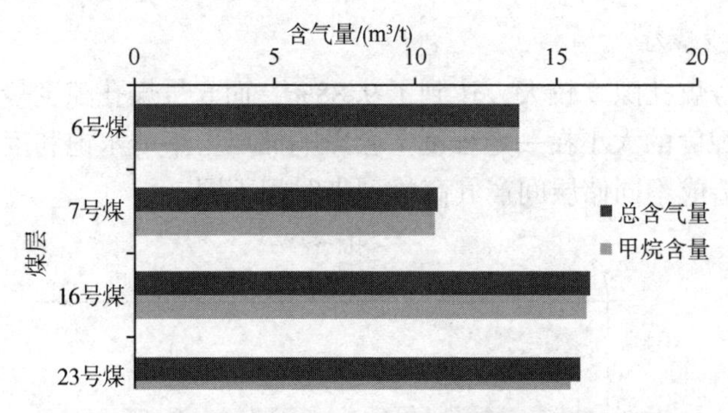

图 5-2 X-2 井各主要煤层含气量、甲烷含量垂向分布图

各储层甲烷吸附时间差异性较大，16 号煤甲烷吸附时间为 0.5d，而 23 号煤甲烷吸附时间则长达 6.02d。吸附时间在一定程度上反映了煤层甲烷的解吸速度，16 煤煤层甲烷解吸速度较快，而 23 号煤解吸则相对较慢。

4. 兰氏及储层压力特征

根据等温吸附实验，测定了 X-2 井各主要储层干燥无灰基条件下的煤样在不同温压下的吸附量(图 5-3)，并结合各储层压力，计算了临界解吸压力及其他参数(表 5-2)。该区内各储层临储比以 6 号煤和 16 号煤较大，预示着这两层煤能够较快地解吸产气。

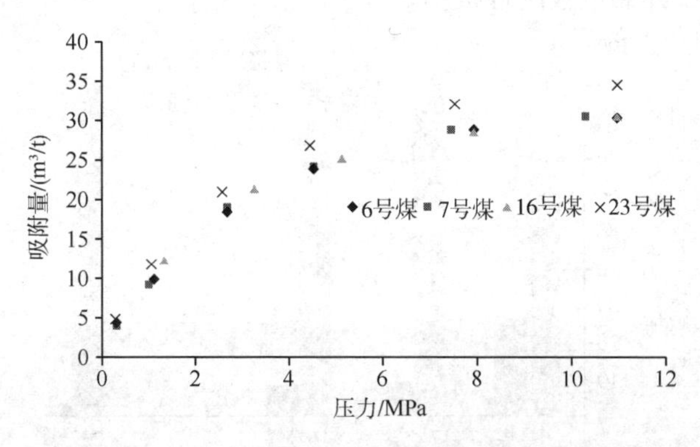

图 5-3 X-2 井各主要煤层等温吸附测试结果图

表 5-2 X-2 井各主要煤层兰氏参数表

煤层	兰氏体积 $V_L/(m^3/t)$	兰氏压力 P_L/MPa	吸附饱和度/%	临界解吸压力/MPa	临储比
6 号	35.41	2.75	95.82	1.73	0.93
7 号	37.08	2.76	68.6	1.13	0.56
16 号	34.61	2.55	89.64	2.36	0.8
23 号	39.32	2.49	73.33	1.68	0.55

5. 储层孔隙特征

X-2 井 7 号煤孔隙度较大，达到了 9.88%，而 6 号煤孔隙度最小，为 3.27%(图 5-4)。孔隙度的大小在一定程度上会影响储层中束缚水饱和度，从而影响储层排水强度，造成不同储层间产气高峰到来时间不同。

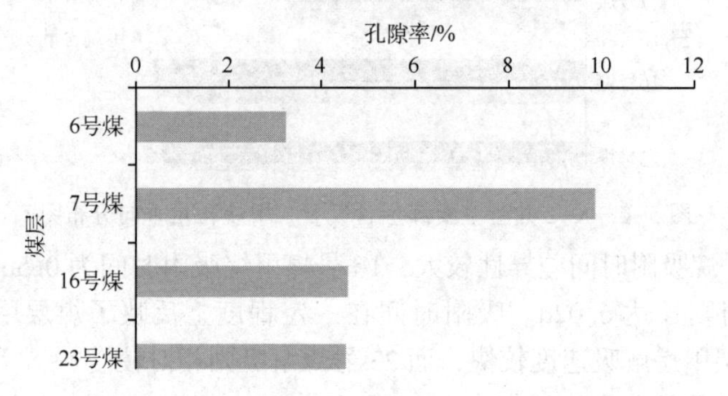

图 5-4 X-2 井各主要煤层孔隙度垂向分布图

6. 储层显微组分特征

X-2 井各储层演化程度较高，$R_{o,max}$ 为 3.44%~4.3%，均达到了无烟煤阶段，且显微组分以镜质组为主，惰质组次之，几乎不含有壳质组(图 5-5)。结合兰氏参数，说明 X-2 井储层吸附性极高。

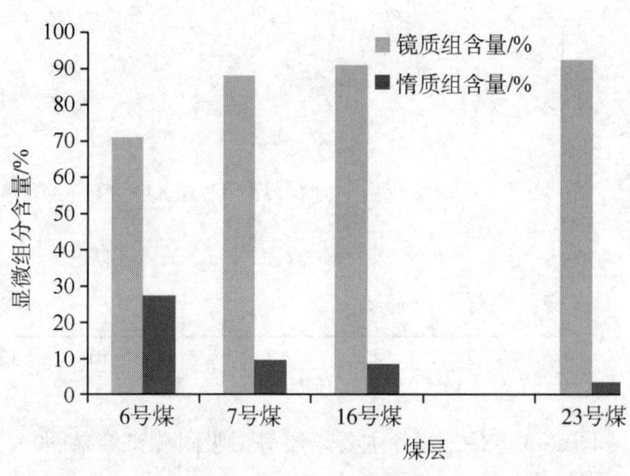

图 5-5 X-2 井各主要煤层显微组分含量关系图

5.2.2 X-2 井排采特征

X-2 井生产层位为二叠系龙潭组 20 号、23 号煤层，于 2010 年 6 月 18 日投产，8 月 15 日见气，初始日产气量 189m^3，见气时井底流压 1.823MPa。8 月 27 日产气量突破 2000m^3，最高日产气量达到 2802m^3(图 5-6)。目前，该井仍正常排采。

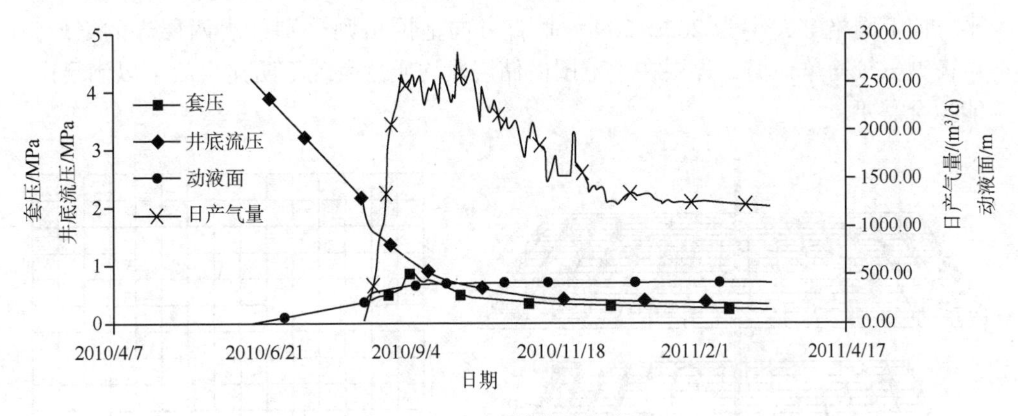

图 5-6 X-2 井排采曲线图

2010 年 6 月 18 日至 2010 年 8 月 14 日，X-2 井开始产气，该阶段共 59d。动液面由 1.14m 平稳降至 205.2m，平均日降幅 3.98m，井底流压由 4.185MPa 降至 1.823MPa，平均日产水量 1.85m^3，累计产水 264.78m^3。点火产气前(8 月 13 日)调整泵速由 15.6r/min 调至 30r/min，维持 4d，日均产水量达到 2.5m^3，其中 8 月 15 日液面日降达到了 57m，井底流压日均降幅也达到了 0.2MPa，这可能导致井筒内压力系统平衡被破坏。8 月 15 日点火产气，8 月 17 日转速调整为 19.8r/min，各项排采参数基本恢复正常。

8 月 15 日至 10 月 9 日为产量上升阶段，8 月 17 日至 8 月 28 日套压稳定在 0.4~0.5MPa，日产气量稳定上升至 2000m^3，煤层部分解堵，增产趋势明显，各项参数均无异常。8 月 28 日至 9 月 7 日转速控制稳定在 17r/min，套压由 0.5MPa 憋至 0.9MPa，产水量由 1.27m^3 降至 0.41m^3，产气量由前期的惯性上升后呈下降趋势。该阶段为两相流阶段，套压控制较高，生产制度调整不合理，导致煤层出水的连贯性被打破，煤储层两相流被套压限制、动液面下降快，产气量下降，该过程可能对煤储层造成一定程度的不可逆伤害。

10 月 9 日之后，X-2 井日产气量总体呈下降趋势，11 月 16 日产气量出现台阶式波动。

整体而言，X-2 井排采效果良好，但生产过程中转速的突变及憋压过程可能对储层造成一定程度的损害，不利于后期煤层气的正常排采，这从后期煤层气井产能的迅速降低也可得到验证。

5.2.3 X-2井排采历史拟合

以COMET3煤层气数值模拟软件中双孔、单渗、两相、单吸附介质模型为基础，以X2井20号煤、23号煤为模拟对象，建立了一个300m×300m正方形双层网格地质模型(图5-7)。第一层网格代表20号煤，第二层网格代表23号煤，水平方向上网格等大小为20m×20m，垂直方向上网格则分别代表两层煤的煤厚。该模型虽较简单，但是煤层在小范围内储层非均质性表现不明显，故可以满足产能拟合需要。

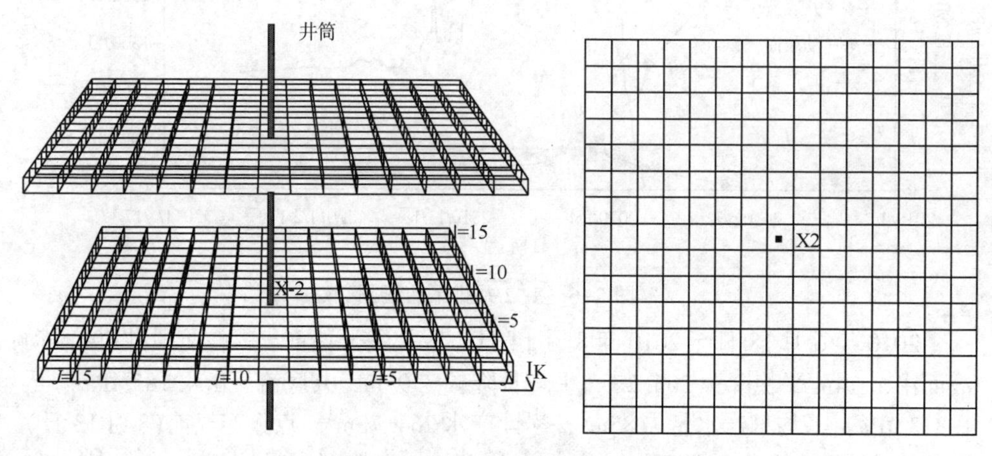

图5-7 X-2井地质模型示意图

结合X-2井排采产能、X-2井所处地质条件及储层条件，利用COMET3数值模拟软件对该井截至2020年8月的排采状况进行了拟合，结果如图5-8所示。

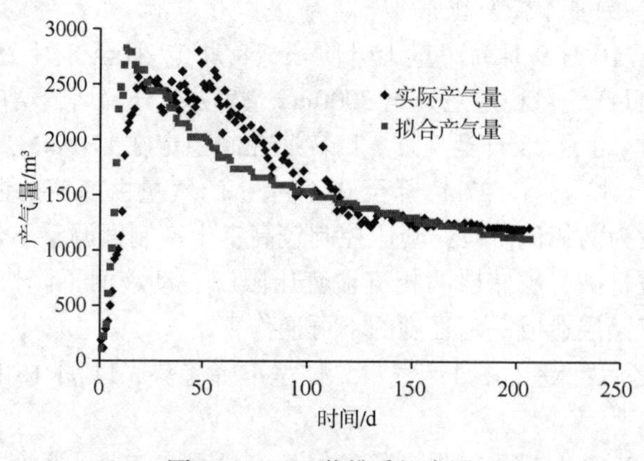

图5-8 X-2井排采拟合图

对X-2井拟合效果整体较好，能够反应该井在200余天内的产能变化，但拟合效果在产能高峰期效果不好。分析原因认为，X-2井实际排采产能高峰期存在人为调大转速及增大套压过程，使X-2井能在短期内维持较高的产能。在高峰期后，X-2井转速及套压维持较为稳定，产能迅速降低，该部分产能在数值模拟过程中得到了较好的反应，说明该拟合结果具有较高的可信性。在对X-2井拟合过程中，修正了储层渗透率及含气量参数，具体修改数值如表5-3所示。

表5-3 X-2井储层参数实测、拟合对比表

项目	20号煤			23号煤		
	实测值	拟合值	修正量	实测值	拟合值	修正量
煤厚/m	1.3	1.3	0	1.9	1.9	0
埋深/m	408	408	0	431.45	431.45	0
储层压力/MPa	2.86	2.86	0	3.04	3.04	0
渗透率/$10^{-3}\mu m^2$	0.462	1.7	2.67	0.524	2	2.81
孔隙度/%	8.6	8.6	0	7.4	7.4	0
吸附时间/d	6.02	6.02	0	6.02	6.02	0
兰氏体积/(m^3/t)	39.3	39.3	0	39.3	39.3	0
兰氏压力/MPa	2.49	2.49	0	2.49	2.49	0
含气量/(m^3/t)	10.75	12	0.11	15.85	17	0.72
表皮系数	-2	-2	0	-5.59	-5.59	0

在数据拟合过程中，20号煤缺乏储层压力、吸附时间、兰氏体积及兰氏压力四项参数。20号煤与23号煤位于同一压力系统中，应当具有相近的压力梯度，则根据23号煤压力梯度计算了20号煤储层压力为2.86MPa；20号煤在垂向上与23号煤层相距23.45m，其吸附时间、兰氏参数等应与23号煤相差不大，故在模拟过程中直接使用23号煤相关参数。

通过对拟合后的储层参数与实测参数相比，渗透率的数据变化较大，其变化率分别达到了267.69%、281.67%。对煤样渗透率的修订主要集中在两个方面：一方面实测渗透率值为实验室测定数据，而实验室测定渗透率通常与原位条件下储层渗透率不太一致；另一方面，结合现场X-2井煤样照片发现，23号煤心具有较多的垂向裂隙(图5-9)，理应具有良好的渗透率。对含气量的修正主要是基于该含气量仅包含了解吸气及损失气含量，并未包括残余气含量。同时，模拟过程中所用的含气量仅为解吸样品的平均值，23号煤样中含气量最高可达

图 5-9　X-2 井 23 号煤心照片

18.33m^3/t。据此认为，其对 X-2 井储层参数的修正具有一定的科学性，并认为对该井产能的拟合具有可信性。

5.2.4　含气系统产能特征

目前，X-2 井仅对 20 号煤及 23 号煤进行了排采，而对其他煤层并未进行排采试验，因此无法对其他各主要煤层的排采进行分析。为此，结合珠藏向斜含气系统的划分及现有排采数据，对该井其他主要煤层排采进行了 10 年内的产能预测，作为后续分析该区井型井网的依据。对煤层产能预测均采用 300m×300m 网格。

1. 含气系统(1)

该含气系统在垂向上主要包括 2 号煤和 6 号煤，由于 2 号煤在珠藏向斜内并未完全分布，因此在预测过程中仅对 6 号煤层产能进行了模拟(图 5-10)。模拟结果显示，6 号煤层产气效果一般，其产气高峰到来较早，最高产气量仅 956.9m^3/d，始终未能突破 1000m^3/d，且产能衰减较快，在排采约 3 年后煤层气单日产量便低于 400m^3/d，但其采收率相对可观，10 年后其最终采收率可以达到 56.82%(表 5-4)。分析原因认为，6 号煤层含气量较高，达到 13.69m^3/t，固然其煤层较薄(1.1m)，但是通过合理的排采控制，仍旧能够得到较高的单井产量。对于该煤层产气高峰到来较早，分析认为，该煤层临储比较高，达到了 0.93，煤层经过短暂排水降压后迅速解吸，同时 6 号煤层孔隙度达到了 8.8%，较高的孔隙度使煤层中的裂隙水能够迅速排出，使煤层迅速产气。

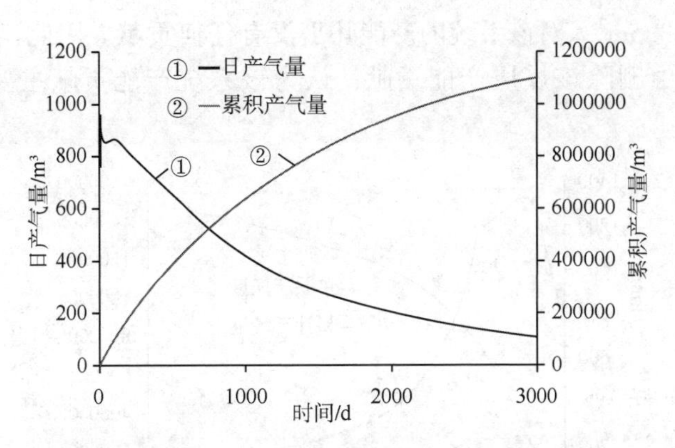

图 5-10　珠藏向斜含气系统(1)单井产量及累积产气量关系图

表 5-4　珠藏向斜含气系统(1)产能预测统计表

年限/年	单井日产气量/m³	单井年产气量/m³	累积产气量/m³	采收率/%
1	830.99	252932.50	252932.50	13.14
2	676.35	205862.40	458794.90	23.84
3	518.21	157736.50	616531.40	32.04
4	397.77	121073.70	737605.10	38.33
5	312.27	95047.90	832653.00	43.27
6	252.11	69060.70	901713.70	46.85
7	206.56	62870.60	964584.30	50.12
8	169.56	51606.60	1016190.90	52.80
9	140.85	42871.40	1059062.30	55.03
10	118.28	34536.60	1093598.90	56.82

2. 含气系统(2)

该含气系统在垂向上主要包括 7 号煤和 16 号煤，对该含气系统 10 年产能进行了模拟预测(图 5-11)。模拟结果显示，含气系统(2)产气高峰在约 1 年半后到来，产气高峰时产气量达到了 1332.7m³/d，但产气高峰维持时间较短，单日产气量高于 1000m³/d 维持约 2 年半，随后产能较快衰减，在排采约 3 年半后煤层气单日产量便低于 400m³/d。从 7 号煤与 16 号煤储层参数对比上看，二者埋深相差约 118.55m，同时二者之间临界解吸压力相差较大，7 号煤临界解吸压力为 1.13MPa，16 号煤临界解吸压力为 2.21MPa，单从临界解吸压力上看，在 16 号煤解吸过程中 7 号煤层很可能仍未产气。为此，在合采模拟过程中，设置 16 号煤没有进行排采，仅使 7 号煤进行排采，其他参数均设置不变，其排采效果如图 5-12 所示。模拟发现，7 号煤基本上不产气，其最高产气量仅 128m³/d，10 年累积产能仅 50483.5m^3，对该系统的产能几乎没有任何贡献。因此，在之后的系统产能模拟过程中删除该煤层产能贡献，认为该系统产能贡献主要由 16 号煤层提供。

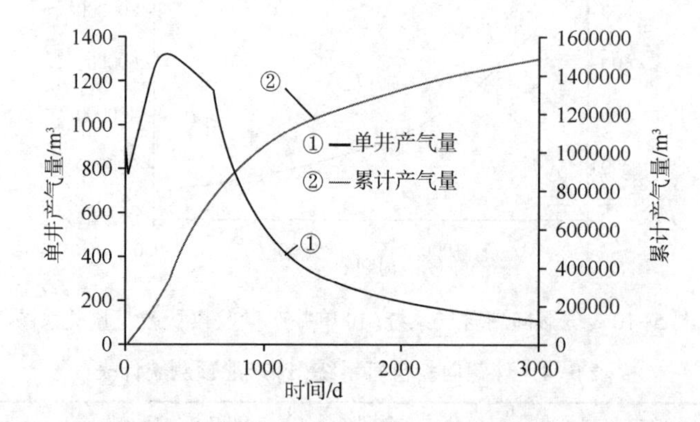

图 5-11　珠藏向斜含气系统(2)单井产量及累积产气量关系图

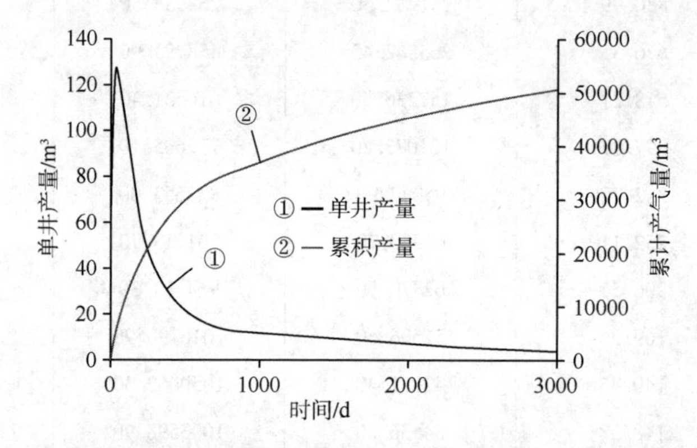

图 5-12　珠藏向斜含气系统(2)7 号煤层单井产量及累积产气量关系图

对该系统 10 年产能预测发现，10 年后其最终采收率可以达到 28.86%(表 5-5)，受限于其产气高峰到来较早，其高产期集中在排采的前 5 年，随后单井产能普遍低于 1×10^{5}m^3/a。

表 5-5　珠藏向斜含气系统(2)产能预测统计表

年限/年	单井日产气量/m^3	单井年产气量/m^3	累积产气量/m^3	采收率/%
1	1097.87	252932.50	334163.8	6.48
2	1257.98	382895.60	717059.4	13.90
3	865.61	263473.20	980532.6	19.00
4	487.36	148343.20	1128875.8	21.88
5	336.69	102483.00	1231358.8	23.86

续表

年限/年	单井日产气量/m³	单井年产气量/m³	累积产气量/m³	采收率/%
6	256.32	70217.50	1301576.3	25.22
7	204.19	62150.30	1363726.6	26.43
8	165.58	50396.50	1414123.1	27.41
9	136.82	41637.40	1455760.5	28.21
10	114.62	33468.60	1489229.1	28.86

3. 含气系统(3)

该含气系统包括16~30号煤，但在模拟过程中仅模拟了23号煤及27号煤的合层排采过程，该两层煤为珠藏向斜的主要煤层，20号煤仅在肥田一号井田大部分区域内分布，在整个珠藏向斜内分布并不广泛。

该含气系统在珠藏向斜三个含气系统中产能最好，其第二个产气高峰在排采约1年左右到来，其产气高峰峰值约1345.8m³/d，且产气高峰持续近2年时间。该含气系统在排采10年过程中，产能一直较高，没有明显的产能下降趋势，普遍稳定在600m³/d以上，排采效果较好(图5-13)。分析认为，该含气系统较好的排采效果主要得益于23号煤层、27号煤层储层的相似性。23号煤、27号煤厚度上存在一定的差异性，23煤层厚1.9m，27号煤层厚0.86m，但是两层煤之间层间距较小，仅33.05m。此外，这两层煤在其他参数上没有明显的差异，含气量分别为15.85m³/t、14.8m³/t。两层煤临储比接近，为0.6左右。实验室测定原位储层渗透率接近，分别为0.524mD、0.378mD。储层参数上的相似性使储层在排采过程中较少出现不利的干扰现象，较高的含气量保证该系统能够较长时间的保持较高的产气量。该含气系统10年产能良好(表5-6)。

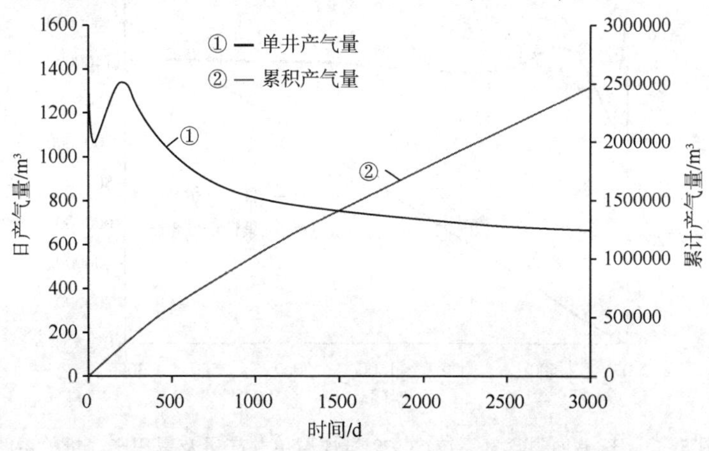

图5-13 珠藏向斜含气系统(3)单井产量及累积产气量关系图

表 5-6 珠藏向斜含气系统(3)产能预测统计表

年限/年	单井日产气量/m^3	单井年产气量/m^3	累积产气量/m^3	采收率/%
1	1230.22	252932.50	374444.60	6.84
2	1059.26	322415.00	696859.60	12.73
3	880.34	267955.10	964814.70	17.62
4	802.31	244200.60	1209015.30	22.08
5	761.66	231827.60	1440842.90	26.32
6	735.24	201411.50	1642254.40	29.99
7	712.99	217011.70	1859266.10	33.96
8	694.02	211244.00	2070510.10	37.82
9	679.98	206967.40	2277477.50	41.60
10	667.47	194390.00	2471867.50	45.15

为了研究这两层煤各自的产能贡献，即在合层排采中其他参数保持不变的情况下，分别设置 27 号煤、23 号煤不排采。23 号煤与 27 号煤相比，其第二次产气高峰到来较晚，但在整个排采过程中产能始终保持较好，即使在排采后期产能也保持在 500m^3/d，这可能得益于其较大的煤厚(图 5-14)。27 号煤第二次产气高峰到来较早，且初始产气量较高，但后期产能降低较为明显，相比同时期 23 号煤层产能，认为在排采后期下部煤层较快地消耗本煤层能量，但却能保持上部煤层较为稳定持续的能量，对上部煤层具有一定的激励作用，使上部煤层能够得到较好的保持(图 5-15)。通过对比单采及合采过程 10 年后最终产能发现，二者无明显的差距，说明在储层状况相似时，可以进行合层排采。

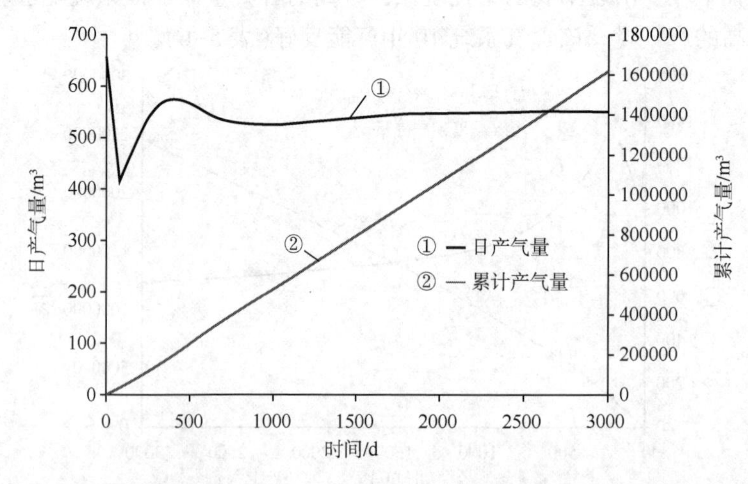

图 5-14 珠藏向斜含气系统(3)23 号煤层单井产量及累积产气量关系图

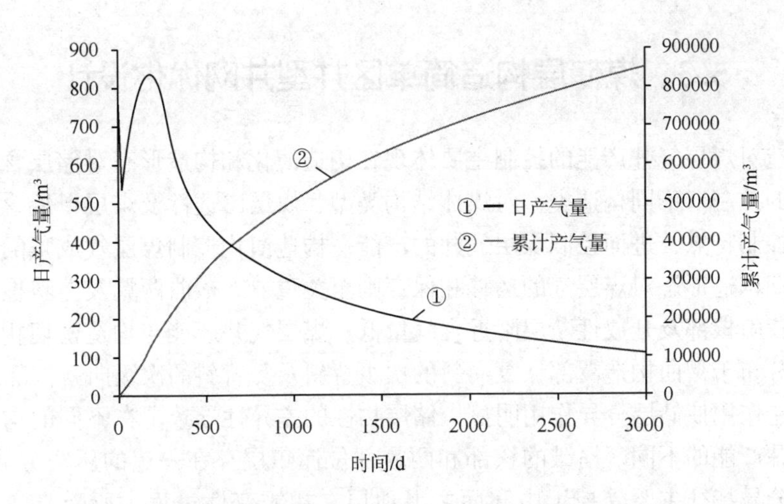

图 5-15 珠藏向斜含气系统(3)27 号煤层单井产量及累积产气量关系图

5.2.5 珠藏向斜储层复杂区、简单区储层特征

珠藏向斜储层复杂区、简单区各主要煤层储层参数类似，但储层压力梯度及渗透率具有较大的分异性(表 5-7)。

表 5-7 珠藏向斜储层复杂区、简单区储层参数对比

煤层号	储层复杂区				储层简单区			
	储层压力/MPa	压力梯度/(MPa/km)	渗透率/$10^{-3}\mu m^2$	含气量/(cm^3/g)	储层压力/MPa	压力梯度/(MPa/km)	渗透率/$10^{-3}\mu m^2$	含气量/(cm^3/g)
6				14. 96			0. 574	15. 38
7				10. 78			0. 114	9. 88
16	2. 95		0. 0179	17. 7		7. 74	0. 11	22. 7
23	3. 04		0. 000164	17. 13		7. 02	0. 149	23. 7
27		10. 93			5. 52		0. 0744	

储层复杂区储层压力梯度高于正常压力梯度，普遍处于超压状态，而储层简单区煤层处于欠压状态，说明储层复杂区处于构造应力集中地区。储层复杂区储层渗透率明显低于储层简单区，这可能是由于在储层复杂区构造煤较为发育的缘故。

5.3 煤储层构造简单区井型井网优化设计

构造对煤层气井产能的控制主要体现在构造演化和构造形态对储层含气性和渗透性的控制。不同构造类型对煤体结构类型、煤层渗透性及煤层甲烷含量具有明显的控制特点，进而控制煤层气井的产能。构造演化控制煤层气成藏的整个过程，后期构造形态对煤层气的运移和保存则至关重要。褶曲两翼及向斜核部含气量高，背斜核部及开放性断层附近含气量低。煤层气井产能与构造密切相关，高产井多分布于褶曲构造翼部、复向斜的次级背斜及复背斜的次级向斜核部。

构造作用使储层分异作用明显，储层物性的差异性导致了在不同的构造部位煤层气井产能的不同。褶皱的核部和两翼部位储集层存在一定的压实分异特征，而压实分异特征主要受控于中和面之上地层在褶皱变性过程中所受张应力的控制。在构造发育的地区，尤其是背向斜交替叠置地区，褶皱中和面上下煤层的应力、应变发生明显的差异，影响后期水力压裂效果，甚至可能导致煤层气井压裂失败。

不同构造部位，煤层气井初始产气时间、产气量、产水量均存在较大的差异性。构造背斜部位初始游离气较多，煤层气达到临界解吸压力所需时间较短，煤层气井初始产气时间间隔也较短；构造翼部需要经过一段时间的排水才能使储层压力下降到临界解吸压力以下，初始产气时间规律杂乱；构造向斜部位水源补给充分，压降困难，初始产气时间普遍较长；在向斜圈闭部位，由于地下水及向斜的压实作用，通常导致煤层气井无产能。构造背斜部位，地下水补给少，少量排水即可达到较大的压降半径，可以获得较高的产能；构造翼部排水降压相对容易，压降效果也多取决于补给水与排泄水的差值；构造向斜部位压降相对困难，产气峰值到达时间较晚。掌握不同构造部位煤层气井产气能力、气产量的特点进行布井是提高煤层气产能的重要举措。

珠藏向斜构造控制下储层复杂程度较低的区域内，储层受构造控制影响较小，且断层、褶皱等构造发育较少，储层能够保持原位状态。而该区内各主要煤层厚度普遍较薄，利用水平井等开采方式，投资大、风险高。结合前人研究成果，在珠藏向斜储层复杂程度低区采用直井便可取得良好的产能。

5.3.1 煤储层构造简单区地质构造特征

珠藏向斜内 6 号煤层断层断距多小于 35m，断层倾角多大于 70°，断层密度小于 4 条/km^2，曲率半径以小于 40km 为主。6 号煤层所处地质构造以断裂构造控制为主、褶皱构造控制为辅，小断距大倾角断裂对储层影响程度较小，储层稳定性受影响小。7号煤层地质构造主要受褶皱控制，但曲率半径多大于100km，对储层形态、厚度的控制作用有一定程度的削弱。7号煤层在该区内整体属于受构造控制储层复杂程度低区域内，因此其断层控制作用在区域内差异性比较明显，个别区域断层密度、断层延展长度较大，但断层断距以10~30m居多。16号煤层断裂构造对储层的控制作用略强于褶皱构造，断层断距多小于10m，倾角也以小于40°左右为主，对储层的破坏作用不明显。16号煤层曲率半径多小于100km，但其对储层的控制作用弱于断层，因此其储层整体较简单。23号煤和27号煤断裂构造和褶皱构造对储层的控制作用相差无几，断层断距以小于30m为主，仅个别地区断层断距能够超过30m，达到68m，但大断层断距区域极少，断层倾角以大于50°为主。断层密度多数小于4条/km^2，对储层的分割性、破坏性均较小。23号煤和27号煤受褶皱构造的控制分异性较大，曲率半径以小于200km为主，也有更大曲率半径的储层区域存在，对储层形态的控制作用不明显。

整体而言，在构造控制储层复杂程度较低的区域内，不同层位储层受断裂构造、褶皱构造作用程度不同，但断层断距多小于35m，断层倾角多大于70°，断层密度小于4条/km^2，曲率半径以100km左右为主。小断距、大倾角、小断层密度、小曲率半径是这些区域典型的地质构造特征，储层在区域内稳定性好。

5.3.2 煤储层构造简单区直井井型优化设计

傅雪海等(2013)在研究多煤层发育地区各含气系统排采次序时认为，单独排采各含气系统时，产气量低，排采时间短，成本较高。不同含气系统间可能由于压力的不同，造成个别含气系统产气少或不产气。依据各含气系统储层压力、临界解吸压力及产气压力，设计合理的排采顺序，可以有效提高单井煤层气产能。

依据经验，煤层气井产气压力通常为临界解吸压力的1.2倍。在含气系统(2)排采前期，模拟井仅排采该含气系统，含气系统(3)和(1)不排采。通过对含气系统(2)的排采模拟过程发现，该含气系统在排采约241d后，液面压力下降至约2.17MPa，此时应当打开含气系统(3)，使该含气系统与含气系统(2)共同排采。在含气系统(2)与含气系统(3)合层排采过程中，设置含气系统(1)不排采，直至液面压力降低至约1.71MPa，共排采约584d。此时，使3套含气系统共同排采，其排采结果如图5-16所示。

递进排采过程中，在含气系统(3)加入之前，由于仅排采含气系统(2)，此时的排采效果与单采该系统没有任何区别，在加入含气系统(3)后发现单井产气量得到了迅速的提高，而在含气系统(1)也加入排采之后，单井产能更是达到了

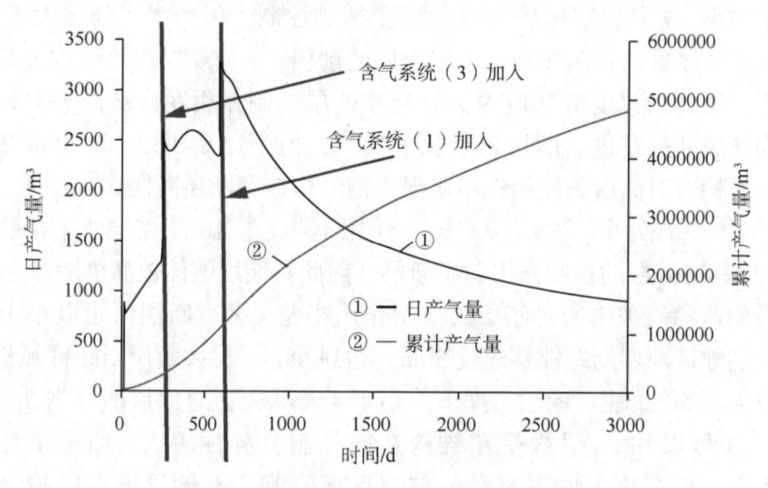

图 5-16　珠藏向斜含气系统递进排采单井产量及累积产气量关系图

一个新高度。从该井近 10 年模拟排采效果看，采用递进开采模式后，该井始终保持较高的产能，即使排采 10 年，其日产气量仍能达到 $1000m^3/d$，排采效果比单采各含气系统效果均要好得多。

在采用递进开采模式后，计算了在该模式下单井的产能及采收率(表 5-8)，发现该模式下煤层气井采收率较单采含气系统(2)和单采含气系统(3)均有了一定程度的提高(图 5-17)。

表 5-8　珠藏向斜递进排采模式产能预测统计表

年限/年	单井日平均产量/m^3	单井年产气量/m^3	单井累计产气量/m^3	采收率/%
0. 8	1038. 423	249223. 2	249223. 2	2. 343367
1	2420. 352	145219. 6	394442. 8	3. 708821
1. 95	2519. 796	715620. 5	1110063. 3	10. 43758
2	3242. 638	64638. 6	1174701. 9	11. 04535
3	2725. 307	804831. 7	1979533. 6	18. 61293
4	2031. 139	609558. 5	2589092. 1	24. 34442
5	1653. 465	496164. 3	3085256. 4	29. 00969
6	1412. 896	423948. 5	3509204. 9	32. 99595
7	1247. 713	374369. 6	3883574. 5	36. 51603
8	1125. 102	337572. 7	4221147. 2	39. 69012
9	1032. 175	309677. 7	4530824. 9	42. 60192
10	961. 2703	288367	4819191. 9	45. 31334

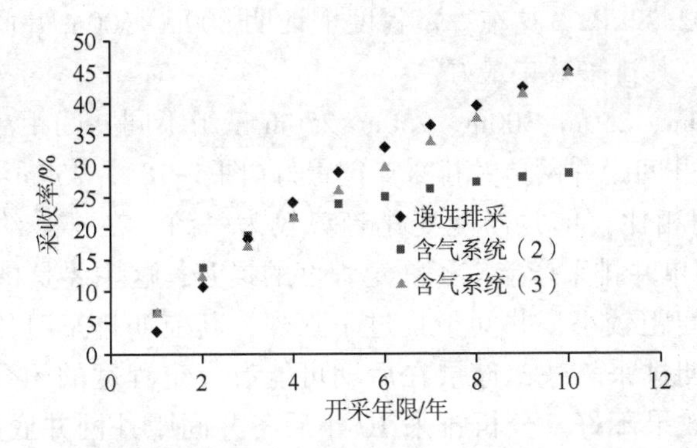

图 5-17 珠藏向斜含气系统递进排采、单系统排采采收率对比图

在排采前四年，采用递进排采与单系统排采相比，采收率相差较小，但随着排采年限的增加，合层排采较最先排采含气系统采收率有明显增加，而对后期新加入排采的含气系统采收率略有增加。分析原因认为，最先排采的含气系统，其开始排采时的压力与最终停止排采时的压力相差较大，此时合采时煤层气产出较多；而随后加入的含气系统，由于其产气压力及停采压力相差较小，导致其采收率与合采采收率相差较小。

5.3.3 煤储层构造简单区直井井网优化设计

煤层气井井网布置样式通常有矩形井网和五点式井网等。矩形井网分别沿主渗透和垂直于主渗透两个方向垂直布井，相邻的四口井呈一矩形。矩形井网规整性好，布置方便，多适用于煤层渗透性在不同方向差别不大的地区。为此，本文在优化珠藏向斜井网方式时，利用矩形布井法优化出合理的井间距。

X-2 井龙潭组、峨眉山组地层最大水平地应力方向为 SE—NW 向，最小水平主应力为 NE—SW 向，煤层气布井时应以 NE—SW 向为主方向，以获得较高的煤层气产能。因此，在进行煤层气数值模拟过程中，设置 X 方向为 NE 方向，设置 Y 方向为 SE 方向。利用 COMET3 煤层气数值模拟软件，分别设计了 380m×300m、300m×380m、300m×300m、300m×250m、250m×300m、250m×250m 共 6 组不同井间距井网，结果如图 5-18 所示。

从 380m×300m、300m×380m、300m×300m 三组不同井间距单井产能对比来看，300m×300m 井间距井网单井排采产能最好。380m×300m 与 300m×380m 井间距井网相比，其单井产能有了较为明显的提升，但其产能相比 300m×300m 井间距井网又有所降低。分析认为，在最小水平主应力方向适当提高井间距可以提高单井产能，但其井间距存在一定的极限值，在超过该值后井间干扰程度会降低，其压降程度减小。分析排采 10 年后各井间距井网井底压力可以发现，300m×300m、380m×300m、300m×380m 井间距井网井底压力分别为 890.231kPa、

926.048kPa、1002.82kPa，这在一定程度上证明300m×300m井间距井网各井之间干扰程度最强，其排采效果最好。

从300m×250m、250m×300m、250m×250m三组不同井间距单井产能对比来看，300m×250m井间距井网单井排采产能最好(图5-18)。250m×300m与250m×250m井间距井网相比，单井产能变化趋势较为一致，在排采约2年后250m×300m井间距井网单井排采产能有了一定程度的提升，这主要是由于250m×250m井间距井网的井间距较小，井间干扰过于强烈，其前期排采时压力下降速度较快，导致储层前期排采较快，储层在后期可能有一定程度的闭合，产能有所降低，使整体排采效果不好。分析排采10年后各井间距井网井底压力可以发现，300m×250m、250m×300m、250m×250m井间距井网井底压力分别为525.074kPa、724.433kPa、905.572kPa，300m×250m井间距井网排采后压力最低，各井之间干扰程度最强，其排采效果最好。

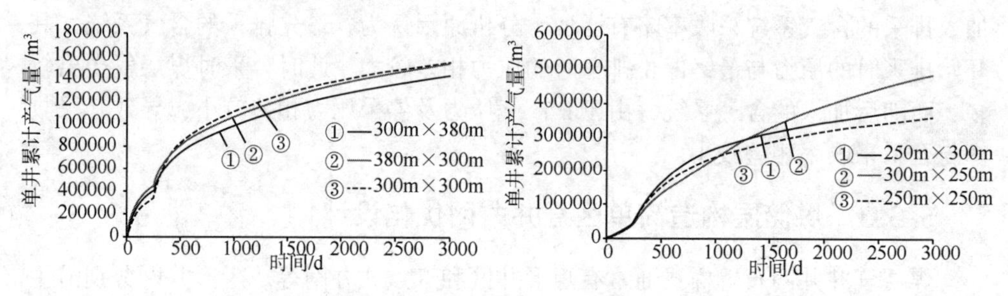

图5-18　珠藏向斜不同井间距单井累积产气量对比图

对比300m×250m、300m×300m井间距井网发现，前者排采效果较好，这主要得益于在最大水平主应力方向上较小的井间距，增强了各井间的干扰，使排采压力能够快速下降，较大的压降差提高了该井网单井产能。将300m×250m井间距井网与递进开采模式单井采收率对比，300m×250m井间距井网单井采收率也得到了一定程度的提高(图5-19)。

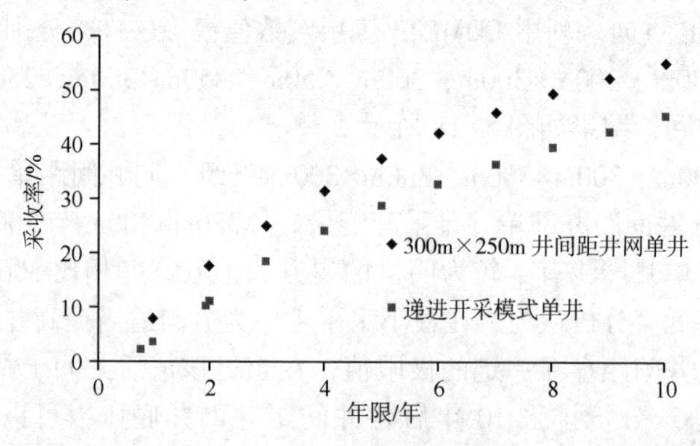

图5-19　珠藏向斜300m×250m井间距井网与递进开采模式单井采收率对比图

5.4　煤储层构造复杂区井型井网优化设计

5.4.1　煤储层构造复杂区地质特征

6号煤层断层断距多大于25m，断层倾角多小于45°，断层密度多大于4条/km^2，个别区域断层密度可达到16条/km^2，曲率半径多大于100km，个别区域曲率半径小于100km。6号煤层所处区域构造以断裂控制为主，大断距、小倾角断裂会使储层在一定范围内发生强烈的揉皱现象，使储层形态及厚度发生变化。7号煤层储层在构造控制下处于简单状态，复杂、较复杂区域较少。7号煤层构造曲率半径为200~350km，对储层形态、厚度的控制作用不甚明显，但7号煤层所处区域断层密度较大，最大处可以达到21条/km^2，最小处也达到了8条/km^2。7号煤层断层断距也较大，为35~80m，断层倾角也较大。可见，7号煤层以断裂构造为主，大倾角断裂的发育，导致次生断裂发育，这在一定程度上影响了储层的稳定性。16号煤层断层断距多为25~50m，倾角较大，普遍大于70°，对储层的破坏作用较大。16号煤层断层密度分异性较为明显，从1条/km^2到21条/km^2均有分布；曲率半径多小于150km，有个别区域曲率半径甚至小于10km，这在一定程度上影响了储层在空间的展布形态，使储层在局部地区厚度发生变化。23号煤和27号煤构造特征对储层形态及厚度的控制具有一定的相似性，断层断距较小，但断层倾角较大，多大于70°，断层密度为6~8条/km^2，对储层的分割性、破坏性较大。

在储层复杂、较复杂区域，珠藏向斜各主要储层受断裂构造控制较为明显，大断距断裂、大倾角断层发育较多，个别区域受褶皱构造控制较为明显，其曲率半径小于10km，使煤层在局部地区出现增厚或减薄，导致储层在一定范围内变化显著。大断裂的发育使储层连续性受到破坏，而褶皱的存在使其厚度的稳定性变差。

5.4.2　煤储层构造复杂区井型优化设计

在构造控制储层复杂区域，采用传统的直井方式进行煤层气的开采时，尤其是在布网阶段，可能会出现不同地段由于存在不同断距的断层而导致无法顺利布井，这样便会导致部分区域内煤层气无法产出。在采用递进开采模式进行煤层气开采时，由于在不同地段井深未能到达个别含气系统，而导致该含气系统产能未能得到有效利用。同时，在储层复杂区，储层多处于超压状态，渗透率极低，采用常规合层排采可能导致个别储层无产能产出。

传统的煤层气丛式井是指在一个井场或平台上，钻出若干口甚至上百口井，各井井口相距较小，井底延伸向不同的方位。利用丛式井开发煤层气资源可以节约钻井成本，同时加大区域内煤层气的泄流面积，增加煤层气井产能。但丛式井多为水平定向井，珠藏向斜个别区域煤层较薄，不适合定向井开发。为此，本文在结合直井及丛式井的优点基础上，提出一种新的丛式井开发模式(图 5-20)，即在同一钻井平台上，分别向各个含气系统各钻进一口煤层气井，各煤层气井间互不干扰，这样可以在一定程度上最大限度地开采出区域内煤层气。

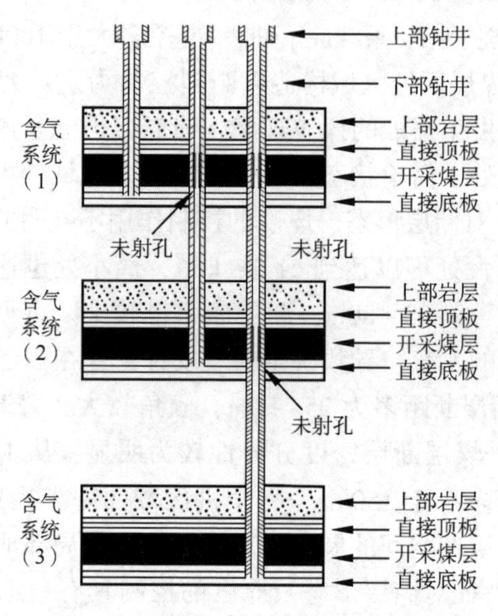

图 5-20　新型丛式井开发模式示意图

利用 COMET3 煤层气数值模拟软件，采用该新型丛式井煤层气开发模式，对珠藏向斜煤层气产能进行了模拟预测(图 5-21)。计算并与递进开采模式采收率进行了对比(图 5-22)。模拟结果显示，采用新型丛式井开采模式较递进开采模式，其 10 年后的最终采收率有了一定的提高。在排采初期，由于各井间不存在干扰，排采时各含气系统也不存在干扰，排采初期采收率增加比较明显；随着排采的继续，采用递进开采模式的煤层气排采井逐渐有其他含气系统的加入，与新型丛式井开采模式之间采收率差距有所降低；排采后期，递进开采模式排采井各含气系统均加入煤层气排采，其采收率进一步增大，但新型丛式井开采模式前期煤层气排采效果好，采出煤层气多，其采收率优于递进开采模式，但后期两者差距已不明显。

5.4.3　煤储层构造复杂区井网优化设计

利用新型丛式井单井开采模式，针对含气系统(1)分别设计了 300m×220m、300m×300m、380m×300m、300m×250m 共 4 组不同井间距井网，结果如图 5-23

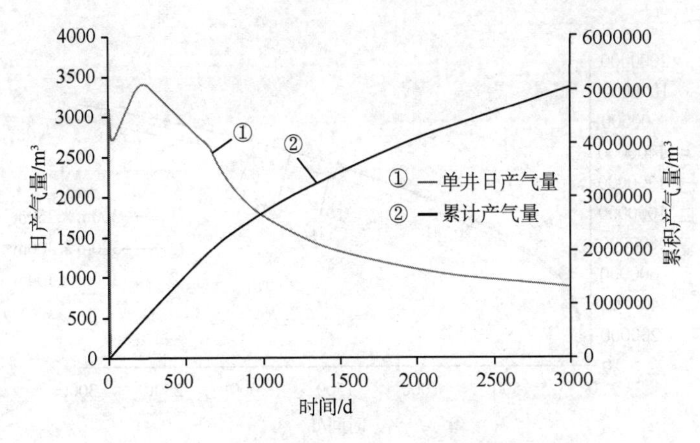

图 5-21 新型丛式井开发模式产能预测图

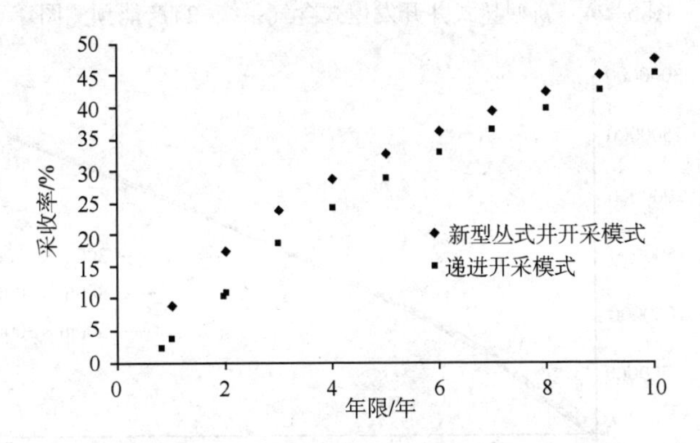

图 5-22 新型丛式井开发模式与递进开采模式采收率对比图

所示。含气系统(2)和含气系统(3)分别设计了 300m×250m、300m×300m、380m ×300m 共 3 组不同井间距井网，结果如图 5-24 和图 5-25 所示。

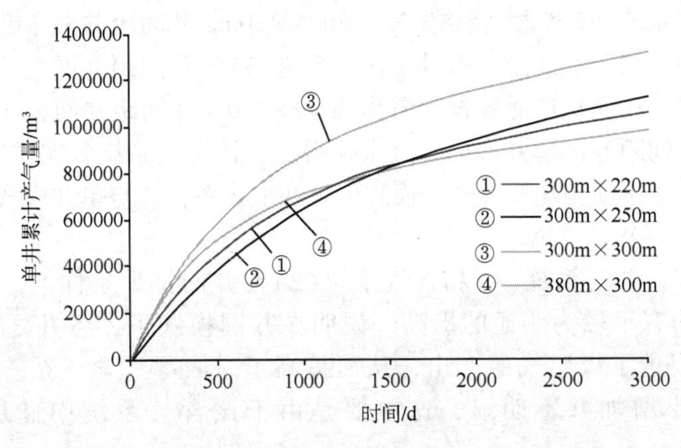

图 5-23 新型丛式井开发模式含气系统(1)产能预测图

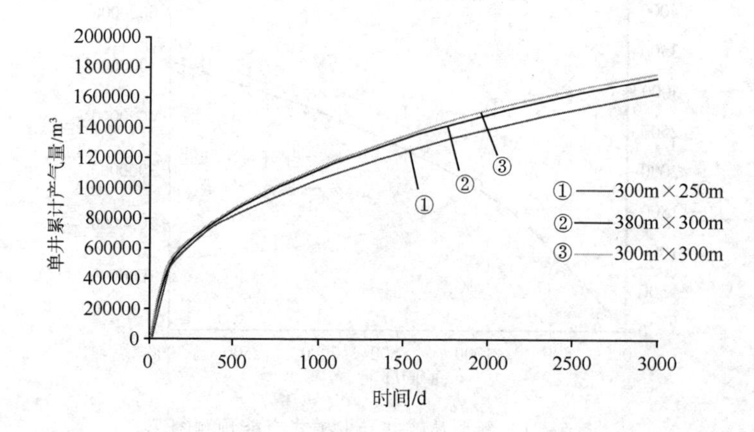

图 5-24　新型丛式井开发模式含气系统(2)产能预测图

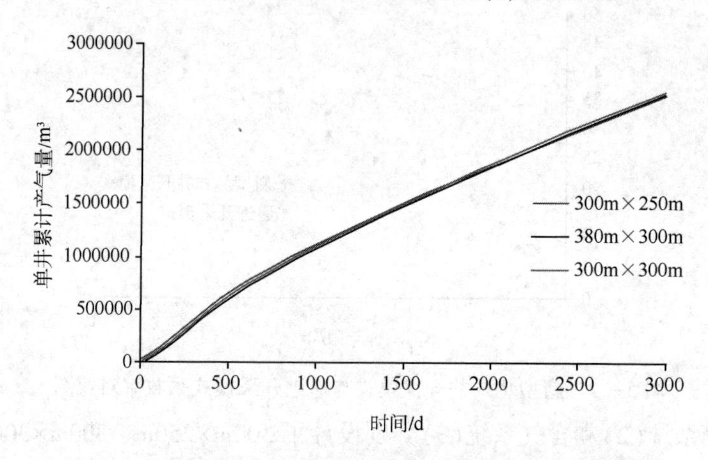

图 5-25　新型丛式井开发模式含气系统(3)产能预测图

对于含气系统(1)和含气系统(2)，300m×300m 井间距井网单井产能明显高于其他井间距井网单井产能，而对于含气系统(3)各井间距井网之间单井产能差异性并不明显，仅能从产能数据上看出 300m×300m 井间距井网单井产能要略高于其他两组井间距井网单井产能，这主要得益于该含气系统各储层间的相似性。与此同时，计算了新型丛式井开采模式下单井采收率，并与单井模式进行了对比(图 5-26~图 5-28)。

对比发现，含气系统(1)和含气系统(2)在井网排采条件下，其采收率相较单井排采均有了较为明显的提高，说明在井网模式下，各井之间的干扰在一定程度上促进了煤层气的产出，从而提高了采收率。含气系统(3)两种模式下，采收率增加并不明显，这主要是由于该含气系统中储层相似性造成的。

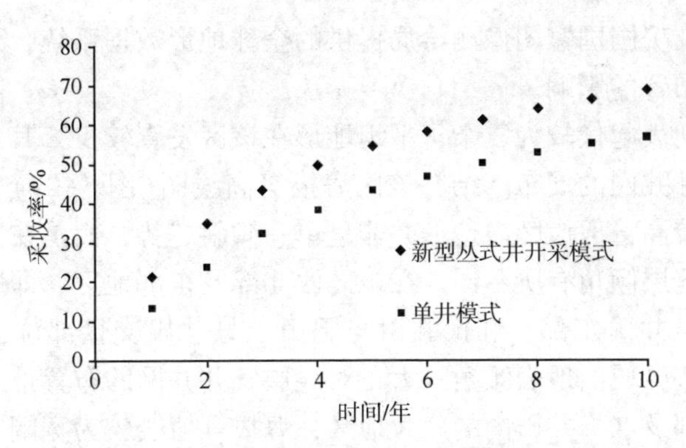

图 5-26 含气系统(1)新型丛式井开发模式与单井模式采收率对比图

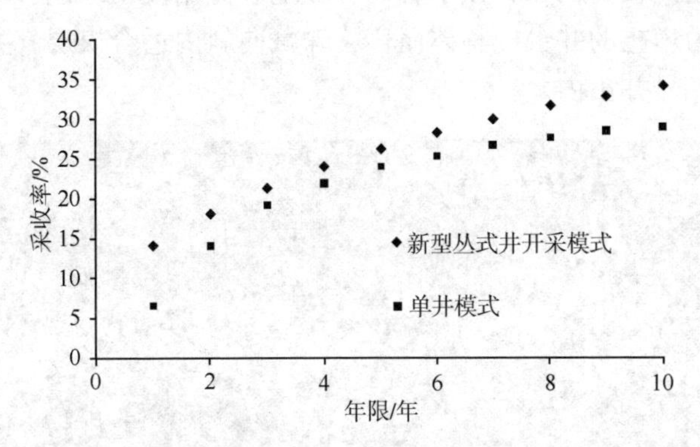

图 5-27 含气系统(2)新型丛式井开发模式与单井模式采收率对比图

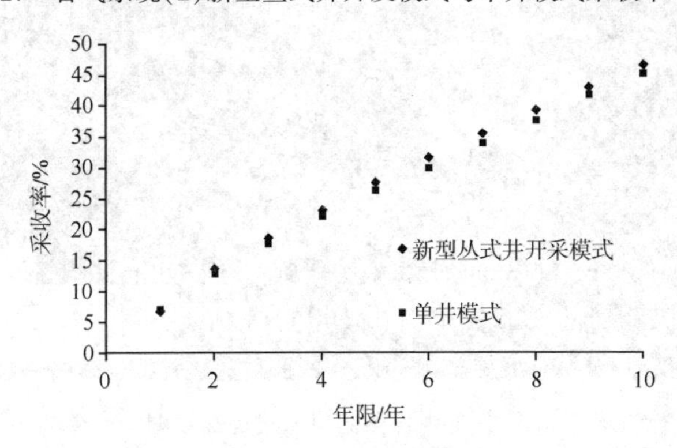

图 5-28 含气系统(3)新型丛式井开发模式与单井模式采收率对比图

5.5 地形条件控制下煤层气井井网布置

地形条件控制煤层气井井网的布置主要体现在地表的起伏情况。地表起伏较大，导致在一定范围内煤层气井井网布置困难或者无法布井。为此，本文利用美国国家航天局及美国国家图像测绘局提供的全球地形数据系统，研究地形条件对煤层气井井网布置的影响。

珠藏向斜地表起伏较为复杂，平坦地形在该区发育较少，其复杂的地表条件不利于煤层气井井网的展布。结合该区海拔等高线图(图 5-29)，西北部及北部地区海拔普遍较高，但该区内地形并非呈单一倾斜趋势，而是在区内有一定的起伏，不同地区地层倾角有所不同。在该区西北部及东部地区，即肥田一号井田西北部、肥田三号井田东部、红梅井田与肥田三号井田交接部位，等高线密度较大，说明在这些区域内地表倾角较大，对煤层气井井网的布置带来一定的负面影响。在该区中部及红梅井田内的广大地区，海拔等值线较为宽阔，仅在局部极小的范围内地形起伏较为剧烈，预示着该区域地表倾角较小，能够为煤层气井井网的布置找到较为理想的井台。整体而言，珠藏向斜内适合煤层气井布井区域多集中在中部肥田一号井田内。

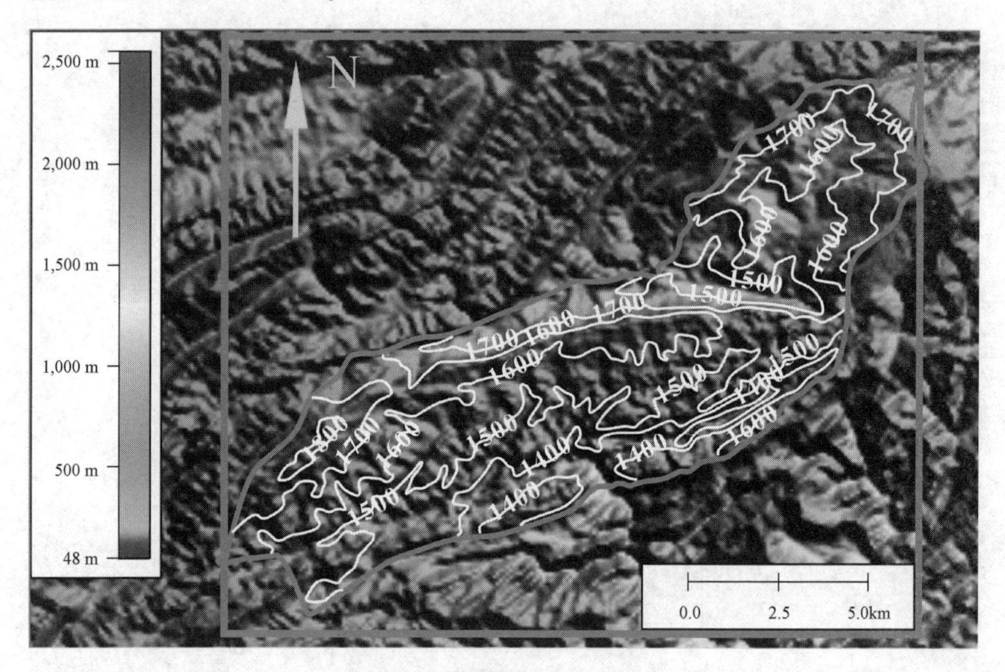

图 5-29　珠藏向斜海拔等高线图

结合珠藏向斜储层构造复杂程度及地表条件，在该区不同区域合理布置煤层气井井网(图 5-30)。在储层简单区，地形条件主体上起伏不大，在该区域内可以布置以单井递进开采模式、300m×250m 井间距为主的煤层气开发井网。在该区域西北部(图中灰色标注区域)，地表倾角较大，是煤层气井井场布置的不利区域。在储层复杂区，地形起伏较为复杂，在该区域的西北部、东部地区(图中灰色标注区域)，即肥田一号井田西南部、肥田三号井田东北部，受地表倾角控制，在该区域内不利于煤层气井直井布井，而在其他区域则可布置以新型丛式井模式、300m×300m 井间距为主的煤层气开发井网。

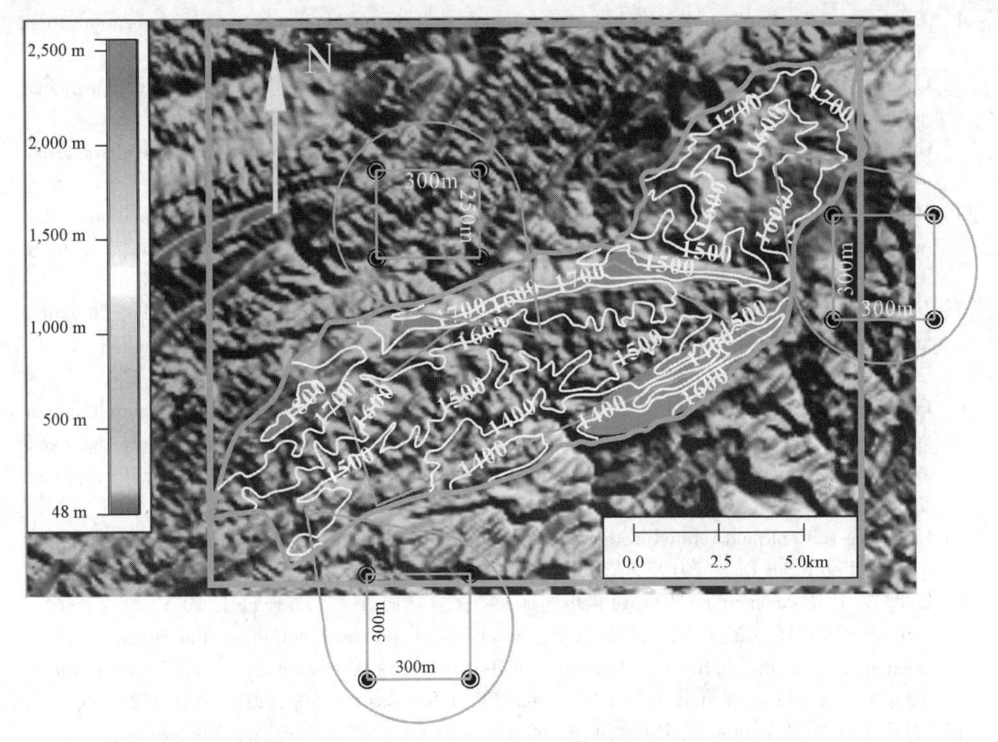

图 5-30 珠藏向斜煤层气井井网布置示意图

参 考 文 献

[1] Chen Y, Qin Y, Luo Z, et al. Compositional shift of residual gas during desorption from anthracite and its influencing factors[J]. Fuel, 2019, 250: 65-78.

[2] Chen Y, Qin Y, Wei C, et al. Porosity changes in progressively pulverized anthracite subsamples: Implications for the study of closed pore distribution in coals[J]. Fuel, 2018, 225: 612-622.

[3] Guo H, Yuan L, Cheng Y, et al. Experimental investigation on coal pore and fracture characteristics based on fractal theory[J]. Powder Technol, 2019, 346: 341-349.

[4] Hou S, Wang X, Wang X, et al. Pore structure characterization oflow volatile bituminous coals with different particle size and tectonic deformationusing low pressure gas adsorption[J]. Int J Coal Geol, 2017, 183: 1-13.

[5] Ju Y, Sun Y, Tan J, et al. The composition, pore structure characterization and deformation mechanism of coal-bearing shales from tectonically altered coalfields in eastern China[J]. Fuel, 2018, 234: 626-642.

[6] Li F, Jiang B, Cheng G, et al. Structural and evolutionary characteristics of pore-microfractures and their influence on coalbed methane exploitation in high-rank brittle tectonically deformed coals of the Yangquan mining area, northeasternQinshui basin, China[J]. J Petrol Sci Eng, 2019, 174: 1290-1302.

[7] Li T, Wu C. Continual refined isothermal adsorption of pure illite in shale with gravimetric method [J]. J Petrol Sci Eng, 2019, 172: 190-198.

[8] Li T, Wu C. Research on the abnormal isothermal adsorption of shale[J]. Energ Fuel, 2015, 29: 634-640.

[9] Liu S, Wu C, Li T, et al. Multiple geochemical proxies controlling the organic matter accumulation of the marine-continental transitional shale: A case study of the Upper Permian Longtan Formation, western Guizhou, China[J]. J Nat Gas Sci Eng, 2018, 56: 152-165.

[10] Mastalerz M, Hampton L, Drobniak A, et al. Significance of analytical particle size in low-pressure N_2 and CO_2 adsorption of coal and shale[J]. Int J Coal Geol, 2017, 178: 122-131.

[11] Niu Q, Pan J, Cao L, et al. The evolution and formation mechanisms of closed pores in coal[J]. Fuel, 2017, 200: 555-563.

[12] Niu Q, Pan J, Jin Y, et al. Fractal study of adsorption-pores in pulverized coals with various metamorphism degrees using N_2 adsorption, X-ray scattering and image analysis methods[J]. J Petrol Sci Eng, 2019, 176: 584-593.

[13] Pan J, Niu Q, Wang K, et al. The closed pores of tectonically deformed coal studied by small-angle X-ray scattering and liquid nitrogen adsorption[J]. Micropor Mesopor Mat, 2016, 224: 245-252.

[14] Song Y, Jiang B, Liu J. Nanopore structural characteristics and their impact on methane adsorption and diffusion in low to medium tectonically deformed coals: Case study in the Huaibei Coal Field[J]. Energ Fuel, 2017, 31: 6711-6723.

[15] Song Y, Jiang B, Shao P, et al. Matrix compression and multifractal characterization for tectonically deformed coals by Hg porosimetry[J]. Fuel 2018, 211, 661-675.

[16] Wang Z, Cheng Y, Qi Y, et al. Experimental study of pore structure and fractal characteristics of pulverized intact coal and tectonic coal by low temperature nitrogen adsorption[J]. Powder Technol, 2019, 350: 15-25.

[17] Zheng S, Yao Y, Liu D, et al. Characterizations of full-scale pore size distribution, porosity and permeability of coals: A novel methodology by nuclear magnetic resonance and fractal analysis theory[J]. Intl J Coal Geol, 2018, 196: 148-158.

[18] Zhou H W, Zhong J C, Ren W G, et al. Characterization of pore-fracture networks and their evolution at various measurement scales in coal samples using X-ray, μCT and a fractal method [J]. Int J Coal Geol, 2018, 189: 35-49.
[19] 陈润，秦勇．超临界 CO_2 与煤中矿物的流固耦合及其地质意义[J]．煤炭科学技术，2012，40(10)：17-21.
[20] 陈术源，秦勇，申建，等．高阶煤渗透率温度应力敏感性试验研究[J]．煤炭学报，2014，39(9)：1845-1851.
[21] 陈义林．基于精细解吸过程的无烟煤重烃浓度异常及其成因探讨[D]．徐州：中国矿业大学，2014.
[22] 傅雪海，葛燕燕，梁文庆，等．多层叠置含煤层气系统递进排采的压力控制及流体效应[J]．天然气工业，2013，33(11)：35-39.
[23] 傅雪海，秦勇，韦重韬．煤层气地质学[M]．徐州：中国矿业大学出版社，2007.
[24] 傅雪海，秦勇．多相介质煤层气储层渗透率预测理论与方法[M]．徐州：中国矿业大学出版社，2003.
[25] 高德利，鲜保安．煤层气多分支井身结构设计方法研究[J]．石油学报，2007，28(6)：113-116.
[26] 高弟，秦勇，易同生．论贵州煤层气地质特点与勘探开发战略[J]．中国煤炭地质，2009，21(3)：20-23.
[27] 高为，易同生．黔西松河井田煤储层孔隙特征及对渗透性的影响[J]．煤炭科学技术，2016，44(2)：55-61.
[28] 葛燕燕．煤系多层叠置含水系统及煤层气合排水源判识——以黔西珠藏向斜为例[D]．徐州：中国矿业大学，2015.
[29] 贵州省煤田地质局．贵州省织纳煤田煤炭资源潜力评价报告[R]．贵阳：贵州省煤田地质局，2009.
[30] 郭晨，秦勇，韦重韬．潘庄区块煤层气井网优化设计与产能预测[J]．煤炭科学技术，2011，39(8)：104-106.
[31] 郝显书．小层射孔含煤岩段压裂煤岩层破裂行为及其机理——以松河煤层气示范工程为例[D]．徐州：中国矿业大学，2017.
[32] 侯连浪，刘向君，梁利喜，等．滇东黔西松软煤岩三轴压缩力学特性及能量演化特征[J]．中国安全生产科学技术，2019，15(2)：105-110.
[33] 胡海洋，赵凌云，金军，等．黔西煤层应力敏感性及对煤层气井排采的影响[J]．断块油气田，2019，26(4)：475-479.
[34] 胡勇，李熙喆，万玉金，等．高低压双气层合采产气特征[J]．天然气工业，2009，29(2)：89-91.
[35] 黄洪春，卢明，沈瑞臣．煤层气定向羽状水平井钻井技术研究[J]．天然气工业，2004，24(5)：76-78.
[36] 黄勇，姜军．U 型水平连通井在河东煤田柳林地区煤层气开发的适应性分析[J]．中国煤炭地质，2009，21(S1)：32-37.
[37] 康永尚，邓泽，刘洪林．我国煤层气井排采工作制度探讨[J]．天然气地球科学，2008，19(3)：423-426.
[38] 李国彪，李国富．煤层气井单层与合层排采异同点及主控因素[J]．煤炭学报，2012，37(8)：1354-1359.
[39] 李建忠，郑民，张国生，等．中国常规与非常规天然气资源潜力及发展前景[J]．石油学报，2012，33(S1)：89-98.
[40] 李腾．不同构造条件下多煤层区煤层气井井型井网优化设计[D]．徐州：中国矿业大学，2014.

[41] 李腾．采动影响下上覆煤岩物性演化及其地质-地球化学机理——以黔西珠藏向斜为例[D]．徐州：中国矿业大学，2017.
[42] 李文璞．采动影响下煤岩力学特性及瓦斯运移规律研究[D]．重庆：重庆大学，2014.
[43] 李延祥，马财林，李燕，等．数值模拟软件(COMET2.11)在大宁地区煤层气勘探中得应用[J]．天然气工业，2004，24(5)100-103.
[44] 刘成林，朱杰，车长波，等．新一轮全国煤层气资源评价方法与结果[J]．天然气工业，2009，29(11)：130-132.
[45] 刘会虎，桑树勋，李仰民，等．沁南煤层气田开发区块内煤层气生产接替研究[J]．中国矿业大学学报，2011，40(3)：410-416.
[46] 刘帅帅，杨兆彪，张争光，等．有效应力对煤储层不同方向渗透率影响的差异性[J]．天然气地区科学，2019，30(10)：1422-1429.
[47] 孟召平，田永东，李国富．煤层气开发地质学理论与方法[M]．北京：科学出版社，2010，1-120.
[48] 倪小明，苏现波，李广生．樊庄地区3#和15#煤层合层排采的可行性研究[J]．天然气地球科学，2010，21(1)：144-149.
[49] 倪小明，苏现波，李玉魁．多煤层合层水力压裂关键技术研究[J]．中国矿业大学学报，2010，39(5)：728-733.
[50] 倪小明，苏现波，张小东．煤层气开发地质学[M]．北京：化学工业出版社，2009，65-67.
[51] 倪小明，王延斌，接铭训，等．晋城矿区西部地质构造与煤层气井网布置关系[J]．煤炭学报，2007，32(2)：146-149.
[52] 倪小明，王彦斌，接铭训，等．不同构造部位地应力对压裂裂缝形态的控制[J]．煤炭学报，2008，33(5)：505-508.
[53] 秦勇，高弟，吴财芳，等．贵州省煤层气资源潜力及其预测评价[M]．徐州：中国矿业大学出版社，2012.
[54] 秦勇，熊孟辉，易同生，等．论多层叠置独立含煤层气系统——以贵州织金-纳雍煤田水公河向斜为例[J]．地质论评，2008，54(1)：65-70.
[55] 桑浩田，桑树勋，周效志，等．沁水盆地南部煤层气井生产历史拟合与井网优化研究[J]．山东科技大学学报(自然科学版)，2011，30(4)：58-65.
[56] 申建，傅雪海，秦勇，等．平顶山八矿煤层底板构造曲率对瓦斯的控制作用[J]．煤炭学报，2010，35(4)：586-589.
[57] 史进，吴晓东，韩国庆，等．煤层气开发井网优化设计[J]．煤田地质与勘探，2011，39(6)：20-23.
[58] 苏贵芬，许模．灰色模糊理论在地质构造复杂程度评价中的应用[J]．煤炭科学技术，2009，37(10)：96-100.
[59] 徐宏杰．贵州省薄——中厚煤层群煤层气开发地质理论与技术[D]．徐州：中国矿业大学，2012.
[60] 杨兆彪，秦勇，高弟，等．煤层群条件下的煤层气成藏特征[J]．煤田地质与勘探，2011，39(5)：22-26.
[61] 杨兆彪，秦勇，高弟．黔西比德-三塘盆地煤层群发育特征及其控气特殊性[J]．煤炭学报，2011，36(4)：593-597.
[62] 杨兆彪．多煤层叠置条件下的煤层气成藏作用[D]．徐州：中国矿业大学，2011.
[63] 张政，秦勇，Wang，GX，等．基于等温吸附实验的煤层气解吸阶段数值描述[J]．中国科学：地球科学，2013，43(8)：1352-1358.
[64] 赵岩龙，辛晓霖，汪志明．滇东黔西地区煤岩裂缝渗透率应力敏感性试验研究[J]．煤炭科学技术，2019，47(8)：23-218.